Rationelle Energieverwendung durch Wärmerückgewinnung

Umwelt und Ökonomie Band 3

Band 1: Michael Schröder
Die volkswirtschaftlichen Kosten von Umweltpolitik
1991. 224 Seiten. Brosch. DM 69,-
ISBN 3-7908-0535-1

Band 2: Karl Heinz Gruber
Zur methodischen Auswahl von Emissionsminderungsmaßnahmen
1991. 257 Seiten. Brosch. DM 75,-
ISBN 3-7908-0547-5

Helmuth-M. Groscurth

Rationelle Energieverwendung durch Wärmerückgewinnung

Mit 31 Abbildungen

Physica-Verlag Heidelberg

Reihenherausgeber
Werner A. Müller
Peter Schuster

Autor
Dr. Helmuth-M. Groscurth
Physikalisches Institut der
Universität Würzburg
Am Hubland
D-8700 Würzburg

ISBN 978-3-7908-0552-9 ISBN 978-3-642-51553-8 (eBook)
DOI 10.1007/978-3-642-51553-8

7120/7130-543210

Vorwort

Helmuth-Michael Groscurth publiziert mit dem vorliegenden Buch die Ergebnisse seiner Dissertation "Exergieoptimierung und rationelle Energieverwendung durch Wärmerückgewinnung", mit der er in der Fakultät für Physik und Astronomie der Universität Würzburg promoviert hat. Die Arbeit ist die Frucht eines großen persönlichen Einsatzes seitens Herrn Groscurths. Gefördert hat sie die interdisziplinäre Zusammenarbeit von Wissenschaftlern im In- und Ausland, die angesichts der großen Herausforderung der Industriegesellschaft durch die Energie- und Umweltprobleme sich der mühsamen Aufgabe stellen, naturwissenschaftliche und ökonomische Zusammenhänge zusammenzudenken. Die Zusammenarbeit begann Anfang der achtziger Jahre, als Wolfgang Eichhorn vom Institut für Wirtschaftstheorie und Operations Research der Universität Karlsruhe mit einer internationalen Konferenz "Economic Theory of Natural Resources" Kontakte zwischen Natur- und Wirtschaftswissenschaftlern anbahnte. In der Folgezeit wurden diese Kontakte auf weiteren Konferenzen wie dem von Willem van Gool vom Chemiedepartment der Rijksuniversiteit Utrecht veranstalteten Workshop "Energy and Time in the Economic and Physical Sciences" ausgebaut. Zwischen Utrecht und Würzburg kam es zu einer engen Kooperation in der Entwicklung der thermodynamischen Grundlagen und systemanalytischen Ansätze für die Energiemodelle, die Herr Groscurth auf die Optimierungsziele "Primärenergieeinsatz", "Kosten" und "Kohlendioxidemissionen" ausgebaut hat. Dabei haben wir Würzburger sehr von der großen Erfahrung unserer Utrechter Freunde und Kollegen auf dem Gebiet der innerbetrieblichen Energieoptimierung profitiert. Begleitet hat uns Wolfgang Eichhorn mit vielfältiger Unterstützung und Ermutigung. Besonders wichtig war es dabei für uns, Zwischenergebnisse in der freundlichen Atmosphäre seines Seminars vortragen und diskutieren zu können.

Zuverlässige Aussagen über Energiesparpotentiale, Emissionsminderungsmöglichkeiten und die damit verbundenen Kosten kann man nur auf der Basis sicherer Daten erhalten. Deren Gewinnung ist Verbindungen zu verdanken, die im "Arbeitskreis Energie" der Deutschen Physikalischen Gesellschaft und in der "Studiengruppe Entwicklungsprobleme der Industriegesellschaft" (STEIG) e.V. angeknüpft wurden. Dabei kam es Herrn Groscurths Arbeit zugute, daß sie im Rahmen des Forschungsprojekts "Ökologische Rahmenbedingungen der Sozialen Marktwirtschaft " der STEIG durchgeführt wurde. Auch eine Reihe von Kollegen in den USA haben uns bei der Datengewinnung, -bewertung und der Publikation der Ergebnisse geholfen. Schließlich muß betont werden, daß ohne die Unterstützung durch die Deutsche Forschungsgemeinschaft und ihr Schwerpunktprogramm "Ökonomik der natürlichen Ressourcen" diese Arbeit nicht möglich gewesen wäre. Diese Unterstützung ist auch deshalb sehr hoch zu veranschlagen, weil interdisziplinäre Forschung immer ein riskantes Unternehmen mit unsicherem Ausgang ist. Darum freue ich mich besonders über die wohlgelungene Arbeit Herrn Groscurths und wünsche seinem

Buch viele aufmerksame Leser aus Wissenschaft, Wirtschaft und Politik, damit seine Ergebnisse breite Anwendung in der Praxis finden und zur Verbesserung unserer Energie- und Umweltsituation beitragen.

Würzburg, im März 1991 Reiner Kümmel

Inhalt

1 Einleitung 1

1.1 Probleme der Energieversorgung 1

1.2 Energiebedarf und -versorgung in der Bundesrepublik 6

1.2.1 Der Energieeinsatz in der Bundesrepublik 6

1.2.2 Der Prozeßwärme- und Raumwärmebedarf in der Bundesrepublik . 7

1.3 Exergie, Energiequalität und Wärmerückgewinnung 11

1.3.1 Exergie 11

1.3.2 Exergieanalyse und Exergieoptimierung 14

2 Wärmerückgewinnung in regionalen Energiesystemen mit zeitlichen Bedarfsschwankungen 27

2.1 Entwicklung eines Modells zur Energie-, Kosten- und CO_2-Optimierung (*ECCO*) 27

2.1.1 Definitionen und Begriffserläuterungen 27

2.1.2 Stochastische Optimierung des Primärenergieeinsatzes 30

2.1.3 Berechnung des Primärenergieeinsatzes unter Berücksichtigung der Wärmerückgewinnung 35

2.1.4 Nebenbedingungen der Optimierung 44

2.1.5 Berechnung der verfügbaren Abwärmemengen 45

2.1.6 Kohlendioxid-Emissionen und CO_2-Rückhaltung 47

2.1.7 Die Kosten der Energieversorgung 51

2.1.8 Umsetzung des Optimierungsmodells auf dem Computer 58

2.2 Die Datenbasis: Konstruktion einer Modellstadt 62

2.2.1 Energiebedarf und -versorgung der Haushalte und Kleinverbraucher in der Modellstadt 62

2.2.2 Energiebedarf und -versorgung der Industriebetriebe in der Modellstadt 65

2.2.3 Sonstige Angaben und Annahmen zur Modellstadt 68

2.3 Ergebnisse der Optimierung mit *ECCO* 70

2.3.1 Das "Ideal"-Szenario: maximale Energieeinsparung und minimale CO_2-Emissionen 70

2.3.2 Interaktive Reduzierung der Kosten des Ideal-Szenarios 83

2.3.3 Änderungen des Bedarfsprofils: Sinkender Raumwärmebedarf . . . 89

2.3.4 Änderungen des Bedarfsprofils: Steigender Strombedarf 95

2.4 Zusammenfassung und Kritik des Modells *ECCO* 99

3 Statische Optimierung der Wärmerückgewinnung in nationalen Energiesystemen **105**
3.1 Statische Energieoptimierung 106
3.1.1 Die allgemeinen nicht-linearen Modellgleichungen 106
3.1.2 Das Modell der linearen Energieoptimierung *LEO* 108
3.2 Die Kosten der Wärmerückgewinnung im statischen Vektoroptimierungsmodell *LEO-II* 115
3.2.1 Aufstellung der Kostenfunktion 115
3.2.2 Vektoroptimierung des Brennstoffeinsatzes und der Kosten des Energiesystems 118
3.3 Die Auswirkungen der CO_2-Rückhaltung im statischen Vektoroptimierungsmodell *LEO-II* 124
3.3.1 Aufstellung der CO_2-Funktion 124
3.3.2 Vektoroptimierung von Brennstoffeinsatz, Kosten und CO_2-Emissionen 126
3.4 Zusammenfassung der Vektoroptimierung mit *LEO-II* 130

4 Zusammenfassung, Konsequenzen, Ausblick **131**
4.1 Zusammenfassung 131
4.2 Konsequenzen der Modellergebnisse 133
4.3 Ausblick auf mögliche Weiterentwicklungen des Modells *ECCO* 136

ANHANG **138**

A Ergänzungen zur Exergieanalyse **138**
A.1 Exergieanalyse eines Wärmetauschers 138
A.2 Exergieanalyse der Raumheizung 140

B Simulation der Fluktuationen des Energiebedarfs im Rahmen der stochastischen Optimierung **142**

C Lineare Programmierung und Vektoroptimierung **145**
C.1 Lineare Programmierung mit Hilfe des Simplex-Algorithmus 145
C.2 Vektoroptimierung 147

D Daten für die regionale Optimierung **150**
D.1 Energiebedarf der Modellstadt 150
D.2 Energieversorgungstechniken in der Modellstadt 156
D.3 Brennstoffe zum Betrieb der Energieversorgungstechniken 159
D.4 Nutzbare Abwärme in der Modellstadt 160
D.5 Versorgungspfade in der Modellstadt 161
D.6 Beispiele zur Kostenberechnung 164

E Ergänzende Ergebnis-Tabellen für die regionale Optimierung **165**

F Daten für die statische Optimierung mit *LEO* und *LEO-II* **174**

LITERATURVERZEICHNIS **177**

NACHWORT **184**

1 Einleitung

1.1 Probleme der Energieversorgung

Die gegenwärtige Energieversorgung in Industriestaaten und Entwicklungsländern gefährdet in zunehmendem Maße die natürlichen Lebensgrundlagen. Dies gilt, wenn auch in unterschiedlichem Ausmaß und auf verschiedene Weise, für alle drei derzeitigen Hauptenergiequellen, nämlich

- die fossilen Brennstoffe, die 1987 weltweit 88.1% des gesamten kommerziellen Primärenergieeinsatzes von 327 EJ (= 10.4 TWa) ausmachten (vgl. Tab. 1.1),
- die Wasserkraft (6.7%) und
- die Kernenergie (5.2%).

Der Einsatz dieser Energieträger ist sehr unterschiedlich verteilt. Im Mittel stehen zwar jedem Bewohner der Erde 58.6 GJ/a zur Verfügung,[1] der tatsächliche Pro-Kopf-Verbrauch reicht jedoch von 278 GJ/a in den USA über 167 GJ/a in der Bundesrepublik[2] bis zu knapp 9 GJ/a in Indien [1].

Vorsichtige Schätzungen gehen davon aus, daß für ein Leben ohne akute Bedrohung der Existenz etwa 29 GJ/a (= 1t SKE) je Einwohner erforderlich sind [2]. Da der größte Teil der Menschheit in Ländern mit einem geringen Energieeinsatz (unter 20 GJ/a) lebt und dort gleichzeitig die Bevölkerung stark anwächst, besteht ein enormes Wachstumspotential für den Energiebedarf. Selbst wenn in Zukunft der Pro-Kopf-Verbrauch in den Industrieländern konstant bleibt und die jährliche Steigerungsrate in den übrigen Ländern nur 0.7% beträgt, dürfte sich der Energiebedarf der Welt bis zur Mitte des nächsten Jahrhunderts verdoppeln [1, S.480ff].

Fossile Brennstoffe

Ohne den Landschaftsverbrauch bei der Gewinnung fossiler Brennstoffe (sh. Braunkohlebergbau in der DDR) oder die Risiken ihres Transportes (sh. Tankerunfälle) zu verharmlosen, kann man feststellen, daß die größte Gefährdung von den Emissionen ausgeht, die bei ihrer Verbrennung freigesetzt werden. Bis vor einigen Jahren konzentrierte sich das (öffentliche) Interesse auf Stoffe, die zum einen unmittelbar gesundheitsschädlich sind und die zum anderen Schäden an der Vegetation und dem Gebäudebestand verursachen: Stickoxide (NO_x), Schwefeldioxid (SO_2), Kohlenmonoxid (CO) sowie Staub und Ruß. Die unmittelbar oder mittelbar auf die Energienutzung zurückzuführenden Anteile an den Gesamtemissionen betrugen 1986 in der Bundesrepublik bei SO_2 96%, NO_x 99%, CO 88% und bei Staub und Ruß 43% [1, S.485]. Zur Reduzierung der freigesetzten Mengen dieser Schadstoffe sind zumindest in der Bundesrepublik erhebliche Anstrengungen

[1] Das entspricht dem Energiegehalt von 2 t Steinkohle (=2 t SKE) im Jahr.

[2] Alle Angaben zur Bundesrepublik Deutschland in dieser Arbeit beziehen sich auf deren Gebiet vor dem 3.10.1990.

	Verbrauch [EJ/a]	Anteil	Reserven [EJ]	Ressourcen [EJ]	CO_2-Ausstoß [10^9 t/a]	$C+O_2 \to CO_2$
Erdöl	123	37.7%	5490	12260	9.1	65%
Kohle	100	30.6%	17840	60000	7.1	80%
Erdgas	65	19.9%	4235	10580	3.3	45%
Wasserkraft	22	6.7%	-	-	-	-
Kernenergie	17	5.2%	1450	2300	-	-

Tab. 1.1: Weltweiter Primärenergieeinsatz nach Energieträgern im Jahre 1987, absolut und in Prozent [1, S.469]. Daneben sind die gesicherten Reserven sowie die zusätzlich vermuteten gewinnbaren Ressourcen angegeben [3]. Außerdem ist der globale CO_2-Ausstoß im Jahre 1986 angeführt, der durch das Verbrennen des jeweiligen Energieträgers verursacht wurde [1, S.486]. Die letzte Spalte gibt den Anteil an, den die Oxidation des Kohlenstoffs zu CO_2 an der Energieausbeute hat [4]. Der Rest entfällt auf die Oxidation von Wasserstoff zu Wasser.

unternommen worden wie z.B. die zur Zeit laufenden Programme zur Entschwefelung, Entstickung und Entstaubung von Großfeuerungsanlagen oder die Einführung des Katalysators für PKW [5,6]. In einigen Fällen wurden allerdings die reduzierten Emissionen pro Energieeinheit durch die Zunahme des Energieverbrauchs mehr als ausgeglichen [3,7].

Neben den bereits genannten schädlichen Emissionen der Energieumwandlung ist ein anderes, in seinen unmittelbaren Auswirkungen harmloses, weil ungiftiges, Reaktionsprodukt in den Mittelpunkt der Diskussion gerückt: **Kohlendioxid** (CO_2). Es besteht der dringende Verdacht, daß die vom Menschen verursachten Emissionen dieses Gases zu einem Anstieg der globalen Mitteltemperatur und damit zu gravierenden Änderungen des Klimas führen werden. Grundlage dieser Befürchtungen ist die Infrarot-Aktivität des CO_2, die dazu führt, daß ein Teil der langwelligen Wärmestrahlung von der Erdoberfläche nicht in den Weltraum abgestrahlt, sondern in einem Strahlungsfeld gefangen wird und die bodennahe Atmosphäre erwärmt. Dieses Phänomen wird als *Treibhauseffekt* bezeichnet. Dabei ist zu unterscheiden zwischen dem natürlichen Treibhauseffekt, der erst das Leben auf der Erde bei einer mittleren Temperatur von ca. 15°C ermöglicht, und seiner Verstärkung durch anthropogene Emissionen von infrarot-aktiven Spurengasen. Zu diesen zählen neben dem CO_2 auch Methan (CH_4), das gegenüber diesem ein 32-mal höheres 'Treibhauspotential' aufweist,[3] Lachgas (N_2O, Faktor 150), Ozon (O_3, Faktor 2000) und die Fluorchlorkohlenwasserstoffe (FCKW, Faktor 14000–17000) [1, S.463]. Kohlendioxid allein ist für etwa 50% des befürchteten Effektes verantwortlich. Den anderen Spurengasen werden entsprechend den genannten Verstärkungsfaktoren äquivalente CO_2-Emissionen zugeordnet. Bei einer Verdoppelung des auf diese Weise ermittelten effektiven CO_2-Gehaltes in der Atmosphäre wird eine Erhöhung der globalen Mitteltemperatur um 1.5–4.5°C erwartet [1]. Ohne Gegenmaßnahmen könnte dieser Fall bereits in 50 bis 100 Jahren eintreten. Eine ausführliche Diskussion der erwarteten Klimaänderungen, der Me-

[3]Der Faktor 32 wird in Ref. 8 mit dem Argument bestritten, daß er sich nur auf die Fähigkeit des CH_4-Moleküls zur Absorption infraroter Strahlung beziehe, aber die Tatsache unberücksichtigt lasse, daß seine effektive atmosphärische Lebenszeit wesentlich kürzer sei als diejenige des CO_2.

thoden zu ihrer Abschätzung und der möglichen Folgen für die Menschheit findet sich z.B. in den Ref. 1, 9, 10 und 11. Zum Ausmaß der Gefährung heißt es im Schlußdokument der Konferenz 'The Changing Atmosphere: Implications for Global Security', die 1988 in Toronto statt fand [11]:

"Mankind is conducting an uncontrolled, globally pervasive experiment whose ultimate consequence could be second only to a global nuclear war."

Die Deutsche Physikalische Gesellschaft und die Deutsche Meteorologische Gesellschaft haben 1987 gefordert, daß die Emissionen von Kohlendioxid in den nächsten 50 Jahren weltweit auf ein Drittel des heutigen Wertes reduziert werden müssen, wenn das Ausmaß und damit die Auswirkungen der befürchteten Klimaänderungen begrenzt werden sollen [12]. Wegen der trägen Reaktion des Klimas auf Veränderungen der Atmosphäre darf nicht bis zum endgültigen wissenschaftlichen Beweis für den anthropogenen Treibhauseffekt gewartet werden, weil Gegenmaßnahmen dann zu spät kommen. C.-D. Schönwiese vermutet, daß "das Klima gegenüber den atmosphärischen Spurengaskonzentrationen um 20 bis 25 Jahre nachhängt" [13].

Die Entstehung von Kohlendioxid im Verbrennungsprozeß kann kaum vermieden werden, da die Reaktion von Kohlenstoff und Sauerstoff zu CO_2 den größten Beitrag zur Energiegewinnung liefert (vgl. Tab. 1.1). Deshalb muß die Nutzung fossiler Brennstoff eingeschränkt werden. Als Alternative ist lediglich die Rückhaltung des CO_2 nach der Verbrennung denkbar [14], auf die ich in Kap. 2.1.6 noch näher eingehen werde. Die CO_2-Emissionen der Bundesrepublik betrugen 1986 740 Mio. t, das entspricht 3.6% des weltweiten Ausstoßes. 92% des Kohlendioxids stammten aus der Energienutzung [1, S.485].

Wasserkraft

Die Wasserkraft wird gemeinhin als eine sehr saubere Art der Gewinnung elektrischer oder mechanischer Energie angesehen. Dies ist für den Betrieb derartiger Anlagen sicher richtig. Bei der Beurteilung muß aber auch berücksichtigt werden, daß der Bau großer Stauseen erhebliche Auswirkungen auf die örtliche soziale Struktur und die regionale Biosphäre hat. Der Lebensraum der in dem betroffenen Gebiet lebenden Tiere wird vernichtet, wodurch die Existenz einzelner Tierarten bedroht werden kann. Wenn das zu überflutende Gelände bewaldet ist, so kann die Reduzierung des Waldbestandes Auswirkungen auf das lokale Klima haben und die Verrottung des Holzes trägt ebenfalls zum Anstieg des CO_2 in der Atmosphäre bei. Für das 1987 am Rio Negro in Betrieb gegangene Balbinakraftwerk wurde berechnet, daß ein Kohlekraftwerk gleicher Leistung 75 Jahre laufen müßte, ehe es die gleiche Menge CO_2 freisetzt wie die im Balbina-Stausee verfaulenden Wälder [15, S.35]. Hinzu kommen politische Auswirkungen, wenn flußabwärts liegende Staaten in ihrer Wasserversorgung von den Besitzern der Stauseen abhängig werden.

Selbst wenn die genannten Probleme gelöst oder ihre Folgen in Kauf genommen würden, stellt die Wasserkraft keine Lösung des Energieproblems dar, denn das weltweite technische Potential der Wasserkraft wird nur auf etwa 1.5–2.3 TW geschätzt [16,17].

Kernenergie

Die Risiken der Kernenergie liegen hauptsächlich im Bereich der Störfälle. Sie unterscheiden sich von denen anderer Energiequellen durch wesentlich geringere Eintrittswahrscheinlichkeiten bei gleichzeitig enorm hohen Schadenspotentialen. Ein exakter naturwissenschaftlicher Vergleich ist hier nicht möglich. Die nach wie vor ungeklärte Endlagerung des radioaktiven Abfalls ist ein weiteres gravierendes Problem der Kernenergie.

Selbst optimistische Studien rechnen für das Jahr 2030 nur mit einem Anteil der Kernenergie an der Energieversorgung von 25% [18]. Wenn ein Ausbau der Versorgung mit Kernenergie in Betracht gezogen wird, dann sollte er sich auf Länder beschränken, die technisch und politisch in der Lage sind, die Einhaltung der erforderlichen Sicherheitsstandards zu gewährleisten. Allein zur Erweiterung des derzeitigen Anteils von 5% auf 25% des *heutigen* Weltenergiebedarfs wären 1600 neue, rund um die Uhr laufende Kernkraftwerke mit einer Leistung von 1300 MW erforderlich. Das bedeutet, daß von heute an bis zum Jahr 2050 jede zweite Woche ein Kernkraftwerk in Betrieb gehen müßte. Bei einem Versorgungsanteil von 25% würden die Vorräte an Natururan nur noch für wenige Jahrzehnte reichen (vgl. Tab. 1.1). Deshalb wäre der beschriebene Ausbau der Kernenergie nur in Verbindung mit der Brütertechnologie und einer Wiederaufarbeitung des spaltbaren Materials denkbar. Es ist zweifelhaft, ob dies in den Industrieländern politisch durchsetztbar ist.

Regenerative Energiequellen

G. Wall teilt die Energiequellen in *reproduzierbare* und *tote Vorräte* sowie *natürliche Flüsse* ein [19]. Die toten Vorräte bestehen aus den Ablagerungen fossiler und nuklearer Brennstoffe in der Erdkruste. Unter reproduzierbaren Vorräten versteht Wall organische Materialien, die aus Wäldern oder von Nutzpflanzen stammen. Die natürlichen Flüsse sind Sonnenlicht, Wind, Fluss- und Meeresströmungen.

Die reproduzierbaren Vorräte und die natürlichen Flüsse bilden zusammen die *regenerativen Energiequellen*. Langfristig ist eine Umstellung unserer Energieversorgung auf diese unerschöpflichen Energiequellen notwendig und auch möglich. Kurzfristig liegen die dafür notwendigen Voraussetzungen noch nicht vor. Die größte derzeitige Nutzung der regenerativen Energiequellen ist die bereits erwähnte Wasserkraft, die heute 6.7% des Weltenergiebedarfs deckt [1]. Da die Energiedichten der übrigen regenerativen Energien relativ gering sind, erfordert ihre Nutzung einen großen Aufwand. Wenn man z.B. mit heute verfügbaren photovoltaischen Solaranlagen 25% des gesamten derzeitigen Energiebedarfs der Bundesrepublik decken wollte, so wäre dazu mindestens eine Solarzellenfläche von 4000 km^2, also etwa 1.6% der Gesamtfläche der Bundesrepublik, notwendig.[4] Zum Vergleich: Die gesamte überdachte Fläche beträgt ca. 3200 km^2 und die gesamte bebaute Fläche etwa 15000 km^2 [20,21]. Problematisch ist weniger der Platzbedarf an sich, als vielmehr die Zeit, die erforderlich ist, um eine solche Fläche zu bebauen und die dafür benötigten Materialien zu produzieren. Es kommt hinzu, daß die Entwicklung der entsprechenden Techniken zwar weit fortgeschritten, aber noch nicht abgeschlossen ist. Selbst optimistische Studien erwarten deshalb für das Jahr 2020 in der Bundesrepublik nur ein Potential von 2.2 EJ/a regenerativer Energien, das sind ca. 19% des Energiebedarfs von 1986 [22]. Die jüngste Prognos-Studie zur energiewirtschaftlichen Situation der Bundesrepublik geht sogar nur von einem Anteil von 4% an einem gegenüber heute wenig veränderten Energiebedarf im Jahr 2010 aus [3]. Als Begründung werden in erster Linie die geringen Preise für Primärenergie genannt.[5]

[4]Schwankungen des Solarenergieangebots sind in dieser Abschätzung nicht berücksichtigt. Ihre Einbeziehung führt zu einer deutlichen Erhöhung des Flächenbedarfs.

[5]Die Prognos-Studie wurde 1989, also vor Beginn der jüngsten Golfkrise, abgeschlossen.

Konsequenzen der Gefahren- und Potentialanalyse

Bereits heute werden jedes Jahr etwa 1% der mit Sicherheit verfügbaren Energiereserven verbraucht (vgl. Tab. 1.1). Die Vorräte für Erdöl, Erdgas und Natururan werden bei den gegenwärtigen Verbrauchsraten sogar schon in 30–40 Jahren aufgezehrt sein. Selbst wenn man die darüberhinaus vermuteten Ressourcen einbezieht, wird dieser Zeitraum nur auf 80–100 Jahre gestreckt. Lediglich Kohle wird noch über mehrere Jahrhunderte verfügbar sein [3]. Nach den Ölpreiskrisen stand die geschilderte **Knappheit der Energieträger** zu Beginn der 80er Jahre im Mittelpunkt der Überlegungen für eine künftige Energieversorgung. Es wird jedoch immer deutlicher, daß wir die vorhandenen fossilen Vorräte gar nicht vollständig nutzen dürfen, denn die Veränderung des Klimas stellt eine der größten derzeit erkennbaren Gefahren für die natürlichen Lebensgrundlagen auf der Erde dar. Deshalb müssen so schnell wie möglich Maßnahmen zur Eindämmung des Treibhauseffektes ergriffen werden. Selbst wenn die Rückhaltung und Deponierung des CO_2 großtechnisch realisierbar sein sollte, muß – wegen der riesigen anfallenden Mengen – zuvor der Einsatz fossiler Brennstoffe drastisch verringert werden. Aufgrund der in den vorigen Abschnitten geschilderten Tatsachen ist eine Substitution dieser wichtigsten Energiequelle nicht oder zumindest nicht rechtzeitig möglich. Deshalb muß die Einsparung von Primärenergie Priorität haben. In diesem Sinne haben europäische Naturwissenschaftler anläßlich der Ökumenischen Versammlung "Frieden und Gerechtigkeit" 1989 im *Baseler Manifest* folgende Forderungen erhoben [23]:

1. "Der Energiebedarf ist durch effiziente Nutzung zu halbieren. ...
2. Die gesamte Primärenergie (d.h. einschließlich der Kernenergie und aller erneuerbaren Energiequellen) sollte pro Kopf und Jahr das Äquivalent von drei Tonnen Steinkohleeinheiten [88 GJ] nicht übersteigen. ...
3. Als mittelfristiges Ziel für die europäische Energieversorgung im Jahr 2015 ist eine Gleichverteilung der verschiedenen Energieträger anzustreben. Von dem gesamten Primärenergieeinsatz sollte also je eine Tonne auf die fossilen Energien, die Kernenergie und die erneuerbaren Energiequellen entfallen.[6] Für die Energieversorgung in der Mitte des nächsten Jahrhunderts bleibt zu bedenken, daß die CO_2-Emission noch weiter reduziert werden muß."

Auch die Enquete-Kommission des Deutschen Bundestags "Vorsorge zum Schutz der Erdatmosphäre" kommt zu der Erkenntnis [1, S.47]:

> "Energieeinsparung hat die erste Priorität bei der Suche nach Lösungswegen zur Senkung des fossilen Energieverbrauchs auf das gebotene Maß."

Unklar ist jedoch bisher, an welchen Stellen die Einsparungen erfolgen und mit welchen Mitteln sie erreicht werden sollen, auch wenn es im Kommissionsbericht weiter heißt [1]:

> "Energieeinsparung wird ... als Oberbegriff verstanden: Er umfaßt die Minimierung des Energieeinsatzes für ein gegebenes Niveau von Energiedienstleistungen über die gesamte Prozeßkette ... .[7] Aufmerksamkeit verdienen die Angebots- und die Nachfrageseite."

Mittel für die entsprechenden Untersuchungen werden im kürzlich erstellten Programm "Energieforschung und -technologie" der Bundesregierung und im Programm THERMIE der EG bereitgestellt [24,25].

---

[6] Für die Bundesrepublik bedeutet das nur einen geringfügigen Ausbau der Kernenergie gegenüber der heutigen Nutzung.

[7] Vgl. Abb. 1.2

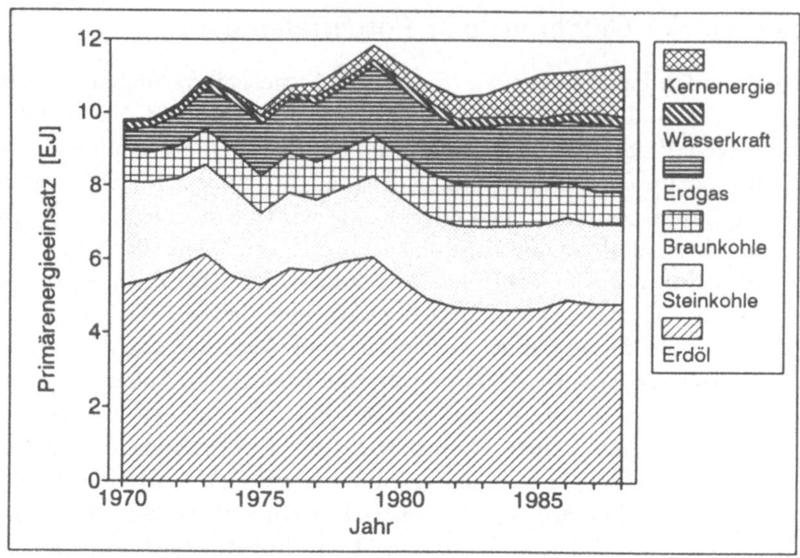

Abb. 1.1: Primärenergieeinsatz in der Bundesrepublik von 1970 bis 1988 aufgeschlüsselt nach Energieträgern [5,26]. Für die Wasserkraft ist die erzeugte Menge elektrischer Energie angegeben.

Ziel dieser Arbeit ist es, in einem Teilbereich - der rationellen Verwendung von Energie - mit Hilfe der Systemanalyse Potentiale zur Einsparung von Primärenergie aufzuzeigen. Zu diesem Zweck werden zwei Optimierungsmodelle vorgestellt, die eine Minimierung des Primärenergieeinsatzes in regionalen und nationalen Systemen durch **Wärmerückgewinnung**, d.h. die Nutzung von Abwärme sowie die Nutzbarmachung von Umgebungswärme durch Wärmepumpen, anstreben. Gleichzeitig wird untersucht, welche Auswirkungen eine aktive Rückhaltung von CO_2 auf die betrachteten Energiesysteme hat und welche Kosten durch die genannten Maßnahmen verursacht werden.

1.2 Energiebedarf und -versorgung in der Bundesrepublik

1.2.1 Der Energieeinsatz in der Bundesrepublik

Der Primärenergieeinsatz in der Bundesrepublik lag 1988 mit 11.4 EJ um 15.8% höher als im Jahr 1970 (vgl. Abb. 1.1). Der Anstieg erfolgte allerdings nicht gleichmäßig. Nach den beiden Ölpreiskrisen Anfang und Ende der 70er Jahre war jeweils ein deutlicher Rückgang des Primärenergieeinsatzes zu verzeichnen. Seit 1982 ist ein stetiger Anstieg um insgesamt 8.6% zu beobachten, wenn auch der Höchstwert des Jahres 1979 von 11.9 EJ noch nicht wieder erreicht wurde. Insbesondere der Einsatz von elektrischer Energie ist seit 1970 um 80% gewachsen [5]. Für die Zeit bis zum Jahr 2010 erwartet die bereits erwähnte Prognos-Studie einen leichten Rückgang des Primärenergieeinsatzes um 3.9% sowie ein Anwachsen des Strombedarfs um 0.6–1%/a und damit insgesamt um 20% [3].

Die Bedeutung der einzelnen Energieträger für die Deckung des Energiebedarfs hat sich in den letzten 18 Jahren deutlich verschoben. Der Anteil der Kernenergie stieg von 0.6% auf 12.0% (vgl. Abb. 1.1). Außerdem wurde verstärkt Erdgas eingesetzt, dessen Anteil dadurch von 5.5% auf 16.2% anwuchs. Der Beitrag des Mineralöls sank im gleichen Zeitraum von 53.1% auf 42.1%, derjenige der Steinkohle von 28.8% auf 19.2%. Die Anteile von Braunkohle und Wasserkraft haben sich dagegen kaum verändert. Bestimmend für diese Entwicklung war zum einen das Bestreben, die Abhängigkeit vom Öl aus den OPEC-Staaten zu verringern. Dies ist zwar gelungen, die Importquote für Primärenergie liegt dennoch unverändert bei 67% [5]. Der Anteil der Steinkohle mußte aus wirtschaftlichen Gründen reduziert werden, weil die Kosten zur Ausbeutung der einheimischen Lagerstätten immer höher wurden.

Von 1970 bis 1988 erhöhte sich das Bruttoinlandsprodukt[8] der Bundesrepublik um 50% [5]. Demnach konnte 1988 die gleiche Menge an Gütern und Dienstleistungen mit 20% weniger Energie produziert werden als 18 Jahre zuvor. Daraus folgt, daß bereits erhebliche Anstrengungen unternommen worden sind, um mit Energie effizient umzugehen. Die durch die Effizienzsteigerung erreichten Primärenergieeinsparungen wurden und werden jedoch in relativ kurzer Zeit durch die Ausweitung der Produktion mehr als ausgeglichen.

Sowohl die angesprochenen Energieeinsparungen als auch die Substitution der Energieträger untereinander erfolgte aus wirtschaftlichen Gründen, die sich im wesentlichen auf die Knappheit der verfügbaren Ressourcen zurückführen lassen. Vorrangiges Ziel war die Sicherstellung der Versorgung mit ausreichenden Mengen an Primärenergie. Der Umweltschutz wurde erst in zweiter Linie durch Auflagen zur Emissionsminderung berücksichtigt. Zwar konnte der Anteil fossiler Brennstoffe von 96.5% im Jahr 1970 auf 85.6% (1988) gesenkt werden, absolut stieg deren Einsatz jedoch leicht an.

Bevor mit Hilfe der Primärenergie eine Energiedienstleistung wie z.B. die Erwärmung eines Zimmers erbracht werden kann, müssen nacheinander verschiedene Umwandlungsstufen durchlaufen werden, die alle mit Verlusten verbunden sind (vgl. Abb. 1.2). Die erste Stufe bildet die Gewinnung und Aufbereitung der in der Natur vorkommenden Primärenergieträger zu *Endenergieträgern*, die dann verteilt und vom Verbraucher direkt genutzt werden können. Die größten Verluste auf dieser Umwandlungsstufe sind nach wie vor der Stromproduktion zuzurechnen: auch 1985 ging für jede erzeugte Einheit elektrischer Energie die doppelte Energiemenge in Form von Abwärme verloren [28]. Beim Verbraucher wird die Endenergie in *Nutzenergie* überführt, die dann die gewünschte *Energiedienstleistung* erbringt. Hierbei treten wiederum Verluste von mehr als 50% der eingesetzten Endenergie auf. Um Ansatzpunkte zur Verringerung dieser Verluste zu finden, muß zunächst bekannt sein, wo und für welche Zwecke die Energie eingesetzt wird.

1.2.2 Der Prozeßwärme- und Raumwärmebedarf in der Bundesrepublik

Nach Abb. 1.3 werden 80% der gesamten Endenergie in den drei Verbrauchergruppen Industrie, Haushalte und Verkehr eingesetzt, von denen jede einen in etwa gleich großen Anteil beansprucht. Die Verwendungszwecke in den einzelnen Bereichen sind jedoch sehr unterschiedlich. Während in der Industrie vor allem Prozeßwärme erzeugt wird, benötigen

[8] Das Bruttoinlandsprodukt ist die Summe der im Inland erbrachten Wertschöpfungen in Form von Gütern und Dienstleistungen.

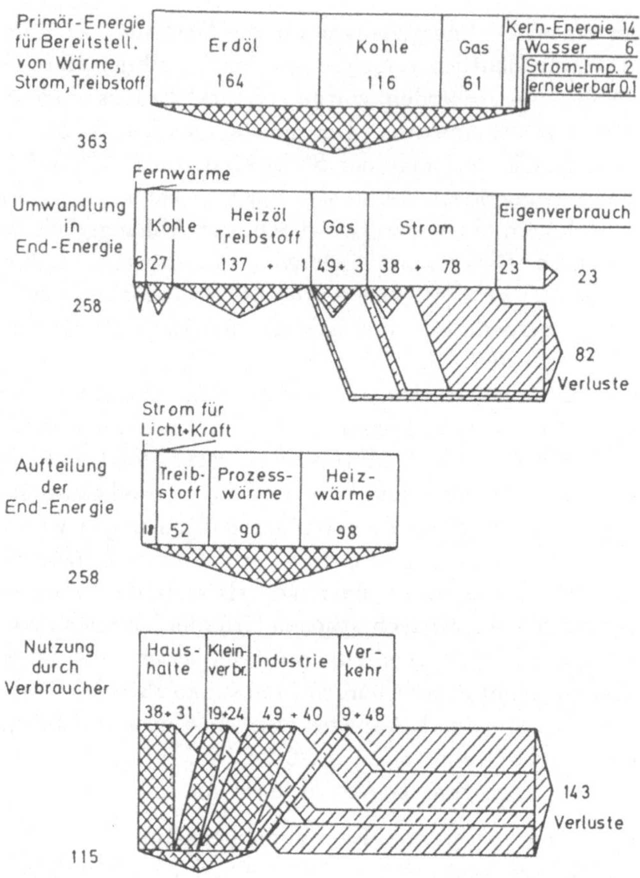

Abb. 1.2: Energieflußschema in der Bundesrepublik (1980) nach K. Heinloth und B. Diekmann [27]. Alle Energiemengen sind in Mio. t SKE angegeben (1 t SKE = 29.3 GJ).

die Haushalte in erster Linie Raumwärme und Warmwasser. Im Verkehr wird dagegen vorrangig mechanische Arbeit eingesetzt. Die vierte Verbrauchergruppe, 'Sonstige', weist keinen ausgeprägten Schwerpunkt auf, da hier z.B. die Heizung öffentlicher Gebäude, die Straßenbeleuchtung und der Prozeßwärmebedarf kleiner Gewerbebetriebe zusammengefaßt sind. Die genauen Anteile des Energiebedarfs für die Anwendungsbereiche in den Verbrauchergruppen sind in Tab. 1.2 aufgeführt. Insgesamt dienen zwei Drittel der Endenergie der Erzeugung von Wärme, allein ein Drittel wird für die Heizung von Räumen aufgewandt.

Aufgrund der geschilderten Struktur des Energiebedarfs und der Energieversorgung sind drei Hauptansatzpunkte für die Energieeinsparung zu erkennen:

- die Erzeugung und Nutzung von Wärme,

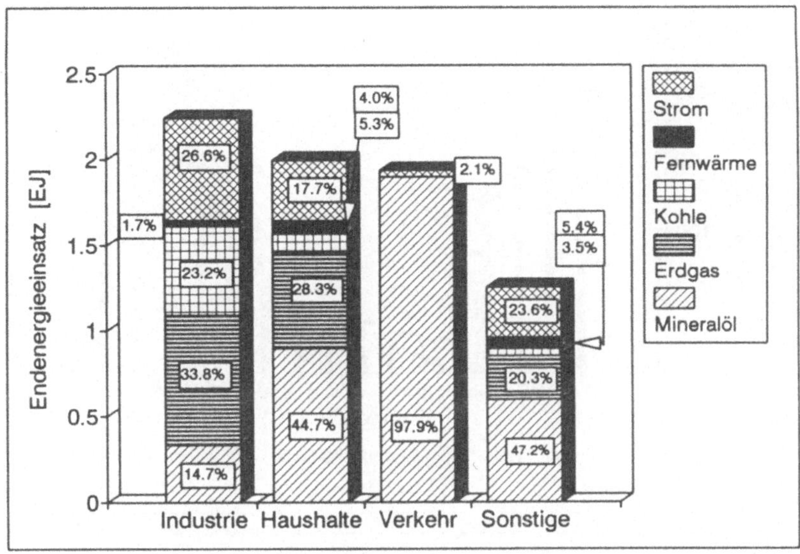

Abb. 1.3: Endenergieeinsatz in der Bundesrepublik (1988) aufgeschlüsselt nach *Energieträgern* und *Verbrauchergruppen* [5]. Die Gruppe 'Sonstige' enthält diejenigen Verbraucher, die keiner anderen Gruppe zugeordnet wurden, d.h. insbesondere alle öffentlichen Einrichtungen sowie Kleinverbraucher (z.B. Handwerksbetriebe und Läden).

	Anteil am gesamten Endenergieeinsatz	Anteile der Verbrauchergruppen			
		Industrie	Haushalte	Verkehr	Sonstige
Raumwärme	34.9%	9.5%	64.4%	0.1%	26.0%
Warmwasser	5.2%	3.7%	63.7%	0.0%	32.6%
Prozeßwärme	23.2%	86.7%	4.0%	0.0%	9.3%
mech. Arbeit	34.9%	14.9%	4.3%	71.1%	9.7%
Licht	1.8%	23.9%	23.9%	2.2%	50.0%

Tab. 1.2: Endenergieeinsatz in der Bundesrepublik (1988) aufgeschlüsselt nach *Anwendungsbereichen* und *Verbrauchergruppen* [5]. Angaben der zweiten Spalte in Prozent des gesamten Endenergieeinsatzes, in den restlichen Spalten in Prozent des Endenergieeinsatzes für den jeweiligen Anwendungsbereich. 'Mechanische Arbeit' wird in den Statistiken der Energiewirtschaft meist als 'Kraft' bezeichnet [5].

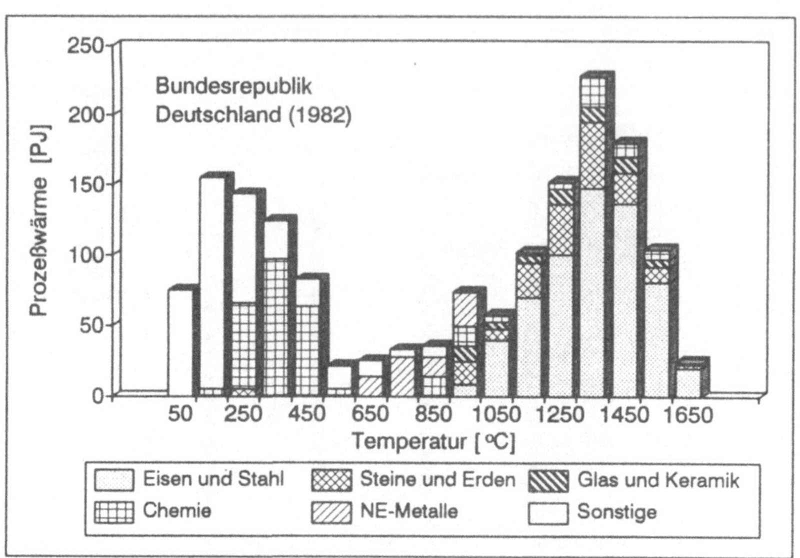

Abb. 1.4: Prozeßwärmebedarf der bundesdeutschen Industrie im Jahr 1982 in Abhängigkeit von der benötigten Temperatur [34].

- die Erzeugung elektrischer Energie sowie
- der Verkehr.

Da der Kernpunkt dieser Arbeit die Wärmerückgewinnung ist, bleibt der dritte Punkt hier unberücksichtigt. Zur Verwirklichung von Einsparungen in den beiden ersten Bereichen sind vier Strategien denkbar:

1. die Reduzierung des Nutzwärmebedarfs,
2. die Verringerung der Umwandlungsverluste,
3. die erneute Nutzung der anfallenden Abwärme sowie
4. die Nutzbarmachung von Umgebungswärme durch Wärmepumpen.

Zur ersten Strategie gehört z.B. die Reduzierung des Raumwärmebedarfs. A.B. Lovins et al. gehen davon aus, daß bei bestehenden Häusern bis zu 80% und bei neuen Häusern sogar 90% des Energiebedarfs zur Raumheizung u.a. durch verbesserte Isolation eingespart werden können [29]. Ein Beispiel für den zweiten Punkt ist die Einführung neuer Techniken in der Stromproduktion (z.B. Gas-Dampf-Kombikraftwerke), die mittlerweile Wirkungsgrade von mehr als 40% erreichen [30,31,32]. Nutzbare Abwärme entsteht z.B. bei der Erzeugung elektrischer Energie, sie kann im Rahmen der sog. *Kraft-Wärme-Kopplung* wiedergewonnen werden. Aber auch andere industrielle Prozesse sind in der Lage, nutzbare Abwärme zu liefern [33]. Daneben ist es auch möglich, Umgebungswärme mit Hilfe von Wärmepumpen nutzbar zu machen. Die Punkte 3 und 4 werden im folgenden der Einfachheit halber unter dem Begriff **Wärmerückgewinnung** subsummiert. Alle Strategien können durchaus gleichzeitig verfolgt werden, müssen aber, wie die Ergebnisse dieser Arbeit belegen, sorgfältig aufeinander abgestimmt werden.

Der Einsatz von Wärme erfolgt bei Temperaturen, die sich aus dem angestrebten Nutzen (z.B. Schmelzen von Metall) und dem eingesetzten Verfahren (z.B. Induktionsofen) ergeben. Aufgrund des Zweiten Hauptsatzes der Thermodynamik liegt die Temperatur der anfallenden Abwärme – außer bei exothermen chemischen Reaktionen – stets niedriger als die Anfangstemperatur. Um die Möglichkeiten der Wärmerückgewinnung beurteilen zu können, sind deshalb detaillierte Kenntnisse über die beteiligten Prozesse und insbesondere über die darin auftretenden Temperaturen erforderlich. In den meisten offiziellen Statistiken wird der Wärmebedarf jedoch lediglich anhand des Enthalpiegehaltes der Wärme oder sogar nur über die Endenergiemenge, aus der die Wärme erzeugt wurde, ausgewiesen (vgl. z.B. Ref. 26).

H. Schaefer hat die Aufteilung des Prozeßwärmebedarf auf verschiedene Temperaturniveaus abgeschätzt, indem er den bekannten Energiebedarf der einzelnen Industriezweige (z.B. aus Ref. 26) den Temperaturen der wichtigsten dort eingesetzten Verfahren zugeordnet hat [34]. Das Ergebnis ist in Abb. 1.4 dargestellt. Bedingt durch die Abschätzungsmethode beträgt die Fehlerbreite ca. 50% des Bedarfs auf einem Temperaturniveau [35].[9] Van Gool und Kümmel haben ein Verfahren vorgeschlagen, mit dem sich die Energieeinsparungspotentiale durch Wärmerückgewinnung anhand derartiger nationaler Energiebedarfsprofile abschätzen lassen [36]. Es wird im nächsten Abschnitt nach Einführung einiger grundlegender Begriffe beschrieben.

1.3 Exergie, Energiequalität und Wärmerückgewinnung

1.3.1 Exergie

Die Umwandlung einer Energieform in eine andere wird durch den 2. Hauptsatz der Thermodynamik beschränkt [37, S.82ff]:

- Jedes System besitzt eine extensive Zustandsgröße *Entropie* S, die sich durch Wärme- und Stofftransport über die Systemgrenzen (Entropietransport) und durch irreversible Prozesse im Inneren des Systems (Entropieproduktion) ändert.
- Die mit der infinitesimalen Wärmemenge δQ über eine Systemgrenze transportierte Entropie ist

$$dS_Q = \frac{\delta Q}{T}, \tag{1.1}$$

  wobei T die Temperatur an der Systemgrenze ist.
- Die durch *irreversible* Prozesse im Inneren des Systems erzeugte Entropie S_{irr} ist stets positiv, lediglich für *reversible* Prozesse ist sie gleich null.

In einem infinitesimalen Zeitintervall der Länge dt ist die Entropieänderung dS eines Systems, das keine Materie mit seiner Umgebung austauschen kann, somit durch die Entropiebilanzgleichung

$$\frac{dS}{dt} = \dot{S}_Q + \dot{S}_{irr}. \tag{1.2}$$

gegeben, wobei $\dot{S}_Q$ der Entropietransportstrom und $\dot{S}_{irr}$ der Entropieproduktionsstrom ist [37].

Um die Arbeit zu berechnen, die sich aus einer gegebenen Wärmemenge gewinnen läßt, betrachtet man eine *Wärme-Kraft-Maschine*. Dabei handelt es sich um ein geschlossenes

[9] Als ausschlaggebend für die Abschätzung der Energiesparpotentiale wird sich jedoch weniger der absolute Bedarf auf einem Temperaturniveau als vielmehr die Struktur der Bedarfsprofile herausstellen.

System, das in einem zeitlich stationären Prozeß den Wärmestrom $\dot{Q}$ aus einem Reservoir der Temperatur T aufnimmt, die mechanische Leistung $-P$ abgibt und außerdem den Wärmestrom $-\dot{Q}_0$ an ein anderes Reservoir der Temperatur T_0 abführt. Die Energiebilanz der Wärme-Kraft-Maschine lautet

$$\dot{Q} + \dot{Q}_0 + P = 0 . \tag{1.3}$$

Da es sich um einen stationären Prozeß handelt, gilt für die Entropiebilanz mit $\dot{S}_Q = \dot{Q}/T + \dot{Q}_0/T_0$

$$\frac{dS}{dt} = \frac{\dot{Q}}{T} + \frac{\dot{Q}_0}{T_0} + \dot{S}_{irr} = 0 . \tag{1.4}$$

Durch Einsetzen der mit T_0 multiplizierten Gl. (1.4) in (1.3) und anschließende Umformung erhält man für die Leistung, die aus der Wärme-Kraft-Maschine gewonnen werden kann,

$$-P = \left(1 - \frac{T_0}{T}\right) \dot{Q} - T_0 \dot{S}_{irr} . \tag{1.5}$$

Der thermische Wirkungsgrad $\eta_{th} := -P/\dot{Q}$ kann nach Gl. (1.5) höchstens den Wert $\eta_{th,max} = 1 - (T_0/T)$ annehmen, wenn die Maschine reversibel arbeitet. Er wird dann auch als Carnot-Wirkungsgrad bezeichnet. Reale Wärme-Kraft-Maschinen können jedoch nicht reversibel arbeiten, da endliche Temperaturdifferenzen benötigt werden, um die Prozesse der Wärmeaufnahme und -abgabe zu treiben. Hinzu kommt, daß die Komponenten einer solchen Maschine, also z.B. der Kessel zur Dampferzeugung, die Turbine und der Kühlturm räumlich getrennt sind. Das Arbeitsmedium des Systems muß deshalb in einem Fließprozeß zwischen ihnen hin und her transportiert werden, wobei stets Reibungsverluste entstehen. Solange die Transportvorgänge nur innerhalb des Systems 'Wärme-Kraft-Maschine' ablaufen, bleiben die Gln. (1.3) und (1.4) gültig.

Auf der Grundlage dieser Überlegungen kann nun die **Exergie der Wärme** berechnet werden. Per Definitionem wird darunter derjenige Anteil einer Energiemenge verstanden, der sich unbeschränkt in Arbeit umwandeln läßt. Der verbleibende Rest wird als **Anergie** bezeichnet [38]. Elektrische, potentielle und kinetische Energie lassen sich – im Prinzip – vollständig in jede andere Energieform überführen und bestehen daher zu 100% aus Exergie. Für ungeordnete kinetische Energie, also Wärme, gilt dies nicht. Die maximale mechanische Leistung einer Wärme-Kraft-Maschine und damit den Exergiestrom $\dot{E}_Q$, der mit dem Wärmestrom $\dot{Q}$ einhergeht, erhält man aus Gl. (1.5) bei reversibler Prozeßführung, also für $T_0\dot{S}_{irr} = 0$, als

$$\dot{E}_Q(T, T_0) = \left(1 - \frac{T_0}{T}\right) \dot{Q} . \tag{1.6}$$

Die Exergie der Wärme, E_Q, selbst erhält man durch Integration von Gl. (1.6). Wenn die beiden Reservoire als unendlich groß angenommen werden, dann ändern sich die zugehörigen Temperaturen T und T_0 nicht, und die Integration ist trivial. Auch die Exergie der Wärme im Kessel einer realen Wärme-Kraft-Maschine kann auf diese Weise bestimmt werden. Zwar ist die Wärmemenge im Kessel nicht unendlich groß, die Temperatur in seinem Inneren kann jedoch über die Regelung der Brennstoffzufuhr konstant gehalten werden. Die Umgebung der Maschine wird durch Wärmezufuhr aus dem Kühlturm – nach Einstellung eines lokalen Temperaturgradienten in dessen Nähe – nicht weiter aufgeheizt.

In der Realität ist die Temperatur in einem Wärmestrom jedoch eine Feldgröße, die sich zudem zeitlich ändert. Will man beispielsweise die Exergie E_Q^{12} bestimmen, die in einem Zeitintervall $[t_1, t_2]$ in Verbindung mit der Wärmemenge Q^{12} durch eine Fläche Ω strömt, dann definiert man zunächst eine Exergiestromdichte $\vec{j}_{E_Q}$ und eine Wärmestromdichte $\vec{j}_Q$ derart, daß

$$E_Q^{12} = \int_{t_1}^{t_2} \int_\Omega \vec{j}_{E_Q}(\vec{r}_\Omega, t)\, d\vec{\Omega}\, dt \tag{1.7}$$

und

$$Q^{12} = \int_{t_1}^{t_2} \int_\Omega \vec{j}_Q(\vec{r}_\Omega, t)\, d\vec{\Omega}\, dt \tag{1.8}$$

gilt, wobei $\vec{r}_\Omega$ der Ort des Oberflächenelements $d\vec{\Omega}$ ist. $\delta\dot{Q} = \vec{j}_Q \cdot d\vec{\Omega}$ ist das Element des Wärmestroms, das im Zeitintervall $[t, t+dt]$ bei der orts- und zeitabhängigen Temperatur $T(\vec{r}_\Omega, t)$ das an der Stelle $\vec{r}_\Omega$ gelegenen Oberflächenelement $d\vec{\Omega}$ durchfließt. Gl. (1.6) gilt nun für den Exergiestrom $d\dot{E}_Q = \vec{j}_{E_Q} \cdot d\vec{\Omega}$, der mit $\delta\dot{Q}$ verbunden ist [vgl. Ref. 37 (S.138) und Gl. (1.1)]:

$$d\dot{E}_Q = \left(1 - \frac{T_0}{T(\vec{r}_\Omega, t)}\right) \delta\dot{Q} \tag{1.9}$$

$$= \delta\dot{Q} - T_0\, d\dot{S}_Q\ . \tag{1.10}$$

Wie ein konkrete Berechnung aussieht, wird im Anhang A.1 am Beispiel eines Wärmetauschers demonstriert. Gleichzeitig wird dort auch die näherungsweise Berücksichtigung irreversibler Vorgänge in der Nähe der Oberfläche diskutiert, die in der Realität nicht zu vermeiden sind und zu Exergieverlusten führen.

Die Frage, wie hoch der Exergieanteil einer Wärmemenge ist, kann also durch die Betrachtung eines idealen Modellsystems beantwortet werden. In vielen Fällen ist aber das System vorgegeben und das Problem besteht darin, seinen Exergiegehalt zu ermitteln. Um es zu lösen, betrachtet man ein beliebiges thermodynamisches System mit der Inneren Energie U, der Entropie S und dem Volumen V, das sich im Ungleichgewicht mit seiner Umgebung befindet. Letztere habe die Temperatur T_0 und den Druck p_0. Als **Exergie des Systems** wird die maximale Arbeit bezeichnet, die sich gewinnen läßt, wenn das System in das thermodynamische Gleichgewicht mit seiner Umgebung überführt wird [38]. Der Übergang kann dabei in einem beliebigen Nichtgleichgewichtsprozeß erfolgen. Beschränkt man sich zunächst darauf, daß das System mit der Umgebung Wärme und Arbeit, nicht jedoch Materie austauschen kann, so ist seine Exergie E_{Sys} gegeben durch [38,39]:

$$E_{Sys} = (U - U_0) + p_0(V - V_0) - T_0(S - S_0)\ , \tag{1.11}$$

wobei der Index 0 die Werte der Zustandgrößen U, V und S kennzeichnet, nachdem der Gleichgewichtszustand erreicht ist. Die gesamte Energie, die dem System beim Übergang ins Gleichgewicht entnommen werden kann, setzt sich also zusammen aus der Differenz der Inneren Energien $(U - U_0)$ und der (potentiellen) mechanischen Volumenarbeit $p_0(V - V_0)$. Der Anergie-Anteil $T_0(S - S_0)$ wird von der Umgebung aufgenommen und muß bei der Berechnung der Exergie abgezogen werden.

Bisher wurde angenommen, daß kein Materieaustausch mit der Umgebung stattfindet. Betrachtet man nun einen stationären Fließprozeß, bei dem ein Stoffstrom der Masse m an einer Stelle in das System eintritt und es an anderer Stelle verläßt, so müssen in Gl. (1.11) die (potentielle) Verschiebearbeit $V(p-p_0)$, die kinetische Energie des Stoffstroms $mc^2/2$ (c: Geschwindigkeit) und die potentielle Energie im Schwerefeld der Erde mgz (z: Höhe über einem Bezugspunkt) hinzuaddiert werden. Führt man gleichzeitig die Enthalpie $H = U + pV$ ein, so ergibt sich für die Exergie E_{Sys} des Systems [38]

$$E_{Sys} = (H - H_0) - T_0(S - S_0) + mc^2/2 + mgz \,. \tag{1.12}$$

Für den Fall eines Wasserreservoirs, aus dessen Stoffstrom elektrische Energie gewonnen wird, sind lediglich die beiden letzten Terme von Bedeutung. Bei Wärme-Kraft-Maschinen oder Verbrennungsprozessen können dagegen die kinetische und die potentielle Energie gegenüber den beiden ersten Termen vernachlässigt werden.

Die bei Verbrennungsprozessen entstehenden Verbrennungsprodukte liegen in der Brennkammer zunächst in höherer Konzentration vor als in der Umgebung. Aus ihrer Diffusion in die Umgebung kann im Prinzip Arbeit gewonnen werden. Zur Berechnung dieser Arbeit, die auch eine Beitrag zur Exergie des Systems darstellt, tut man so, als ob die einzelnen Komponenten des Systems unmittelbar nach der Verbrennung zwar untereinander vermischt und bereits im thermischen und mechanischen Gleichgewicht mit der Umgebung (T_0, p_0) vorlägen, aber das ursprüngliche System, also z.B. die Brennkammer, noch nicht verlassen hätten. Der Beitrag der Konzentrationsunterschiede zur Exergie ist dann gegeben durch $\sum_i N_i(\mu_{i0} - \mu_{id})$ [38]. Dabei steht N_i für die Anzahl der Mole der Komponente i. μ_{i0} und μ_{id} sind die chemischen Potentiale der i-ten Komponente im thermischen und mechanischen Gleichgewichtszustand vor der Diffusion und im diffundierten Zustand, in dem dann auch das chemische Gleichgewicht erreicht ist. Unter Vernachlässigung der kinetischen und potentiellen Energien der Komponenten wird Gl. (1.11) zu

$$E_{Sys} = (U - U_0) + p_0(V - V_0) - T_0(S - S_0) + \sum_i N_i(\mu_{i0} - \mu_{id}) \,. \tag{1.13}$$

Entscheidend bei der Berechnung der Exergie mit Hilfe der Gln. (1.6) bis (1.13) ist die Rolle der Umgebung. Erst die Kenntnis von deren Eigenschaften läßt eine Aussage darüber zu, welche Arbeit aus einem System gewonnen werden kann. Veränderungen der Umgebung haben eine Änderung der Exergie eines Systems zur Folge, ohne daß am System selbst Veränderungen auftreten. Bei praktischen Berechnungen muß daher der Gleichgewichtszustand geeignet festgelegt werden. Wenn chemische Reaktionen ausgeschlossen sind, reicht es aus, mechanisches und thermisches Gleichgewicht zu fordern und Mittelwerte für Druck und Temperatur zu verwenden. Dieser Zustand wird als 'restricted dead state' bezeichnet [40]. Laufen dagegen im System auch chemische Vorgänge ab, so ist zusätzlich chemisches Gleichgewicht mit der Umgebung zu fordern ('unrestricted dead state'). Die Schwierigkeiten bei der Festlegung geeigneter Standardumgebungen mit fester chemischer Zusammensetzung und einige Lösungsmöglichkeiten sind in Ref. 40 beschrieben.

1.3.2 Exergieanalyse und Exergieoptimierung

Im Rahmen der sog. **Exergieanalyse** (engl. Second Law Analysis) werden Ineffizienzen und Verluste industrieller, meist chemischer Prozesse untersucht, die oft mit großer Geschwindigkeit ablaufen [37,39,41,42,43,45]. Der zu untersuchende Gesamtprozeß wird in irreversible Einheitsprozesse zerlegt, die durch stationäre Ströme verbunden sind [43,45]. Diese Ströme werden durch Größen wie z.B. Temperatur, Druck, Enthalpiegehalt und pro Zeiteinheit transportierte Masse gekennzeichnet, die zwischen den einzelnen Einheitsprozessen konstant bleiben und nur im Rahmen solcher Prozesse verändert werden. Somit treten alle Irreversibilitäten innerhalb der Einheitsprozesse auf. Da die Materieströme stationär sind, können die Einheitsprozesse im Sinne des folgenden Beispiels so behandelt werden, als liefen sie in Systemen ohne Materieaustausch mit der Umgebung ab: Bei der Synthese von Wasser aus Wasserstoff und Sauerstoff bildet die in einem Zeitintervall konstanter Länge ablaufende Reaktion 2 Mol H_2 + 1 Mol O_2 $\rightarrow$ 2 Mol H_20 den Einheitsprozeß, dem je ein stationärer Strom aus Wasserstoff und aus Sauerstoff zugeführt wird und aus dem ein konstanter Wasserstrom abfließt. Als weiteres Beispiel kann eine Wärme-Kraft-Maschine dienen: die Wärmeerzeugung durch Verbrennung fossiler Brennstoffe, die Dampferzeugung im Kessel und die Entspannung in der Turbine bilden Einheitsprozesse; von der Brennkammer zum Kessel wird die erzeugte Wärme vor allem durch Wärmestrahlung, also einen immateriellen Energiestrom, transportiert; vom Kessel zur Turbine dient dagegen Dampf als Wärmetransportmedium. Zur Erfassung von Transportverlusten, die z.B. durch Abkühlung oder Reibung entstehen können, sind eigene Einheitsprozesse zu definieren. Für jeden Einheitsprozeß wird eine Energiebilanz aufgestellt (vgl. Ref. 45):

$$\sum_i \dot{H}_i + \sum_j \dot{H}_j + \dot{Q}_0 + \sum_k \dot{Q}_k + P = 0 . \tag{1.14}$$

Dabei sind die $\dot{H}_i$ die Enthalpieströme, die in den Einheitsprozeß hineinfließen. Sie resultieren entweder aus vorangegangenen Einheitsprozessen (z.B. Dampf aus dem Kessel in die Turbine) oder werden über die Grenze des Gesamtprozesses herangeführt (z.B. Brennstoff in die Brennkammer). Die $-\dot{H}_j$ sind die Enthalpieströme, die aus dem Einheitsprozeß herausfließen und entweder die Eingangsgrößen des nachfolgenden Prozesses bilden oder über die Grenze des Gesamtprozesses hinweg abtransportiert werden (z.B. Bindungsenthalpie in Reaktionsprodukten). $-\dot{Q}_0$ und $-\dot{Q}_k$ sind Wärmeströme mit der Umgebungstemperatur T_0 bzw. mit Temperaturen $T_k > T_0$, die über die Prozeßgrenzen hinweg abgegeben werden. Wenn der Einheitsprozeß als Wärme-Kraft-Maschine aufgefaßt werden kann, die die Leistung $-P$ abgibt, dann können sowohl die Wärmemengen mit den Temperaturen T_k als auch die Wärmemenge mit der Temperatur T_0 als unteres Reservoir im Sinne von Gl. (1.3) dienen. Da die Temperaturen T_k größer sind als die Temperatur T_0 der Umgebung, enthalten die Wärmeströme $\dot{Q}_k$ noch Exergie. Wenn keine Maßnahmen zur Wärmerückgewinnung getroffen werden, dann werden diese Wärmeströme unter Verlust der verbliebenen Exergie von der Umgebung aufgenommen.

Die durch den betrachteten Einheitsprozeß irreversibel produzierte Entropie $\dot{S}_{irr}$ ist gegeben durch

$$\dot{S}_{irr} = - \sum_j \dot{S}_j - \dot{Q}_0/T_0 - \sum_k \dot{Q}_k/T_k - \sum_i \dot{S}_i \geq 0 . \tag{1.15}$$

$\dot{S}_i$ und $-\dot{S}_j$ sind die Entropienströme, die mit den hinein- und herausfließenden Enthalpieströmen $\dot{H}_i$ und $-\dot{H}_j$ verbunden sind, $-\dot{Q}_0/T_0$ und $-\dot{Q}_k/T_k$ sind die mit den Wärmeströmen $-\dot{Q}_0$ und $-\dot{Q}_k$ abfließenden Entropieströme. Multipliziert man Gl. (1.15) mit T_0, ersetzt $\dot{Q}_0$ mit Hilfe von Gl. (1.14) und führt - nach Gl. (1.12) unter Vernachlässigung der kinetischen und potentiellen Energien - die Exergieströme $\dot{E}_i$ und

$-\dot{E}_j$ anstelle der Enthapliestrôme ein, so erhält man die durch Irreversiblilitäten im Einheitsprozeß verlorene Leistung P_{lost} als

$$P_{lost} = T_0 \dot{S}_{irr} = \sum_i \dot{E}_i + \sum_j \dot{E}_j + P + \sum_k \dot{Q}_k \left(1 - \frac{T_0}{T_k}\right) \geq 0 . \quad (1.16)$$

Wenn ein Wärmestrom $-\dot{Q}_k$ nicht erneut genutzt, sondern an die Umgebung abgegeben wird, dann entsteht dabei ein zusätzlicher Exergieverlust in Höhe von $\dot{Q}_k[1-(T_0/T_k)]$.

Die Exergieanalyse der o.a. Wärme-Kraft-Maschine führt zu folgendem Ergebnis: In die Brennkammer fließt ein Brennstoffstrom, dessen Energie näherungsweise zu 100% aus Exergie besteht [37]. Diese Energie wird in einem irreversiblen Prozeß in Wärme umgewandelt, die dann in den Dampferzeuger weitergeleitet wird. Der Exergiegehalt dieser Wärme wird durch Gl. (1.6) bestimmt, wobei für T die mittlere Temperatur in der Brennkammer einzusetzen ist. Im Prinzip könnte also der Exergieverlust durch höhere Verbrennungstemperaturen vermindert werden. Für eine reine Dampfturbinenanlage kann dieser Weg allerdings nicht beschritten werden, weil die Materialien der Dampfturbinenschaufeln nur die Verwendung von Dampftemperaturen um 500°C zulassen. Neben dem Exergieverlust durch Entropieproduktion wird Exergie mit einem unvermeidlichen Verlustwärmestrom $-\dot{Q}_k$ durch die Wände der Brennkammer abgeführt, der im Prinzip erneut genutzt werden kann. Insgesamt gehen allein bei der Wärmeerzeugung bereits 39% der eingesetzten Brennstoffexergie verloren [37]. Bei der anschließenden Dampferzeugung werden weitere 13% der ursprünglichen Exergie in Anergie umgewandelt, weil der Wärmeaustausch zwischen Verbrennungsgasen und Dampf durch eine hohe Temperaturdifferenz beschleunigt werden muß und weil nur endliche Wärmetauscherflächen zur Verfügung stehen. In der Turbine selbst entstehen noch einmal Verluste in Höhe von 10% der Exergie, u.a. durch Reibung. Der Wirkungsgrad einer typischen Wärme-Kraft-Maschine beträgt somit insgesamt 38%. Er kann durch zahlreiche Einzelmaßnahmen, die hier nicht näher diskutiert werden sollen, noch um einige Prozentpunkte verbessert werden [37].

Die Exergieanalyse führt zur Identifizierung der Einheitsprozesse mit hohen Exergieverlusten, die dann entweder verbessert oder durch andere Prozesse ersetzt werden können. Bei der Stromproduktion ist es z.B. denkbar, daß zwischen die Verbrennung und die Dampferzeugung eine Gasturbine geschaltet wird. Statt der knapp 500°C des Dampfes lassen sich dann Temperaturen der Verbrennungsgase von bis zu 1200°C direkt zur Stromproduktion nutzen. Nach Durchlaufen der Gasturbine kann mit der Restwärme der Abgase immer noch Dampf erzeugt werden [30]. Anlagen, die nach diesem Prinzip arbeiten, werden als Gas-Dampf-Kombikraftwerke oder GUD-Kraftwerke bezeichnet [32].

Wenn man sich nur auf die effiziente Exergienutzung konzentriert und die Systemanalyse an dieser Stelle abbricht, so bleibt ein weiteres großes Einsparungspotential ungenutzt. Die von der Wärme-Kraft-Maschine an die Umgebung abgeführte Abwärme enthält zwar nur sehr wenig Exergie, aber 60% der eingesetzten Enthalpie. Da es Prozesse gibt, die ihrerseits mit einem geringen Exergiegehalt der Wärme auskommen wie z.B. die Raumheizung (Wassertemperatur $\leq$90°C), kann diese Abwärme durchaus nochmals genutzt werden. Die Nutzung der Abwärme einer Wärme-Kraft-Maschine wird als Kraft-Wärme-Kopplung bezeichnet. Dabei sind die elektrischen Wirkungsgrade solcher Anlagen etwas niedriger als bei der ausschließlichen Stromerzeugung, weil der Dampf nicht so weit abgekühlt werden kann wie in reinen Kraftwerken. Durch Nutzung des hohen Enthalpiegehaltes der (niederexergetischen) Abwärme spart man die hohe Exergie desjenigen Brennstoffs, den man wegen der Abwärmenutzung nicht für die Raumheizung einsetzen muß. Zur Exergieanalyse der Raumheizung vgl. Anhang A.2.

Mit Hilfe der **Exergieoptimierung** wird untersucht, inwieweit die Abwärmeströme $\dot{Q}_k$, die bei der Exergieanalyse identifiziert wurden, an anderer Stelle erneut genutzt werden können [36,43,45]. Dies kann sowohl innerhalb desselben Gesamtsystems als auch in einem ganz anderen System erfolgen. Der entsprechende Abwärmestrom stellt dann einen der Eingangsenthalpieströme desjenigen Einheitsprozesses dar, in dem er Verwendung findet. Neben der Nutzung von Abwärme aus Industrieprozessen und der Stromproduktion berücksichtigt die Exergieoptimierung auch die Nutzung von Umgebungswärme durch Wärmepumpen. Letztere können außerdem dazu dienen, den Exergiegehalt von Abwärmeströmen zu erhöhen, wenn dies für die erneute Nutzung erforderlich ist.

Bei der Exergieanalyse stehen die Einheitsprozesse im Mittelpunkt der Untersuchungen. Deshalb müssen die Zustandsgrößen der Systeme, in denen sie ablaufen, bei allen Berechnungen berücksichtigt werden [vgl. Gln. (1.11)–(1.16)]. Für die Exergieoptimierung reicht es dagegen aus, den Exergiegehalt der verfügbaren Abwärmemengen zu kennen. Wenn nicht gleichzeitig mit der Wärme hohe Drücke auftreten – und dies ist bei den im weiteren betrachteten Prozessen nicht der Fall –, dann kann die Exergie der Abwärme nach Gl. (1.6) berechnet werden.

Als Bewertungskriterium sowohl für den Wärmebedarf als auch für die Abwärme wird die **Qualität** Q einer Enthalpie H definiert als[10]

$$\text{Qualität } Q \;:=\; \text{Menge Exergie } E_Q \;/\; \text{Menge Enthalpie } H\;. \tag{1.17}$$

Legt man den bestmöglichen Prozeß zur Umwandlung von Wärme der Temperatur T in Arbeit zugrunde, so wird die Qualität durch den Carnot-Faktor aus Gl. (1.6) bestimmt [48]:

$$Q \;=\; 1 \;-\; (T_0 \;/\; T)\;, \tag{1.18}$$

wobei T_0 die Temperatur des Wärmereservoirs ist, an das die Abwärme abgegeben wird. In vielen Fällen wird für T_0 die Umgebungstemperatur eingesetzt [19]. In dieser Arbeit wird jedoch eine Referenztemperatur T_0=273K verwendet, deren Festlegung ursprünglich auf das Bestreben zurückgeht, den Wirkungsgrad von Umgebungswärmepumpen nicht überzubewerten. Die getroffene Wahl hat kaum Einfluß auf die späteren Ergebnisse, weil für die Optimierung der Abwärmenutzung in erster Linie die Qualitätsunterschiede und nicht die Absolutwerte der Qualitäten maßgeblich sind.

Die für die Exergieoptimierung notwendigen Daten, speziell die Temperaturen von Wärmebedarf und Abwärme, werden in betrieblichen oder nationalen Energiebilanzen nicht routinemäßig erfaßt. Sie müssen entweder aus Abschätzungen, wie z.B. in Abb. 1.4 dargestellt, oder durch gezielte Datenerhebungen gewonnen werden. Deshalb ist die Exergieoptimierung bisher nur auf sehr kleine und sehr große, hochaggregierte Systeme angewendet worden. Im ersten Fall wurden dabei einzelne Industriebetriebe oder deren Teile untersucht. Ergebnisse für die Ammoniakherstellung und die Zuckerproduktion sind in

---

[10] Bei einer isobaren Zustandsänderung ist die umgesetzte Wärmemenge δQ gleich der Änderung der Enthalpie dH. Für Primärenergieträger gibt die in Joule gemessene Enthalpie deren Heizwert unter Standardbedingungen an und ist in diesem Sinne ein Maß für die im Energieträger enthaltene Energiemenge, wie sie z.B. in nationalen Energiebilanzen ausgewiesen wird.

Ref. 43 und 45 dargestellt. Bei Systemen dieser Größe können die erforderlichen Daten durch Zusammenarbeit mit einem einzelnen Industrieunternehmen gewonnen werden. Auf dieser Stufe kann sowohl mit der Exergieanalyse als auch mit der Exergieoptimierung gearbeitet werden. Eine ähnliche Methode wurde von B. Linnhoff entwickelt und wird seither – kommerziell sehr erfolgreich – zum Design von Wärmetauschernetzwerken eingesetzt, die der Wärmerückgewinnung in Industrieanlagen dienen [47]. Dabei wird zunächst immer versucht, einen Wärmebedarf durch die Nutzung von Abwärme höherer Qualtiät zu decken. Ein Temperatur- bzw. Qualitätsniveau, beim dem dies nicht mehr möglich ist, wird von Linnhoff als *Pinch* bezeichnet. An dieser Stelle werden Wärmepumpen eingesetzt, die auch Abwärme mit niedrigerer Qualtität als benötigt nutzbar machen können.

W. van Gool und R. Kümmel haben vorgeschlagen, anhand von hoch-aggregierten nationalen Energiebedarfsprofilen, wie z.B. in Abb. 1.4 für die Bundesrepublik dargestellt, die Energiesparpotentiale durch Wärmerückgewinnung abzuschätzen [36]. Zu diesem Zweck werden diese Energiesysteme durch sogenannte *HSQD*-Diagramme beschrieben, die den Enthalpiebedarf (enthalpy $\underline{H}$ $\underline{s}$upplied) in Abhängigkeit von der benötigten Qualität ($\underline{q}$uality $\underline{d}$emanded) ausweisen [48]. Dabei ist es zweckmäßig, eine gedehnte Qualitätsskala

$$q := 10 \cdot Q \tag{1.19}$$

zu verwenden. Gemäß dieser Definition besitzen elektrische und mechanische Energie die Qualität q=10, für Umgebungswärme gilt dagegen q=0. Alle Primärenergieträger werden mit q=10 bewertet, weil ihr Enthalpiegehalt in guter Näherung zu 100% aus Exergie besteht [37]. (Mit ihrer Hilfe lassen sich im Prinzip Temperaturen $T \gg T_0$ erzeugen.) Der gesamte Enthalpiebedarf wird auf 10 Stufen mit den Qualitäten $q = 1, \ldots, 10$ aggregiert. Dies geschieht durch Umrechnung des in Abb. 1.4 dargestellten Bedarfsprofils mit Hilfe der Vorschriften $H(q)\Delta q = H(T)\Delta T$ und $\Delta q = 10 \cdot (T_0/T^2)\Delta T$. Als Ergebnis erhält man das linke obere Bedarfsprofil in Abb. 1.5. Der Wärmebedarf aus Abb. 1.4 erstreckt sich dabei auf die Qualitätsniveaus $q = 1, \ldots, 9$. Bei q=10 ist zusätzlich der Bedarf an elektrischer Energie ausgewiesen. Auch für die Niederlande [49], Japan [50] und die USA [51] liegen industrielle Bedarfsprofile vor, die den Enthalpiebedarf in Abhängigkeit von der Temperatur darstellen und die auf ähnliche Weise wie das bundesdeutsche Profil gewonnen wurden. Die sich daraus ergebenden *HSQD*-Diagramme sind ebenfalls in Abb. 1.5 dargestellt [52,53].

Die Optimierungsidee von van Gool und Kümmel beruht darauf, daß bei der Befriedigung des Energiebedarfs die Möglichkeit besteht, eine einmal eingesetzte Energiemenge im Rahmen der Qualitätsanforderungen erneut zu nutzen. Da die Qualität der Energie aufgrund des 2. Hauptsatzes in jedem irreversiblen Prozeß abnimmt, kann die Wiederverwendung über Wärmetauschernetzwerke nur auf einem niedrigeren Qualitätsniveau erfolgen. Wird dagegen zusätzlich Exergie bereitgestellt, wie dies in Wärmepumpen geschieht, so ist auch eine Nutzung auf einem höheren Qualitätsniveau möglich. Ziel der Optimierung ist es, innerhalb des Bedarfsprofils Nutzungsketten zu finden, in denen eine einmal eingesetzte Energiemenge möglichst oft genutzt wird, bevor ihre Exergie vollständig aufgebraucht ist. Auf der Grundlage dieser Optimierungsidee habe ich in meiner Diplomarbeit an der Entwicklung des Modells zur **L**inearen **E**nergie**o**ptimierung *LEO* mitgearbeitet [52,54], das von van Gool und Mitarbeitern in leicht abgewandelter Form auch für die innerbetriebliche Optimierung eingesetzt wird [45]. Die Struktur des Modells *LEO* wird in Kap. 3.1 nochmals kurz dargestellt, um dann mit Hilfe der zu diesem Zweck erweiterten

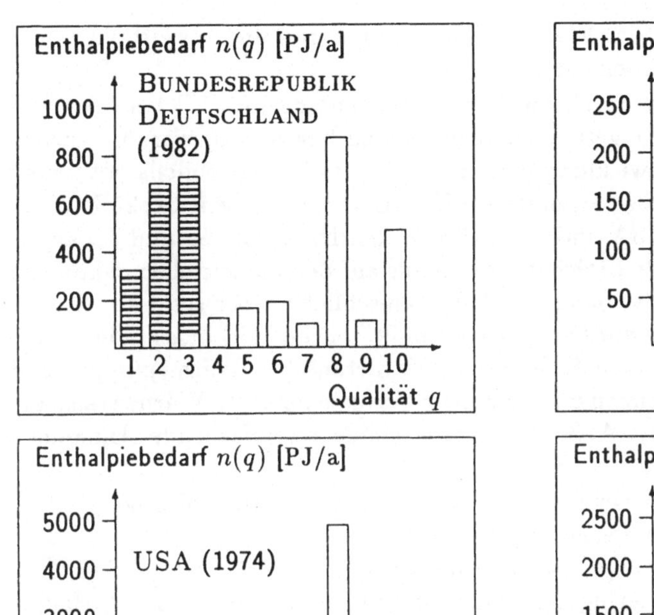

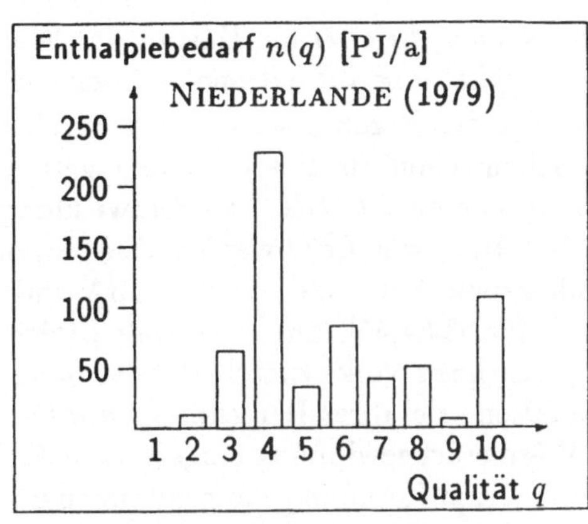

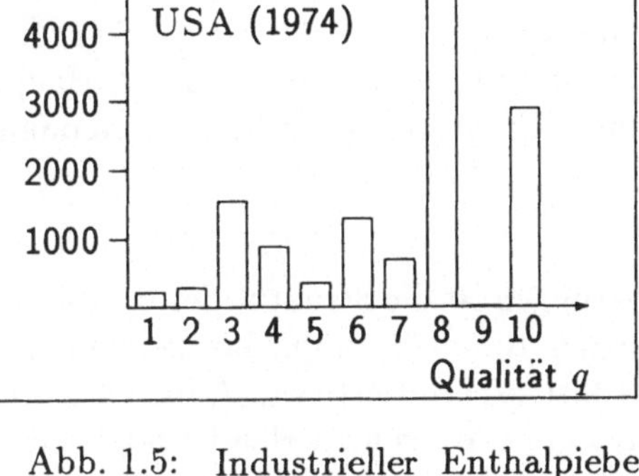

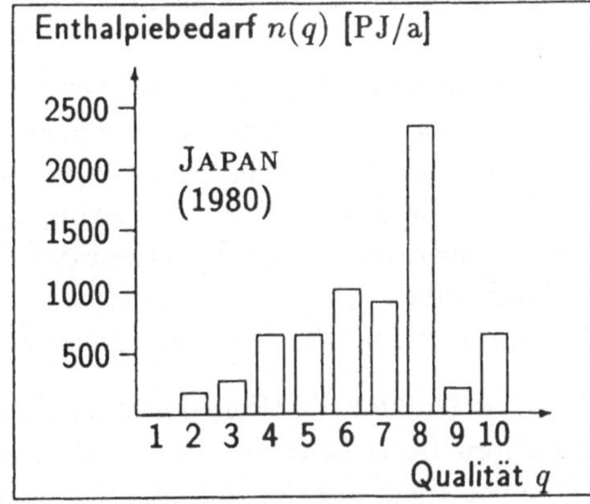

Abb. 1.5: Industrieller Enthalpiebedarf (unschraffiert) in Abhängigkeit von der Qualität für die Bundesrepublik, die Niederlande, Japan und die USA [52,53]. Das amerikanische Profil weist nur 60% des gesamten Bedarfs aus. Die Qualitätsstufe q=10 steht ausschließlich für den Bedarf der gesamten Volkswirtschaft an elektrischer Energie. Für das bundesdeutsche Bedarfsprofil ist zusätzlich (horizontal schraffiert) der Wärmebedarf der Haushalte eingetragen. Da hierfür keine Statistiken vorliegen, die Rückschlüsse auf die Qualität zulassen, wird folgende grobe Abschätzung verwendet [54]: Der Wärmebedarf der Haushalte ist in etwa so groß wie der industrielle Prozeßwärmebedarf [5]. Deshalb wird der gesamte Prozeßwärmebedarf nochmals zu dem industriellen Bedarfsprofil hinzuaddiert. Da die Haushalte in erste Linie Warmwasser (u.a. zur Raumheizung) benötigen, wird der zusätzliche Bedarf auf die drei untersten Qualitätsniveaus verteilt, die Temperaturen bis zu 117°C entsprechen.

Modellversion *LEO-II* die Kosten der Wärmerückgewinnung und die Auswirkungen der CO_2-Rückhaltung auf nationaler Ebene abzuschätzen.

Einige der Ergebnisse, die sich durch die Energieoptimierung mit *LEO* erzielen lassen, sollen schon an dieser Stelle angeführt werden, um zu begründen, warum – neben dem Ausbau zu *LEO-II* – die Entwicklung eines neuen Optimierungsmodells notwendig ist. Mit Hilfe von *LEO* werden Einsparpotentiale für Primärenergie von ca. 25% in der Bundesrepublik, ca. 30% in den USA und rund 45% in den Niederlanden und Japan ermittelt [52,53,54,55]. Die Potentiale beziehen sich jeweils auf den industriellen Sektor der entsprechenden Volkswirtschaft (also ohne Haushalte) einschließlich der gesamten Stromproduktion. Bei ihrer Berechnung wurden in der Technik übliche Wirkungsgrade für die zur Wärmerückgewinnung eingesetzten Techniken – Wärmetauscher, Wärmepumpen und Kraft-Wärme-Kopplung – angenommen und pauschale Verluste für einen Wärmetransport über bis zu 100 km berücksichtigt. Außerdem wurde einige vereinfachende Annahmen getroffen:[11]

- Die Abwärme in Abgasen (15% der gesamten Abwärme) wird vernachlässigt.
- Alle beteiligten Prozesse laufen gleichzeitig ab.
- Der gesamte Wärmebedarf eines Qualitätsniveaus $q = 1, \ldots, 9$ steht mit gleicher Qualität als Abwärme wieder zur Verfügung; Qualitätsverluste, die infolge des 2. Hauptsatzes unvermeidlich sind, werden dadurch berücksichtigt, daß die Wiederverwendung auf demselben Niveau verboten wird.
- Es wird nur eine Brennstoffart zugelassen.

Entscheidend für die Höhe der möglichen Einsparungen ist die Struktur der in Abb. 1.5 dargestellten Bedarfsprofile. Die Bedarfsspitze in der Bundesrepublik bei der Qualität q=8, die vor allem aus der metallverarbeitenden Industrie resultiert (vgl. Abb. 1.4), kann nicht durch Abwärme versorgt werden. Ein Bedarfsprofil wie das niederländische, bei dem die Bedarfsspitze auf die chemische Industrie (Ölverarbeitung) zurückgeht und deshalb bei mittlerer Qualität (q=4) liegt, ist für die Wärmerückgewinnung günstiger, da zur Deckung dieses Bedarfs Abwärme von höheren Niveaus eingesetzt werden kann. Während das Bedarfsprofil in den USA dem bundesdeutschen sehr ähnlich ist, zeichnet sich das japanische Profil durch ein günstigeres Verhältnis des höchsten zum nächst-höchsten Bedarf aus. Die vorhandene Abwärme kann deshalb vollständig ausgenutzt werden. In der Bundesrepublik und den USA entsteht dagegen mehr Abwärme hoher Qualität als zur Deckung des gesamten Bedarfs niedrigerer Qualität benötigt wird.

Die Optimierung mit *LEO* weist drei kritische Punkt auf:

- die relative hohe Unsicherheit der aggregierten Bedarfsprofile,
- unzulängliche Aussagen über die Anteile der Techniken (Wärmetauscher, Wärmepumpen und Kraft-Wärme-Kopplung) an der Realisierung der Energiesparpotentiale und
- die Vernachlässigung von kurz-, mittel- und langfristigen Veränderungen des Energiebedarfs.

Da keine besseren nationalen Bedarfsprofile verfügbar sind, ist es erforderlich, sich Klarheit darüber zu verschaffen, wie die errechneten Einsparpotentiale auf Veränderungen der Profile reagieren. Außerdem muß der Einfluß der vereinfachenden Annahmen durch eine gezielte Variation der technischen Randbedingungen untersucht werden. Zu diesem

[11] Vgl. Kap. 3.1.2

Zweck wurden in Ref. 52 und 54 Sensitivitätsanalysen mit folgenden Inhalten durchgeführt:

- Änderung der Transportverluste durch Variation der Transportentfernung,
- Verringerung der Entstehungsraten nutzbarer Abwärme,
- Erhöhung der Qualitätsverluste bei der Abwärmeentstehung,
- unterschiedliche Bedarfsprofile in Sommer und Winter sowie
- eine Einbeziehung des geschätzten Energiebedarfs der Haushalte.

Wie erwartet führen die ersten vier Punkte zu einer Abnahme der errechneten Energiesparpotentiale. Diese wird jedoch dadurch begrenzt, daß zum einen zunächst überschüssige Abwärmepotentiale genutzt werden können (s.o.) und daß andererseits eine Substitution zwischen den einzelnen Techniken stattfindet. So nimmt z.B. bei einer Halbierung der verfügbaren Abwärme die Bedeutung der Wärmetauscher, die zunächst den größten Anteil an den Energieeinsparungen haben, ab. Sie werden jedoch zumindest teilweise durch Kraft-Wärme-Kopplung und durch Wärmepumpen, die die Umgegung als Reservoir nutzen, ersetzt. Das Einsparpotential für die Bundesrepublik geht in diesem Fall nur um ein Zehntel zurück. Für Japan verringern sich die Einsparmöglichkeiten dagegen um ein Viertel, weil weniger bisher ungenutzte Abwärme vorhanden ist. Insgesamt kann man jedoch sagen, daß durch die beschriebenen Puffer- und Substitutionseffekte in allen Ländern auch dann erhebliche Einsparpotentiale bestehen bleiben, wenn die Rahmenbedingungen der Wärmerückgewinnung im Modell verschlechtert werden. Der Fehler, den die Ergebnisse aufgrund der genannten Unwägbarkeiten aufweisen, beträgt $\pm(30\text{–}40)\%$ der ermittelten Einsparpotentiale.

Die Einbeziehung des Wärmebedarfs der Haushalte vergrößert die Einsparmöglichkeiten, da dieser wegen der geringen Qualitätsanforderungen sehr gut mit Abwärme gedeckt werden kann. Allerdings liegen hier wiederum keine Statistiken vor. Unter Verwendung der groben Abschätzung aus Abb. 1.5 vergrößert sich das bundesdeutsche Energiesparpotential durch die Einbeziehung der Haushalte von 25% auf 41%.

Mit *LEO* lassen sich zwar die Anteile bestimmen, die die einzelnen Techniken zu den gesamten Einsparungen beitragen, diese können jedoch kaum als Anhaltspunkt dafür dienen, welche Techniken zur Realisierung der Einsparpotentiale tatsächlich gebaut werden müssen. Ob für eine Stadt die Nutzung industrieller Abwärme, ein Heizkraftwerk oder beides infrage kommt, kann nur aus der lokalen Situation heraus beurteilt werden. Die dafür notwendigen Informationen sind aber in dem aggregierten Bedarfsprofil nicht mehr vorhanden. Es läßt sich nicht abschätzen, welche landesweiten Anteile der einzelnen Techniken sich aus der Summe lokaler Einzeluntersuchungen ergeben. Wegen der beschriebenen Substitutionsmöglichkeiten der Techniken untereinander hat dies auf die Höhe der gesamten Einsparpotentiale nur einen geringen Einfluß.

Wird *LEO* zur innerbetrieblichen Optimierung eingesetzt, dann sind Aussagen über Art und Umfang der zu installierenden Techniken möglich, weil in diesem Fall nicht aggregiert werden muß, sondern jedem Prozeß ein eigenes Qualitätsniveau zugeordnet werden kann [43,45,46].[12]

Wärmepumpen werden durch *LEO* auf solchen Bedarfsniveaus eingesetzt, deren Bedarf nicht durch Wärmekaskaden von höheren Niveaus gedeckt werden kann. Dies sind gerade die von B. Linnhoff als *Pinch* bezeichneten Niveaus [47]. Linnhoff geht davon aus, daß die Existenz *eines* solchen Pinch eine fundamentale Eigenschaft eines Energie-

[12]Die einzelnen Qualitäten müssen dabei nicht ganzzahlig sein.

systems darstellt. Die Identifizierung des Pinch und der daran ausgerichtet Einsatz von Wärmepumpen bildet die Grundlage der von Linnhoff entwickelten Methode zum Design von Wärmetauschernetzwerken. Die Optimierung mit *LEO* führt zu einer automatischen Identifizierung des Pinch. Zudem lassen sich leicht Bedarfsprofile mit mehreren Niveaus vorstellen, die nicht durch Wärmetauscher versorgt werden können. Während dies bei Linnhoff nicht vorgesehen ist, setzt *LEO* selbstverständlich auch hier Wärmepumpen ein. Die Exergieoptimierung reicht also über den Linnhoffschen Ansatz hinaus [56].

Der Faktor Zeit stellt in mehrfacher Hinsicht eine kritische Größe dar:

1. Die nationalen Bedarfsprofile eines Jahres, die für *LEO* verwendet werden, bilden einen Mittelwert, der keine Rückschlüsse auf die auftretenden Bedarfsspitzen und -senken zuläßt. Die Bedarfsschwankungen werden zum größten Teil geprägt durch periodische Vorgänge wie den Ablauf eines Tages, einer Woche oder eines Jahres. Sie enthalten aber auch zufallsbestimmte Anteile, die sich aus individuellen Entscheidungen oder Ereignissen ergeben. Beispiele solcher Bedarfsschwankungen sind der Tagesgang des privaten Strombedarfs an verschiedenen Wochentagen und in verschiedenen Jahreszeiten und der Tagesgang des Raumwärmebedarf in Abhängigkeit von der Außentemperatur. Der Verlauf der genannten Größen ist im Anhang in den Abb. D.1a–c und D.3 dargestellt. In beiden Fällen besteht eine deutliche Abhängigkeit des Energiebedarfs von der Außentemperatur. Für industrielle Prozesse ist dagegen eher die betriebliche Arbeitszeit pro Tag und pro Woche bestimmend für den Energiebedarf. Außerdem spielt die aktuelle Auslastung der vorhandenen Maschinen eine wichtige Rolle.[13]
2. Neben den kurz- und mittelfristigen Bedarfsschwankungen sind auch prinzipielle Veränderungen des Bedarfsprofil im Laufe mehrerer Jahre möglich. Diese werden durch Strukturänderungen innerhalb der Volkwirtschaft ausgelöst, wie sie sich beispielsweise aus der Entstehung neuer oder dem Niedergang alter Industriezweige oder auch aus geänderten Verhaltensweisen in den privaten Haushalte ergeben. Solche Entwicklungen können bei *LEO* durch die Betrachtung unterschiedlicher Bedarfsprofile untersucht werden.
3. Die errechnete optimale Struktur der Energieversorgung kann nicht von heute auf morgen implementiert werden, ihr Aufbau erfordert Zeit. In der Regel wird dabei das Energiesystem nicht völlig neu errichtet, sondern geht durch Umbau aus dem bestehenden System hervor.

Die Modellierung der unter Punkt 1. genannten kurz- und mittelfristigen Fluktuationen des Energiebedarfs erfordert eine zeitliche Auflösung in der Größenordnung einer Stunde, die unter Punkt 2. und 3. aufgeführte langfristige Entwicklung macht dagegen die Betrachtung eines sehr langen Zeitraums (mehrere Jahrzehnte) notwendig. Da die gleichberechtigte Betrachtung beider Zeitskalen einen enormen Aufwand erfordert, der mit heutigen Computern nicht zu bewältigen ist, muß man sich bei der Entwicklung eines Energieoptimierungsmodells auf den 1. oder den 2. und 3. Punkt konzentrieren und den jeweils anderen Aspekt in vereinfachter Form behandeln.

Der Schwerpunkt der meisten mir bekannten Energieoptimierungsmodelle liegt auf Optimierung eines Energiesystems über einen Zeitraum von einigen Jahrzehnten (vgl. Ref. 60–67). Dabei wird der gesamte untersuchte Zeitraum in Intervalle unterteilt, die in der Regel die Länge eines Jahres haben. Für alle Intervalle werden Submodelle aufgestellt, die sich hinsichtlich ihrer mathematischen Struktur nicht unterscheiden. Die

[13]Vgl. Kap. 2.2

Optimierung unterliegt sog. statischen Nebenbedingungen, die jeweils nur innerhalb eines Zeitintervalls (= Submodells) einzuhalten sind, und dynamischen Nebenbedingungen, die intertemporal, d.h. über mehrere Zeitintervalle hinweg, gültig sind. Letztere sorgen dafür, daß Optimierungsvariablen, die denselben Sachverhalt in unterschiedlichen Zeitintervallen beschreiben, verschiedene Werte annehmen können. Ein Beispiel für die erstgenannten Restriktionen stellt die Forderung nach der Befriedigung des gesamten Energiebedarfs im jeweiligen Intervall dar. Intertemporale Restriktionen sind dagegen z.B. Begrenzungen der Lebensdauer oder der Zubauraten von Energieversorgungsanlagen. Die Optimierungsvariablen aus allen Zeitintervallen werden gleichzeitig optimiert. Modelle, die nach diesem Prinzip arbeiten, werden als *dynamisch* oder *intertemporal* bezeichnet [68].

Die intertemporalen Modelle bilden das Gros der Optimierungsmodelle, weil sie bei der Kostenbetrachtung, die in der Vergangenheit bei den Anstrengungen zur Modellierung von Energiesystemen im Vordergrund stand, Vorteile bieten.[14] Als typischer Vertreter kann das ursprünglich von der IIASA[15] entwickelte 'Model for Energy Supply Systems Analysis and Their General Environmental Impact (*MESSAGE*)' angesehen werden, mit dessen Hilfe die Kosten, die Schadstoffemissionen, der Import von Primärenergieträgern, der Gesamtwirkungsgrad, die Anzahl der eingesetzten Energieträger sowie die ungenutzten Umwandlungskapazitäten über einen Zeitraum von einigen Jahrzehnten optimiert werden. Da die genannten Ziele miteinander konkurrieren, also nicht gleichzeitig verwirklicht werden können, müssen dabei Kompromißlösungen gesucht werden.[16] Voraussetzung für die Optimierung mit *MESSAGE* ist die Vorgabe der zeitlichen Entwicklung des Verbrauchs an Endenergien. Während die kurz- und mittelfristigen Schwankungen des Energiebedarf durch Messungen recht gut abgebildet werden können (vgl. Abb. D.1 und D.3), läßt sich die zukünftige Entwicklung des Energiebedarfs nur schwer vorhersagen. Abschätzungsversuche haben sich in der Vergangenheit allzuoft als völlig falsch erwiesen (vgl. z.B. Ref. 2). Deshalb werden Szenarien[17] vorgegeben, die auf unterschiedlichen Annahmen hinsichtlich der wirtschaftlichen und sozialen Entwicklungen beruhen und die somit verschiedene denkbare Entwicklungen des Energieverbrauchs enthalten. Optimierungsvariablen sind die Anteile verschiedener Energieumwandlungstechnologien an der Versorgung innerhalb eines Jahres sowie die jährlichen Zubauraten für neue Kraftwerke. Der Verlauf der Bedarfsschwankungen innerhalb eines Jahres wird vernachlässigt. Stattdessen wird der Mittelwert des Bedarfs verwendet, um die zu liefernde Energiemenge zu erfassen, während sich die Auslegung der Energieversorgung, d.h. die Bestimmung der zu installierenden Leistung der Energieversorgungseinrichtungen, am Maximalwert des Bedarfs orientiert. Zusätzlich werden die Kraftwerke anhand ihrer mittleren Auslastung in die Bereiche Grundlast, Mittellast und Spitzenlast eingeteilt. Das Modell *MARKAL*[18] geht hier noch weiter, indem jahreszeitliche Mittel- und Spitzenwerte des Bedarfs berücksichtigt werden [69]. Die beschriebene Vorgehensweise ist zulässig, wenn die verwendeten Techniken im Prinzip jederzeit verfügbar sind und ihr Einsatz keinen Be-

[14]Vgl. Kap. 2.1.7

[15]International Institute for Applied System Analysis in Laxenburg bei Wien

[16]Zur dabei verwendeten Methode der Vektoroptimierung vgl. Kap. C.2.

[17]Unter einem Szenario ist ein vollständiger Satz der Konstanten eines Optimierungsmodells zu verstehen. Bei der Betrachtung verschiedener Szenarien erhalten Teile der Konstanten unterschiedliche Werte und werden dann als Parameter bezeichnet. Die Unterschiede in den Optimierungsergebnissen der einzelnen Szenarien lassen Rückschlüsse auf die Bedeutung der Parameter zu.

[18]*MARKAL* = **Market Allocation** Model; entwickelt durch das Brookhaven National Laboratory (BNL) und die Kernforschungsanlage (KfA) Jülich.

schränkungen unterliegt, wie dies für Zentralheizungen oder Kraftwerke auch der Fall ist. Bei Einbeziehung der Wärmerückgewinnung gilt dies nicht mehr: Abwärme steht - von der Möglichkeit der Wärmespeicherung einmal abgesehen - nur zur Verfügung, solange der Prozeß läuft, bei dem sie anfällt. Deshalb müssen für die Berechnung der verfügbaren Abwärmemenge und des aktuellen Energiebedarfs potentieller Abnehmerprozesse die Bedarfsschwankungen jedes einzelnen Prozesses berücksichtigt werden. Die Kraft-Wärme-Kopplung kann nur eingesetzt werden, wenn gleichzeitig ein Bedarf für elektrische Energie und für Wärme vorhanden ist.

Neben den dynamischen Modellen gibt es auch statische Energiemodelle, die lediglich ein einziges Zeitintervall untersuchen. Veränderungen der Modellsitutation können allerdings mit Hilfe von Szenarien berücksichtigt werden. Statische Modelle wurden und werden auch weiterhin entwickelt, um Einzelaspekte zu betrachten, wenn der Aufwand für ein dynamisches Modell nicht betrieben werden kann. Außerdem können sie als Vorstudie dienen, die dann als Submodell im oben beschriebenen Sinne in ein größeres Modell eingeht. Beispielsweise werden im Modell *MESSAGE* nur verschiedene Varianten von Technologien zur Nutzung herkömmlicher Brennstoffe zugelassen. Schwerpunkt der Optimierung ist der Übergang von Primärenergie zu Endenergie und damit nur ein Teil der bereits erwähnten Energieumwandlungskette (vgl. Abb. 1.2). H. Fendt versucht in seinem statischen Energieoptimierungsmodell für München, auch die Nutzung der Endenergie durch den Verbraucher einzubeziehen [66]. Allerdings sieht auch er nur Techniken vor, die ständig zur Verfügung stehen, und bildet die Bedarfsschwankungen nur stark vereinfacht ab.

Auch bei dem weiter oben beschriebenen Modell *LEO* handelt es sich um ein statisches Modell. Wegen seines hohen Aggregationsgrades würde eine dynamische Betrachtung keine sinnvollen Ergebnisse erbringen. Die Bedeutung statischer Modelle als Instrument zur Beantwortung der Frage, in welchen Fällen die Entwicklung eines dynamischen Modells lohnend erscheint, wird in Kap. 3.1 diskutiert.

Sowohl die statischen als auch die dynamischen Energieoptimierungsmodelle sind entweder bereits vom Ansatz her linear oder werden durch Vereinfachungen linearisiert, weil bislang nur für lineare Modelle effiziente und erprobte Lösungsstrategien entwickelt werden konnten (vgl. Anhang C).

Da für die Beurteilung der Möglichkeiten zur Wärmerückgewinnung die Bedarfsschwankungen von entscheidender Bedeutung sind und da ihre Berücksichtigung in Modellen wie *LEO*, das mit aggregierten Bedarfsprofilen arbeitet, oder *MESSAGE*, das auf die langfristige Entwicklung der Energieversorgung abzielt, nicht möglich ist, muß ein neues Modell entwickelt werden, bei dem die Fluktuationen des Bedarfs im Mittelpunkt stehen. Dabei ist es notwendig, in einigen Punkten Kompromisse einzugehen:

- Der Übergang von der heutigen Energieversorgungsstruktur zur optimierten Struktur wird nicht im Detail betrachtet. Es ist ausreichend, einen optimalen Endzustand anzustreben, wenn man davon ausgeht, daß er sehr viel länger andauern wird als die Übergangsphase. Ein solches Vorgehen rechtfertigt gleichzeitig, anstelle der Umbaukosten die Neuerrichtungskosten des Energiesystems zu verwenden. Restnutzungszeiten bestehender Anlagen bleiben dadurch unberücksichtigt.
- Langfristige Veränderungen des Bedarfsprofils werden nicht in die Optimierung einbezogen, sondern in Szenarien erfaßt. Bei der Erstellung der Szenarien ist es insbesondere wichtig, mit der Wärmerückgewinnung konkurrierende Maßnahmen der

Energieeinsparung zu berücksichtigen. Diese können z.B. in der Reduzierung des Raumwärmebedarfs durch verbesserte Isolation oder in der Erhöhung von Maschinen-Wirkungsgraden bestehen.

- Der technische Fortschritt, der im Laufe der Zeit zu einer Verbesserung vorhandener und zur Entwicklung neuer Techniken führt, bleibt unberücksichtigt. Es ist allerdings möglich, von vornherein Techniken der Energieversorgung vorzusehen, die erst als Prototypen vorliegen wie z.B. Gas-Dampf-Kombikraftwerke oder Solarenergie. Lediglich ihre schrittweise Einführung ist nicht möglich.

Zusammenfassend kann man feststellen, daß die Entwicklung eines Modells angestrebt wird, das dynamisch ist im Hinblick auf zufällige und periodische Bedarfsfluktuationen, deren Periodenlänge höchstens ein Jahr beträgt, und das statisch ist im Hinblick auf Entwicklungen, die sich über mehrere Jahre erstrecken.

Um dem genannten Ziel gerecht zu werden, müssen anstelle der bei *LEO* verwendeten Qualitätsniveaus, die den Bedarf vieler unterschiedlicher Prozesse zusammenfassen, die Prozesse selbst beschrieben werden. Dabei ist die Quantität und Qualität von Energiebedarf und Abwärmeangebot sowie deren zeitliche Variation zu erfassen. Auf der Angebotsseite müssen die verfügbaren Techniken detaillierter beschrieben werden, als das im Modell *LEO* der Fall war, wo jeweils nur ein typischer Vertreter der prinzipiellen Verfahren berücksichtigt wurde. Wenn konkrete Vorschläge zur Realisierung der errechneten Einsparpotentiale gemacht werden sollen, dann müssen auch ähnliche Techniken getrennt erfaßbar sein. Dabei ist z.B. an die Unterscheidung von Gas- und Elektrowärmepumpen sowie großen zentralen und kleinen dezentralen Heizkraftwerken zu denken. Außerdem müssen verschiedene Brennstoffe verfügbar sein.

Die für ein solches Vorgehen erforderlichen Daten lagen zunächst nicht vor, sondern mußten erst erhoben werden. Daraus folgt zwangsläufig, daß die Optimierung nicht auf nationaler Basis, sondern nur innerhalb eines überschaubaren Gebietes durchgeführt werden kann, obwohl das entwickelte Modell selbst hier keine prinzipiellen Grenzen setzt. Die mit der Arbeitsgruppe von W. van Gool in Utrecht vereinbarte Arbeitsteilung sah vor, daß die dortige Gruppe sich mit der innerbetrieblichen Optimierung beschäftigt, während in Würzburg an der regionalen und nationalen Optimierung gearbeitet wird. Deshalb wurde für die vorliegende Arbeit eine Region in der Größe einer Stadt gesucht, um anhand der dort erhobenen Daten die Wärmerückgewinnung durch den Einsatz von Wärmetauschernetzwerken, Wärmepumpen und der Kraft-Wärme-Kopplung zu studieren. Selbst dieses begrenzte Vorhaben erwies sich als schwierig, denn zum einen mußten die Partner, von denen Daten erbeten wurden, erst von der Seriosität des Anliegens überzeugt werden und zum anderen hatten auch sie viele Informationen nicht sofort parat. Über J. Nitsch, Mitarbeiter der Studiengruppe Energiesysteme der Deutschen Forschungsanstalt für Luft- und Raumfahrt (DLR) in Stuttgart, konnte der Kontakt zu S. Rettich, Direktor der Stadtwerke in Rottweil, hergestellt werden. In Rottweil ist bereits heute ein sehr fortschrittliches Konzept zur Nutzung von Abwärme aus Blockheizkraftwerken verwirklicht. Mit Hilfe von Direktor Rettich konnten dann die in Rottweil ansässigen Firmen Albmilch e.G. (Milchverarbeitung), Knauf Westdeutsche Gipswerke (Gipsherstellung) und Mahle GmbH (Metallverarbeitung) zur Mitarbeit gewonnen werden. Während Energieangebot und industrieller Bedarf in Rottweil gut erfaßt werden konnten, lagen dort über den Bedarf der privaten Haushalte keine detaillierten Abgaben vor. Die Technischen Werke der Stadt Stuttgart (TWS) verfügen dagegen über ein 'Wärmeatlas' genanntes

Kataster, in dem alle Anlagen zur Raumwärmeerzeugung in Stuttgart erfaßt sind. Aus Datenschutzgründen wollten die TWS zunächst keine Informationen weitergeben und waren erst nach einer Intervention des Baden-Württembergischen Umweltministeriums zu einer Zusammenarbeit und der Überlassung von Daten bereit. Der Wert der auf Disketten gelieferten Daten beträgt nach Angaben der TWS DM 5000.-. Als 'Bezahlung' wurde entgegenkommenderweise eine Spendenquittung der Universität Würzburg akzeptiert. Um dem Datenschutz Genüge zu tun, wurden die gemachten Angaben jeweils auf einen Baublock, das ist ein nach außen durch Straßen begrenztes Gebiet, bezogen.

Da unter den genannten Umständen keine reale Region vollständig abgebildet werden konnte, habe ich mit Hilfe der vorliegenden Daten aus Rottweil und Stuttgart sowie einigen Ergänzungen aus der Literatur die in Kapitel 2.2 beschriebene Modellstadt konstruiert. Eine tabellarische Zusammenstellung der benutzten Daten befindet sich in Anhang D.

2 Wärmerückgewinnung in regionalen Energiesystemen mit zeitlichen Bedarfsschwankungen

2.1 Entwicklung eines Modells zur Energie-, Kosten- und CO_2-Optimierung (*ECCO*)

In der Systemanalyse wird unter dem Begriff *System* in seiner allgemeinsten Form die Zusammenfassung mehrerer Elemente und ihrer Beziehungen untereinander verstanden [65]. Eine mathematische Darstellung des Systems mit Hilfe von Variablen und deren Relationen in Form von Gleichungen und Ungleichungen wird als *Modell* bezeichnet. Ein *Energiesystem* umfaßt die Gesamtheit der Energiebedarfsträger und Energieanbieter sowie deren Zusammenspiel. Es ist eingebettet in die Umwelt, die ihm einerseits Umweltparameter wie die Außentemperatur und zeitliche Abläufe (Tages-, Jahres- und Wochenzeit) aufprägt und die andererseits Abwärme und Schadstoffemissionen aufnimmt.

In diesem Kapitel wird ein mathematisches Modell entwickelt, mit dessen Hilfe Aussagen darüber möglichen werden,

- wieviel Primärenergie durch den Einsatz der Wärmerückgewinnung in regionalen Energiesystemen eingespart werden kann,
- in welchem Ausmaß der CO_2-Ausstoß durch Wärmerückgewinnung und durch aktive Rückhaltung des CO_2 aus Rauchgasen verringert werden kann und
- wie hoch die damit verbundenen Kosten sind.

Das anhand dieses Modells entwickelte Computerprogramm wird im folgenden abkürzend mit dem Namen *ECCO* (**E**nergy, **C**ost and **C**arbondioxide-**O**ptimization) bezeichnet.

2.1.1 Definitionen und Begriffserläuterungen

Primärenergie: Enthalpiemengen verschiedener Primärenergieträger (Erdöl, Steinkohle, Erdgas, Uran usw.), die vor ihrer Nutzung zunächst gewonnen und dann zu (fossilen oder nuklearen) *Brennstoffen* verarbeitet werden müssen. Die für die Aufbereitung selbst notwendigen Energiemengen werden im Modell mit erfaßt (vgl. Def. des Versorgungspfades).

Prozeß: Vorgang innerhalb des Energiesystems zur Erzielung eines Nutzens mit Hilfe von Energie. Prozesse sind so festzulegen, daß jeder Prozeß nur Nutzenergie *einer* bestimmten Qualität erfordert; im Gegensatz zu *LEO* sind beliebige, d.h. auch nichtganzzahlige Qualitäten zugelassen. Bsp.: Induktionsschmelzen von Stahl zum Warmformen (T=1473 K, q=8.1) oder Warmwasser zur Raumheizung (T=363 K, q=2.5).

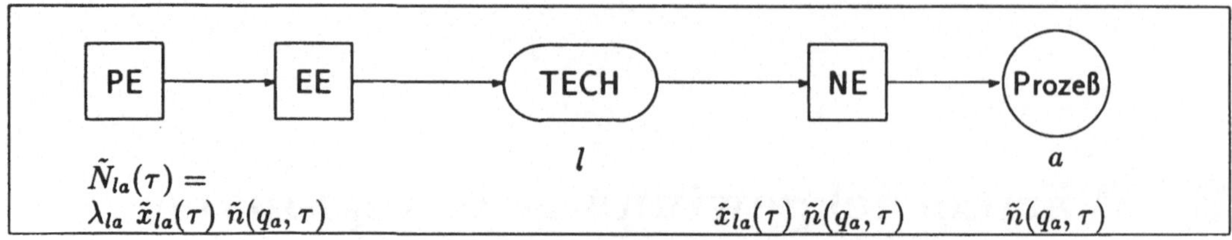

Abb. 2.1: Energieflußschema des Versorgungspfads la: Der Prozeß a hat den Nutzenergiebedarf (NE) $\tilde{n}(q_a,\tau)$. Dessen Bruchteil $\tilde{x}_{la}(\tau)\ \tilde{n}(q_a,\tau)$ wird mit Hilfe der Technik (TECH) l gedeckt. Dazu ist der Primärenergieeinsatz (PE) $\tilde{N}_{la}(\tau) = \lambda_{la}\ \tilde{x}_{la}(\tau)\ \tilde{n}(q_a,\tau)$ erforderlich, der zunächst zu Endenergie (EE) aufbereitet werden muß, bevor er genutzt werden kann. Zum Einsatz von elektrischer Energie und Abwärme vgl. Abb. 2.2–2.6 in Kap. 2.1.3.

Die Aggregation von Prozessen, die die gleiche Qualität der Nutzenergie unter auch sonst gleichen Bedingungen benötigen, ist möglich; Beispiel: Raumwärmeerzeugung eines Stadtviertels.

Abwärme Wärme, die bei der Befriedigung des Energiebedarfs eines Prozesses entsteht und die ohne den Einsatz von Techniken der Wärmerückgewinnung unter Verlust der in ihr verbliebenen Exergie an die Umgebung abgegeben würde. Abwärme ist z.B. sowohl die Wärme in Verbrennungsabgasen als auch die Restwärme von geschmolzenem Stahl nach Abschluß seiner Verarbeitung oder die Restwärme des zur Stromerzeugung eingesetzten Dampfes. Der Einfachheit halber wird auch Umgebungswärme, auf die mittels Wärmepumpen zurückgegriffen wird, unter dem Begriff 'Abwärme' subsummiert.

$\Theta =$ (Sehr langer) Zeitraum, für den die Optimierung des Energiesystems vorgenommen wird. Innerhalb dieses Zeitraums fluktuiert der Energiebedarf der einzelnen Prozesse, wobei die Schwankungen teils zufällig, teils periodisch (mit Periodenlängen von höchstens einem Jahr) sind. Der Stand der Technik sowie Struktur und Mittel des Energiebedarfs bleiben dagegen im gesamten Zeitraum Θ unverändert.[1]

$\tau =$ Zeitpunkt innerhalb des Zeitraums Θ, der durch den Nutzenergiebedarf und durch Umweltparameter (hier: die Außentemperatur) gekennzeichnet ist.

$\{a\} =$ Menge aller Prozesse a, die im Zeitraum Θ Energie benötigen.

$q_a =$ Qualität der an den Prozeß a zu liefernden Nutzenergie.

$\tilde{n}(q_a,\tau) =$ Bedarf des Prozesses a an Nutzenergie der Qualität q_a im Intervall $[\tau, \tau + d\tau]$. $\tilde{n}(q_a,\tau)$ wird z.B. in MW gemessen. $\tilde{n}(q_a,\tau)\, d\tau$ gibt die Nutzenergiemenge an, die vom Prozeß a im Intervall $[\tau, \tau + d\tau]$ nachgefragt wird. Die Qualtiät q_a des Bedarfs ist für jeden Prozeß a konstant, die benötigte Menge schwankt als Funktion der Zeit. In einigen Fällen konnte der Nutzenergiebedarf nicht ermittelt werden, ersatzweise wird deshalb der Endenergiebedarf verwendet (vgl. Kap. 2.2).

Anmerkung zur Notation: Größen, die sich auf einen Zeitpunkt (τ) bzw. ein infinitesimales Intervall ($[\tau, \tau + d\tau]$) beziehen, sind mit einer Tilde gekennzeichnet. Mit dem

[1] Vgl. dazu die Beschreibung der für die Entwicklung eines Modells der Wärmerückgewinnung notwendigen Kompromisse in Kap. 1.3.2.

gleichen Symbol, aber ohne Tilde beschriebene Größen haben im Prinzip die gleiche Bedeutung wie die Größen mit Tilde, beziehen sich jedoch auf endliche Zeitintervalle, die weiter unten eingeführt werden.

Definition: Unter Energiebedarf und Energieeinsatz wird im folgenden immer der Quotient aus der in einem Intervall nachgefragten bzw. eingesetzten Energiemenge und der Länge des Zeitintervalls verstanden.

Technik: Technische Anlage zur Umwandlung von Energie. Jede Technik darf direkt höchstens eine Brennstoffart einsetzen und somit nur auf einen Primärenergieträger zurückgreifen. Stattdessen oder zusätzlich kann elektrische Energie verwendet werden, die getrennt von der Primärenergie erfaßt wird. Der Begriff Technik bezeichnet hier nicht ein Prinzip der Wärmeversorgung, sondern eine Anlage, so daß zwei identische Wärmepumpen, die an verschiedenen Orten installiert sind, als verschiedene Techniken gelten.

$\{l\}$ Menge aller Techniken l, die zur Energieversorgung der Prozesse $a \in \{a\}$ eingesetzt werden können. Zur Entwicklung der allgemeinen Optimierungsmethode werden hier zunächst alle Techniken zusammengefaßt, in Kap. 2.1.3 wird dann eine Differenzierung in lokale, zentrale und vernetzende (d.h. Abwärme aus den Prozessen a über Wärmetauschernetzwerke und Fernwärmeleitungen nutzende) Techniken sowie Kraftwerke und Heizkraftwerke vorgenommen.

Versorgungspfad: Unter einem Versorgungspfad la wird die vollständige Kette der Energieumwandlung verstanden, die nötig ist, um einen Prozeß a durch die Technik l mit der von ihm benötigten Nutzenergie der Qualität q_a zu versorgen (vgl. Abb. 2.1). Der Versorgungspfad umfaßt die Gewinnung und Aufbereitung der Primärenergie, die zum Betrieb der Technik eingesetzt wird, die Technik selbst, den u.U. erforderlichen Transport von Energie vom Ort ihrer Umwandlung zum Prozeß a sowie die Verteilung und Nutzung der Energie am Ort von a. Da jede Technik eine spezifische Primärenergieart nutzt und zu jedem Prozeß nur eine Nutzenergieart gehört, reicht zur vollständigen Charakterisierung eines Versorgungspfades (la) die Angabe je eines Indexes für die Technik (l) und den Prozeß (a) aus.

Alle Pfade der Energieversorgung müssen bei *ECCO* vor Beginn der Optimierung explizit angegeben werden, d.h. jedem Prozeß werden von Hand die Techniken zugeordnet, die ihn versorgen können (zulässige Pfade, vgl. Tab. D.12). Das Optimierungsprogramm hat dann die Aufgabe, die durch die einzelnen Pfade tatsächlich gelieferten Energiemengen pro Zeiteinheit so festzulegen, daß der Primärenergieeinsatz oder die CO_2-Emissionen minimiert werden. Eine automatische Identifizierung der zulässigen Versorgungspfade durch *ECCO* ist derzeit nicht vorgesehen, weil der Aufwand zur Darstellung der dafür erforderlichen Wissensbasis auf dem Computer zu hoch ist.

$(l)_a$ = Menge aller Versorgungspfade la mit Techniken aus $\{l\}$, die für die Versorgung des Prozesses a zugelassen sind.

λ_{la} = Spezifischer Primärenergieaufwand des Pfades la zur Versorgung des Prozesses a mit Hilfe der Technik l. Er umfaßt alle Schritte von der Primärenergie bis zur Nutzenergie (vgl. Abb. 2.1) und gibt die Menge Primärenergie an, die benötigt wird, um dem Prozeß a über den Pfad la eine Einheit Nutzenergie zur Verfügung zu stellen [vgl. Gl. (2.1)].

Der spezifische Primärenergieaufwand ist nicht explizit zeitabhängig, er kann aber von Parametern wie der Außentemperatur abhängen und somit zu unterschiedlichen Zeitpunkten τ verschiedene Werte annehmen. Von dieser Möglichkeit wird in *ECCO* kein Gebrauch gemacht, weil zur Temperaturabhängigkeit der Wirkungsgrade der meisten Techniken keine Angaben vorliegen.[2]

$\tilde{x}_{la}(\tau)$ = Anteil des Nutzenergiebedarfs $\tilde{n}(q_a, \tau)$, der durch den Pfad la gedeckt wird. Die $\tilde{x}_{la}(\tau)$ sind die **Optimierungsvariablen** des allgemeinen Modells. $\tilde{x}_{la}(\tau)\ \tilde{n}(q_a, \tau)\ d\tau$ ist die Nutzenergiemenge, die durch den Pfad la zur Versorgung des Prozesses a im Zeitintervall $[\tau, \tau + d\tau]$ bereit gestellt wird (vgl. Abb. 2.1).

$\tilde{N}_{la}(\tau)$ = Primärenergieeinsatz für den Pfad la im Zeitintervall $[\tau, \tau + d\tau]$. $\tilde{N}_{la}(\tau)\ d\tau$ ist diejenige Menge des Primärenergieträgers, mit dem die Technik l betrieben wird, die zur Versorgung des Prozesses a im Zeitintervall $[\tau, \tau + d\tau]$ aufgewendet wird. Es gilt:

$$\tilde{N}_{la}(\tau)\ d\tau \ = \ \lambda_{la}\ \tilde{x}_{la}(\tau)\ \tilde{n}(q_a, \tau)\ d\tau\ . \tag{2.1}$$

$\tilde{N}_{la}(\tau)$ wird in Enthalpieeinheiten pro Zeiteinheit (z.B. in J/h oder MWh/h) gemessen.

$\tilde{N}(\tau)$ = Gesamter Primärenergieeinsatz im Zeitintervall $[\tau, \tau + d\tau]$. $\tilde{N}(\tau)\, d\tau$ ist die Primärenergiemenge, die zur Versorgung aller Prozesse des Energiesystems mit Wärme und Strom im Zeitintervall $[\tau, \tau + d\tau]$ aufgewendet wird. Es gilt:

$$\begin{aligned} \tilde{N}(\tau)\ d\tau \ &= \ \sum_{\{a\}} \sum_{(l)_a} \tilde{N}_{la}(\tau) d\tau \\ &= \ \sum_{\{a\}} \sum_{(l)_a} \lambda_{la}\ \tilde{x}_{la}(\tau)\ \tilde{n}(q_a, \tau)\ d\tau\ . \end{aligned} \tag{2.2}$$

$\tilde{N}(\tau)$ enthält Beiträge von verschiedenen Primärenergieträgern, die alle anhand ihres Enthalpiegehalts gemessen werden. Dabei werden in *ECCO* Steinkohle, leichtes und schweres Heizöl sowie Erdgas zugelassen (vgl. Tab. D.9). Generell können aber auch beliebige anderer Primärenergieträger verwendet werden.[3]

$N(\Theta)$ = Mittlerer Primärenergieeinsatz im Zeitraum Θ. $N(\Theta) \cdot \Theta$ ist die Primärenergiemenge, die zur Versorgung des gesamten Energiesystems im Zeitraum Θ aufgewendet wird. Es gilt:

$$N(\Theta) \ = \ \frac{1}{\Theta} \int_0^\Theta d\tau\ \tilde{N}(\tau)\ . \tag{2.3}$$

2.1.2 Stochastische Optimierung des Primärenergieeinsatzes

Mit den Definitionen aus Kap. 2.1.1 sowie den Gln. (2.2) und (2.3) läßt sich das Ziel der Energieoptimierung, nämlich die Minimierung des mittleren Primärenergieeinsatzes im Zeitraum Θ, formal darstellen als

$$\min\ N(\Theta) \ = \ \min\ \frac{1}{\Theta} \int_0^\Theta d\tau \sum_{\{a\}} \sum_{(l)_a} \lambda_{la}\ \tilde{x}_{la}(\tau)\ \tilde{n}(q_a, \tau)\ . \tag{2.4}$$

[2] Für Wärmepumpen, die Umgebungswärme nutzen, wäre eine Berechnung mittels des Carnot-Wirkungsgrades im Prinzip möglich. Wärmepumpen sollen aus programm-technischen Gründen bei *ECCO* monovalent, d.h. ohne Zusatzheizung, eingesetzt werden. Deshalb muß das Erdreich und nicht die Umgebungsluft als Wärmereservoir verwendet werden. Dort sind die Temperaturschwankungen wesentlicher geringer, weshalb die Verwendung eines mittleren, im praktischen Einsatz gemessenen Wirkungsgrades gerechtfertigt ist (vgl. Tab. D.4).

[3] Zur Frage einer Berücksichtigung der Kernenergie vgl. Kap. 2.1.6.

Gleichung (2.4) wird als *Zielfunktion* der Energieoptimierung bezeichnet. Um die Integration ausführen zu können, müßte der zukünftige Energiebedarf $\tilde{n}(q_a, \tau)$ für alle Prozesse a als Funktion der Zeit τ bekannt sein. Eine genaue Vorhersage des Bedarfs ist aber prinzipiell unmöglich. Deshalb muß der künftige Verlauf des Bedarfs anhand von Messungen aus der Vergangenheit geschätzt werden. Ergebnis solcher Messungen ist in der Regel keine geschlossene Darstellung der Bedarfsfunktion, sondern eine Zeitreihe, die den Energiebedarf in Intervallen endlicher Länge angibt. Sei t die Länge eines Intervalls und $Z = \Theta/t$ die Zahl der Intervalle, in die der Zeitraum Θ unterteilt wird. Dann läßt sich Gl. (2.4) umschreiben in

$$\min N(\Theta) = \min \frac{1}{\Theta} \sum_{\xi=1}^{Z} \int_{(\xi-1)t}^{\xi t} d\tau \sum_{\{a\}} \sum_{(l)_a} \lambda_{la}\, \tilde{x}_{la}(\tau)\, \tilde{n}(q_a, \tau)\ . \tag{2.5}$$

$t^\xi = [(\xi - 1)t, \xi t]$ bezeichne das ξ-te Intervall (ξ=1,...,Z) im Zeitraum Θ. Der Energiebedarf des Prozesses a im Intervall t^ξ ist dann gegeben durch

$$n(q_a, t^\xi) = \frac{1}{t} \int_{(\xi-1)t}^{\xi t} \tilde{n}(q_a, \tau)\, d\tau\ . \tag{2.6}$$

Um zu verdeutlichen, daß $n(q_a, t^\xi)$ auf ein Intervall der Länge t bezogen ist, wird für diesen Bedarf die Einheit MWh/h anstelle von MW verwendet.

Da über den genauen Verlauf der Bedarfsfunktion im Intervall t^ξ nichts bekannt ist, wird er durch einen typischen Wert ersetzt:[4]

$$\tilde{n}(q_a, \tau) \longrightarrow \tilde{n}(q_a, \xi t)\ . \tag{2.7}$$

Die Integration in Gl. (2.6) kann ausgeführt werden und man erhält

$$n(q_a, t^\xi) = \tilde{n}(q_a, \xi t)\ . \tag{2.8}$$

Nachdem der Bedarf im Intervall t^ξ konstant ist, muß auch der Verlauf der Optimierungsvariablen durch einen einzigen Wert ersetzt werden:

$$\tilde{x}_{la}(\tau) \longrightarrow x_{la}(t^\xi)\ . \tag{2.9}$$

Nach Einsetzen der Beziehungen (2.7), (2.8) und (2.9) in Gl. (2.5) läßt sich die Zeitintegration ausführen und man erhält:

$$\min N(\Theta) = \min \frac{1}{Z} \sum_{\xi=1}^{Z} \sum_{\{a\}} \sum_{(l)_a} \lambda_{la}\, x_{la}(t^\xi)\, n(q_a, t^\xi)\ . \tag{2.10}$$

Definiert man das zeitliche Mittel $< N(t) >_\Theta$ des Primärenergieeinsatzes über alle Intervalle t^ξ des Zeitraums Θ als

$$< N(t) >_\Theta := \frac{1}{Z} \sum_{\xi=1}^{Z} \sum_{\{a\}} \sum_{(l)_a} \lambda_{la}\, x_{la}(t^\xi)\, n(q_a, t^\xi)\ , \tag{2.11}$$

[4] Zur Vereinfachung der Schreibweise wird der Randwert verwendet. Bei dem Wert in der Zeitreihe handelt es sich jedoch entweder um den Mittelwert des Bedarfs im Intervall $[(\xi - 1)t, \xi t]$ oder um einen Wert, der zu einem beliebigen Zeitpunkt innerhalb des Intervalls gemessen wurde. Beide können den Randwert in allen Gleichungen ersetzen, ohne daß sich dadurch an dem beschriebenen Verfahren etwas ändert.

dann gilt:

$$\min N(\Theta) = \min < N(t) >_\Theta \ . \qquad (2.12)$$

Bei der Minimierung von $N(\Theta)$ auf der Grundlage von Gl. (2.10) treten zwei Schwierigkeiten auf: Zum einen stellt der Energiebedarf $n(q_a, t^\xi)$ genauso wie $\tilde{n}(q_a, \tau)$ einen sog. unsicheren Parameter dar, weil sein zukünftiger Wert nicht mit Sicherheit vorhergesagt werden kann. Zum anderen muß man zunächst davon ausgehen, daß die Minimierung des Primärenergieeinsatzes für den Zeitraum Θ nicht gleichbedeutend mit dessen Minimierung in allen Zeitintervallen t^ξ ist. Eine mögliche gegenseitige Abhängigkeit der Optimierung in den einzelnen Intervallen kann langfristig hervorgerufen werden durch Entscheidungen, die den Bau der einzelnen Techniken betreffen, und kurzfristig durch Entscheidungen über den Einsatz der vorhandenen Techniken. Um zu erreichen, daß die Optimierung innerhalb jedes beliebigen Intervalls t^ξ (ξ=1,...,Z) unabhängig von der Optimierung in den übrigen Intervallen $t^{\xi'}$ (ξ'=1,...,Z; $\xi' \neq \xi$) erfolgen kann, werden folgende Annahmen getroffen:

1. Die Länge der mit *ECCO* betrachteten Intervalle wird auf eine Stunde festgelegt. Änderungen des Betriebszustandes der einzelnen Techniken, z.B. Ein- und Ausschaltvorgänge, werden vernachlässigt.

   Die Optimierung im Zeitintervall t^ξ kann im Prinzip durch vorhergehende oder nachfolgende Intervalle beeinflußt werden, wenn die Änderung des Betriebszustandes einen großen Aufwand erfordert. So ist z.B. die Inbetriebnahme eines Großkraftwerkes mit einer erheblichen Anlaufzeit verbunden. Der Wärmetransport durch eine Pipeline erfolgt nur mit einer Geschwindigkeit von 1 m/s, so daß sich auch hier Veränderungen mit großen Verzögerungen ausbreiten. Es wird jedoch angenommen, daß die beschriebenen Vorgänge entweder in einer Zeit ablaufen, die wesentlich kürzer ist als die Länge der Zeitintervalle, oder aber nur sehr selten auftreten. Beispielsweise läßt sich eine Wärmepumpe in kurzer Zeit anschalten. Andererseits kann man davon ausgehen, daß ein Fernwärmenetz kontinuierlich betrieben werden kann, weil ein Bedarf an Raumwärme in der Regel nicht sporadisch, sondern über einen längeren Zeitraum von einigen Tagen auftritt. Ein großes Abwärmeangebot, das dem niederigeren Bedarf in der Nacht (vgl. Abb. D.3) gegenübersteht, kann durch die Pufferwirkung des Wassers im Netz und durch relativ kleine externe Speicher abgefangen werden, ohne daß das Netz stillgelegt werden muß. (Vgl. dazu auch die Fehlerdiskussion in Kap. 2.4.)

2. Ziel der Optimierung ist die Identifizierung einer optimalen Versorgungsstruktur, die durch die Werte gekennzeichnet ist, die die Optimierungsvariablen $x_{la}(t^\xi)$ im Minimum von $N(t^\xi)$ annehmen. Von ihr wird angenommen, daß sie sofort als Ganzes zur Verfügung steht und nicht erst langsam aufgebaut wird. Durch diese Annahme entfallen Beschränkungen der Optimierung in einem Intervall, die sich aus Investitionsentscheidungen ergeben, die zu einem früheren Zeitpunkt getroffen wurden bzw. hätten getroffen werden müssen. Für die Energieoptimierung ist ein solches Vorgehen durchaus sinnvoll, wenn der Zeitraum des Systemaufbaus wesentlich kürzer als seine Nutzungsdauer ist.

   Wird dagegen eine Kostenoptimierung angestrebt, so ist die Unabhängigkeits-Annahme nicht haltbar. Sie läßt zu, daß für den gleichen Prozeß im Intervall t^ξ die Technik l, im Intervall $t^{\xi'}$ dagegen die Technik l' eingesetzt wird. Diese energetisch günstige 'Doppelinstallation' ist aus betriebswirtschaftlicher Sicht mit hoher Wahrscheinlichkeit unsinnig, denn sie führt zu einer Kostenakkumulation. Aus diesem Grund kann die Kostenoptimierung nicht parallel zur Energieoptimierung durchgeführt werden.[5] Die entstehenden Kosten werden deshalb lediglich berechnet und in einem nachgeschalteten interaktiven Verfahren reduziert (vgl. Kap. 2.1.7).

3. Ein ähnlicher Akkumulationseffekt wie bei den Kosten kann sich auch für die Energie ergeben, wenn die Produktion bestimmter Energieversorgungstechniken im Verhältnis zu ihrem Output sehr viel Energie erfordert. Wie W. Jensch nachgewiesen hat, sind jedoch alle Techniken - außer den Solarzellen, die aber in *ECCO* ohnehin bisher nicht berücksichtigt werden können - in dieser Hinsicht unbedenklich [59]. Wollte man diesen Effekt näherungsweise abbilden, so wäre es denkbar, die Wirkungsgrade der einzelnen Techniken mit geeigneten Abschlägen zu versehen. Da diese Abschläge jedoch in allen Fällen unter 1% liegen, wird hiervon abgesehen. Lediglich dann, wenn eine Technik zwar installiert, aber nur sehr wenig eingesetzt wird, könnte der Fall eintreten, daß sie sich energetisch nicht amortisiert. Eine solche Technik wird aber im Rahmen der interaktiven Kostenoptimierung sowieso ausgeschlossen.

Wenn die Optimierungen in den einzelnen Intervallen unabhängig voneinander sind, dann können in Gl. (2.12) die Minimierung und die Mittelwertbildung vertauscht werden:

$$\min \; < N(t) >_\Theta \; = \; < \min \; N(t) >_\Theta \; . \tag{2.13}$$

Das weitere Vorgehen lehnt sich an die Vertauschung von Zeit- und Scharmittelwerten in der Thermodynamik an.

Exkurs: Die Zeit- und Scharmittelwerte in der Thermodynamik

Man betrachte ein Ensemble, das aus Φ ($\Phi \gg 1$) identisch präparierten Systemen besteht. $y^\varphi(\tau)$ sei der Wert, den die Variable y zum Zeitpunkt τ im φ-ten System ($\varphi = 1, \ldots, \Phi$) annimmt. Unter der Voraussetzung, daß die Funktion $y^\varphi(\tau)$ innerhalb eines genügend lang gewählten Zeitraums alle ihr zugänglichen Wert annimmt (Ergoden-Hypothese), ist der zeitliche Mittelwert von $y^\varphi(\tau)$ über einen sehr großen Zeitraum Θ

$$< y^\varphi(\tau) >_\Theta \; := \; \frac{1}{\Theta} \int_0^\Theta y^\varphi(\tau + \tau' - \Theta/2) \; d\tau' \tag{2.14}$$

unabhängig von dem betrachteten System φ [70, S.583ff]:

$$< y^\varphi(\tau) >_\Theta \; = \; < y >_\Theta \; . \tag{2.15}$$

Gleichzeitig gilt, daß der Scharmittelwert aller Systeme

$$< y(\tau) >_\Phi \; := \; \frac{1}{\Phi} \sum_{\varphi=1}^{\Phi} y^\varphi(\tau) \tag{2.16}$$

unabhängig vom Zeitpunkt τ ist [70]:

$$< y(\tau) >_\Phi \; = \; < y >_\Phi \; . \tag{2.17}$$

[5] Bei der in Kap. 3.2 durchgeführten statischen Abschätzung der nationalen Kosten der Wärmerückgewinnung mit *LEO* können dagegen Energie- und Kostenoptimierung auf die gleiche Weise durchgeführt werden, weil dort prinzipiell nur ein Zeitraum als Ganzes betrachtet wird.

Da die Bildung der beiden Mittelwerte miteinander vertauschbar ist, folgt für ein ergodisches Ensemble [70]:

$$< y >_\Theta = < y >_\Phi \tag{2.18}$$

(Ende des Exkurses.)

Bisher wurde für ein einzelnes Energiesystems der Primärenergieeinsatz in einem sehr großen Zeitraum Θ bzw. genauer gesagt in einer Folge von Z Zeitintervallen t^ξ ($\xi = 1, \ldots, Z$) untersucht [vgl. Gl. (2.10)]. In Analogie zu dem geschilderten Phänomen der Thermodynamik soll nun ein einzelnes Zeitintervall t^φ in Φ identisch aufgebauten Energiesystemen betrachtet werden, wobei in jedem System eine andere Bedarfssituation herrscht. Die Bedarfssituation im Intervall t^φ wird durch Angabe der $n(q_a, t^\varphi)$ für alle Prozesse $a \in \{a\}$ gekennzeichnet. Anschaulicher kann diese Vorgehensweise so interpretiert werden, daß für ein Energiesystem Φ Bedarfssituationen untersucht werden, die zusammen eine repräsentative Stichprobe bilden, unter der folgendes zu verstehen ist: Es wird angenommen, daß im Prinzip für jeden Prozeß a eine Bedarfszeitreihe $n(q_a, t^\xi)$ für den Zeitraum Θ geschätzt werden kann. Für $\Theta \to \infty$ treten in diesem Zeitraum für jeden Prozeß $a \in \{a\}$ alle möglichen Bedarfswerte auf und die Summe aller Bedarfswerte durchläuft ebenfalls ihren gesamten Wertebereich. Aus den Z Zeitintervallen t^ξ werden Φ Intervalle t^φ zufällig und mit gleichen Wahrscheinlichkeiten ausgewählt. Über die zugehörigen Bedarfswerte $n(q_a, t^\varphi)$ wird gemittelt und man erhält $< n(q_a, t) >_\Phi$ [vgl. Gl. (2.16)]. Die repräsentative Stichprobe für den Prozeß a ist die Gesamtheit der $n(q_a, t^\varphi)$ ($\varphi = 1, \ldots, \Phi$). Für das ganze Energiesystem ist sie gegeben durch die Gesamtheit der $n(q_a, t^\varphi)$ ($\forall a \in \{a\}; \varphi = 1, \ldots, \Phi$). Aus den gleichen Gründen, die im Exkurs zur Thermodynamik genannt wurden, folgt für $\Phi \to \infty$ und $\Theta \to \infty$ in Analogie zu Gl. (2.18)

$$\forall\, a \in \{a\} \qquad < n(q_a, t) >_\Theta = < n(q_a, t) >_\Phi \ . \tag{2.19}$$

Für $\Phi \to \infty$ kann also der Mittelwert der Stichprobe als Scharmittelwert aufgefaßt werden. Da in der Realität stets nur Stichproben mit endlichem Umfang untersucht werden können, entsteht ein Fehler, der proportional zu $1/\sqrt{\Phi}$ abnimmt. Wie die Stichprobe im Programm *ECCO* auf der Grundlage der vorhandenen Daten zusammengestellt wird, ist in Anhang B beschrieben.

In der Thermodynamik wird für die Vertauschbarkeit von Zeit- und Scharmittel der Funktion $y^\varphi(\tau)$ lediglich vorausgesetzt, daß diese Funktion alle ihr zugänglichen Werte annimmt, wenn man lange genug wartet. Für die Bildung der Bedarfsmittelwerte ist diese Forderung ebenfalls ausreichend. Im Optimierungsproblem aus Gl. (2.10) soll aber nicht nur der Mittelwert einer Zeitreihe durch den Mittelwert einer Stichprobe ersetzt werden, sondern das Minimum des ersteren Mittelwertes durch dasjenige des letzteren [vgl. Gl. (2.20)]. Dies ist nur möglich, wenn die Optimierungen in den einzelnen Zeitintervallen unabhängig voneinander sind. Die Einhaltung dieser Voraussetzung wurde aber bereits bei der Vertauschung von Minimierung und Mittelwert in Gl. (2.13) durch entsprechende Annahmen sichergestellt. Deshalb kann das allgemeine Optimierungsproblem aus Gl. (2.4) unter Zuhilfenahme der Gleichungen (2.10), (2.11), (2.13) und (2.18) überführt werden in

$$\min\, N(\Theta) \;=\; < \min\, N(t) >_\Phi \tag{2.20}$$

mit

$$< \min N(t) >_\Phi = \frac{1}{\Phi} \sum_{\varphi=1}^{\Phi} \min N(t^\varphi) \tag{2.21}$$

$$= \frac{1}{\Phi} \sum_{\varphi=1}^{\Phi} \left[\min \sum_{\{a\}} \sum_{(l)_a} \lambda_{la}\ x_{la}(t^\varphi)\ n(q_a, t^\varphi) \right] , \tag{2.22}$$

wobei $N(t^\varphi)$ der Primärenergieeinsatz in einem einzelnen Intervall t^φ ist. Für das Optimierungsproblem in Gl. (2.20) können bzw. konnten die benötigten Daten beschafft werden und es läßt sich mit vertretbarem Aufwand auf dem Computer lösen.

Die beschriebene Vorgehensweise entspricht der Theorie der stochastischen Entscheidungsmodelle, die für wirtschaftswissenschaftliche Zwecke entwickelt und z.B. von W. Dinkelbach in Ref. 71 beschrieben wurde. Kennzeichnend für stochastische Entscheidungsmodelle ist, daß Entscheidungen zwischen möglichen Alternativen getroffen werden müssen, obwohl wichtige Grundlagen nicht genau, sondern nur in Form von Eintrittswahrscheinlichkeiten bekannt sind. Die unbekannten Größen im vorliegenden Problem sind die Werte der Funktionen $n(q_a, t^\xi)$ in den Zeitintervallen t^ξ. Die Entscheidung über den Bau von Energieversorgungseinrichtungen muß jedoch heute getroffen werden, um sie morgen nutzen zu können. Nach der von W. Dinkelbach vorgenommenen Klassifizierung handelt es sich um ein Optimierungsproblem mit stochastischer Zielfunktion, während die Menge der Alternativen, also der verfügbaren Techniken, konstant bleibt [71]. Eine stochastische Zielfunktion kann grundsätzlich nicht optimiert werden, weil einige Parameterwerte erst in der Zukunft festgelegt werden. Man muß deshalb auf ein Ersatzmodell zurückgreifen, dessen Parameter bekannt sind. Üblicherweise wählt man dafür den Erwartungswert der stochastischen Zielfunktion, d.h. den (unter Berücksichtigung der Häufigkeit ihres Auftretens gebildeten) Mittelwert aller Werte, die sie annehmen kann. Die bestmögliche Abschätzung für den Erwartungswert besteht darin, eine Stichprobe zu ziehen und deren Mittelwert zu bilden [72, S.703]. Genau dies wird in dem beschriebenen stochastischen Energieoptimierungsverfahren, dessen Kern die Gln. (2.20) und (2.22) bilden, getan.

2.1.3 Berechnung des Primärenergieeinsatzes unter Berücksichtigung der Wärmerückgewinnung

Definitionen und Begriffserläuterungen

$\{t^\varphi\}$ = Menge aller Zeitintervalle t^φ ($\varphi = 1, \ldots, \Phi$), die im Rahmen des in Kap. 2.1.2 entwickelten stochastischen Optimierungsverfahrens betrachtet werden = Menge aller Zeitintervalle t^φ in der Stichprobe vom Umfang Φ. Für *ECCO* beträgt die Länge t dieser Intervalle 1 Stunde.
Der Energiebedarf $n(q_a, t^\varphi)$ des Prozesses a innerhalb des Intervalls t^φ wird anhand des im Anhang B beschriebenen Simulationsverfahrens ermittelt.

Es ist durchaus möglich, den Bedarf des Energiesystems an elektrischer Energie über einzelne Prozesse $a \in \{a\}$ zu erfassen, denen die Qualität $q_a = 10$ zugeordnet wird. Da aber Strom in aller Regel nicht für den Eigenbedarf erzeugt, sondern über ein Netz bezogen wird und seine Qualität unabhängig von der jeweiligen Netzspannung konstant gleich 10 ist, kann derjenige Anteil des Bedarfs an elektrischer Energie, der vor der Optimierung bekannt ist, in *einer* Variablen zusammengefaßt werden.[6]

Da viele Techniken der Energieversorgung sowohl mit fossilen Brennstoffen als auch mit Strom betrieben werden können (z.B. Wärmepumpen) und zusätzlich viele Techniken Strom für Hilfsleistungen wie etwa die Steuerung benötigen, nimmt die elektrische Energie eine Sonderstellung ein. Diese wird dadurch berücksichtigt, daß der Bedarf an und die Versorgung mit elektrischer Energie getrennt von der Wärmeversorgung beschrieben wird:

$n(E, t^{\varphi}) =$ (fester) Bedarf der Prozesse des Energiesystems an elektrischer Energie im Intervall t^{φ}. $n(E, t^{\varphi})$ beinhaltet nicht den Betrieb von Energieversorgungstechniken wie z.B. elektrischen Wärmepumpen. Deren Stromversorgung wird durch die Nebenbedingung (2.27) sichergestellt. Wird hingegen die für den Prozeß a benötigte Wärme aus elektrischer Energie gewonnen, wie das z.B. bei einem Induktionsofen der Fall ist, dann wird dies als Teil von $n(E, t^{\varphi})$ und nicht in $n(q_a, t^{\varphi})$ erfaßt, λ_{la} ist dann gleich null. Damit wird die benötigte Primärenergie nicht mehr dem Prozeß a, sondern der Erzeugung elektrischer Energie zugerechnet.
Die Aggregation des Strombedarfs zu dieser einen Variablen muß für jedes Zeitintervall t^{φ} erneut durchgeführt werden, um das unterschiedliche zeitliche Verhalten der einzelnen Verbraucher zu berücksichtigen.

Da die Art und Weise, wie der spezifische Primärenergieaufwand λ_{la} zu berechnen ist, von der betrachteten Technik l abhängt, hat es sich für die Umsetzung auf dem Computer als sinnvoll erwiesen, die Techniken einzuteilen in

1. lokale Techniken (z.B. Heizkessel oder Umgebungswärmepumpen),
2. zentrale Techniken (z.B. Heizwerke oder Kraftwerke) und
3. vernetzende Techniken.

Die Vernetzung ergibt sich dadurch, daß Abwärme, die während der Versorgung eines Prozesses entsteht, einem anderen Prozeß zugänglich gemacht wird.

Lokale Techniken: Definitionen

$\{g\} =$ Menge aller Techniken, die in unmittelbarer Nähe des Prozesses a installiert sind, den sie versorgen, und die *ohne* die Rückgewinnung von Abwärmemengen arbeiten, die aus anderen Prozessen $b \in \{a\}$ stammen. Diese Techniken werden als *lokale Techniken* bezeichnet.
Stellt der Prozeß a den aggregierten Energiebedarf vieler Einzelnachfrager dar, die über ein größeres Gebiet verteilt sind, wie dies beim privaten Raumwärmebedarf der Fall ist (vgl. Kap. 2.2 und Anh. B), dann ist unter einer lokalen Technik eine beim Einzelnachfrager (also z.B. im einzelnen Gebäude) installierte Technik zu verstehen. Der durch die Optimierung ermittelte gesamte Primärenergieeinsatz für den Prozeß a wird in der Realität in vielen Einzelanlagen verwendet.
Zu den lokalen Techniken zählen u.a. Zentralheizungen und industrielle Feuerungen, aber auch Wärmepumpen, die die Umgebung als Wärmereservoir nutzen.

$(g)_a =$ Menge aller Versorgungspfade ga mit *lokalen* Techniken, die für die Versorgung des Prozesses a in Frage kommen (vgl. Abb. 2.2).

[6]Die Bedarfsgrößen werden als 'Variablen' und nicht als Konstanten bezeichnet, weil sie während der stochastischen Optimierung in jedem Zeitintervall andere Werte annehmen. Die technischen und wirtschaftlichen Rahmenbedingungen ändern sich hingegen nicht und werden daher durch 'Konstanten' repräsentiert. Die Bedarfsvariablen dürfen aber nicht mit den Optimierungsvariablen verwechselt werden.

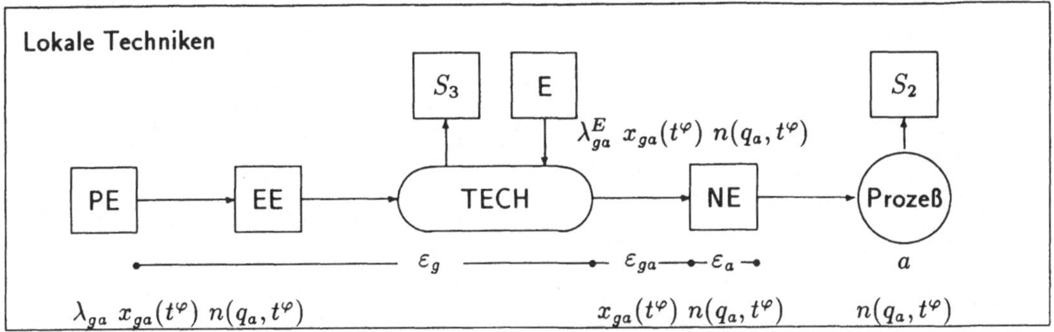

Abb. 2.2: Energieflußschema eines Versorgungspfades ga mit lokaler Technik g. PE: Primärenergie; EE: Endenergie; NE: Nutzenergie; E: elektrische Energie; S_i $(i = 2, 3)$: im Zusammenhang mit dem Pfad ga entstehende, nutzbare Abwärme (vgl. Kap. 2.1.5); weitere Beschreibung im Text.

ε_g = Wirkungsgrad der Technik g: Verhältnis der Energiemenge, die die mit der Technik g betriebene Anlage verläßt, zur eingesetzten Primärenergie. Der mit Hilfe von ε_g beschriebene Teil des Versorgungspfades ga ist in Abb. 2.2 gekennzeichnet. ε_g enthält einen Abschlag für die Aufbereitung des Brennstoffs. Dabei wird angenommen, daß ein geringer Teil jeder Einheit Primärenergie direkt für die Aufbereitung und den Transport eingesetzt wird (Beispiel: Ein Öltanker würde einen Teil seiner Fracht zum Betrieb der Antriebsaggregate nutzen). Die Abschläge sind in Tab. D.9 ausgewiesen. Für Wärmepumpen sind Wirkungsgrade $\varepsilon_g > 1$ möglich.

ε_{ga} = Wirkungsgrad der Verbindung zwischen Technik g und Prozeß a: Verhältnis der Energiemenge, die den Prozeß a erreicht,[7] zu der Energiemenge, die die Technik g verläßt.[8] Der mit Hilfe von ε_{ga} beschriebene Teil des Versorgungspfades ga ist in Abb. 2.2 gekennzeichnet.

ε_a = Nutzungsgrad der angelieferten Energie durch den Prozeß a: Verhältnis der tatsächlich im Prozeß a als Nutzenergie verwendeten Energiemenge zu der Energiemenge, die den Prozeß a erreicht. Die Einführung von ε_a ist notwendig, um verschiedene Techniken an denselben Prozeß anschließen zu können. Beispiel: Bei der Raumheizung wird unter der Nutzenergie diejenige Energie verstanden, die den im betreffenden Raum installierten Heizkörper verläßt und so den Raum erwärmt. Auf dem Transport von der im Keller installierten Heizungsanlage zum Heizkörper entstehen Verluste, die unabhängig davon sind, ob es sich bei der Heizungsanlage um einen Ölkessel oder um eine Fernwärmeübergabestation handelt. Der mit Hilfe von ε_a beschriebene Teil des Versorgungspfades ga ist in Abb. 2.2 gekennzeichnet.

$\lambda_{ga} = (\varepsilon_a\ \varepsilon_g\ \varepsilon_{ga})^{-1}$ = Primärenergieaufwand, um dem Prozeß a über den Versorgungspfad ga, also mit Hilfe der lokalen Technik g, eine Einheit Nutzenergie zuzuführen. λ_{ga} wird als spezifischer Primärenergieaufwand oder reziproker Gesamtwirkungsgrad des Pfades ga bezeichnet (vgl. λ_{la}).

Die beschriebene Zerlegung des spezifischen Primärenergieaufwands ist willkürlich und dient zum einen der leichteren Umsetzung im Computer. Zum anderen ist sie zur

[7] Genauer: die Anlage, in der der Prozeß a abläuft.

[8] Genauer: die mit der Technik g betriebene Anlage.

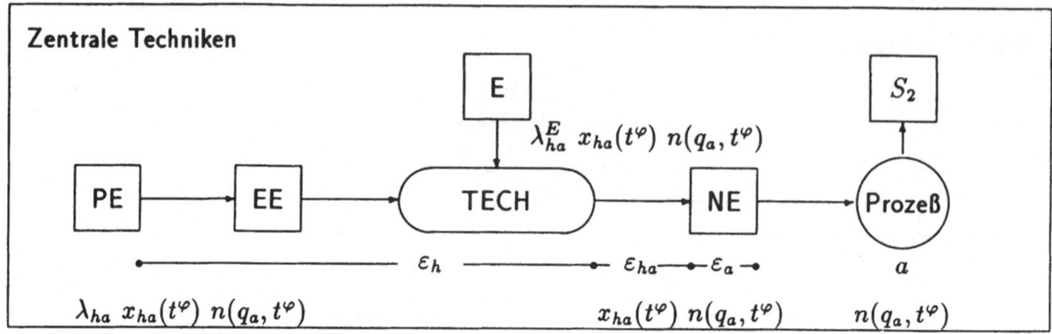

Abb. 2.3: Energieflußschema eines Versorgungspfads ha mit zentraler Technik h. Abkürzungen wie in Abb. 2.2; weitere Beschreibung im Text.

Kostenberechnung notwendig, da die Kosten der Techniken in der Literatur meist isoliert und immer in Bezug auf ihre Leistung angegeben werden.

λ^E_{ga} = Spezifischer Aufwand an elektrischer Energie zum Betrieb des Versorgungspfades ga, bezogen auf eine Einheit Nutzenergie der Qualität q_a, die dem Prozeß a durch die Technik g zur Verfügung gestellt wird. Elektrische Energie, die zur Umwandlung der Primärenergie in Endenergie und zu deren Transport benötigt wird, ist in λ^E_{ga} nicht erfaßt, sondern wird bereits in ε_g pauschal berücksichtigt.

$x_{ga}(t^\varphi)$ = Anteil des Nutzenergiebedarfs $n(q_a, t^\varphi)$, der durch den Versorgungspfad ga gedeckt wird. Die $x_{ga}(t^\varphi)$ sind Optimierungsvariablen.

$x_{ga}(t^\varphi)\ n(q_a, t^\varphi)$ ist die Nutzenergiemenge pro Zeiteinheit, die durch den Pfad ga zur Versorgung des Prozesses a im Intervall t^φ bereit gestellt wird.

$\lambda_{ga}\ x_{ga}(t^\varphi)\ n(q_a, t^\varphi)$ ist der Primärenergieeinsatz (ohne Stromproduktion), der zum Betrieb des Pfades ga im Intervall t^φ erforderlich ist,[9] und

$\lambda^E_{ga}\ x_{ga}(t^\varphi)\ n(q_a, t^\varphi)$ ist der Bedarf an elektrischer Energie, der wegen ga zusätzlich zu $n(E, t^\varphi)$ auftritt.[10]

Zentrale Techniken: Definitionen

$\{h\}$ = Menge aller Techniken, die *ohne* Wärmerückgewinnung arbeiten und die von einer zentralen Stelle aus verschiedene Prozesse mit Wärme versorgen. Zu diesen *zentralen Techniken* werden hier nur Fernheizwerke, nicht aber Kraftwerke gezählt.[11] Letztere sind zwar formal ebenfalls zentrale Techniken, werden aber gesondert behandelt. Um die Ergebnisdarstellung zu vereinfachen, werden bei *ECCO* nur technisch verschiedene Heizwerke getrennt erfaßt, während identische Heizwerke von vornherein zu einer Anlage[12] zusammengefaßt werden, deren Größe durch das Ergebnis der Op-

[9] Die aufzuwendenden Primärenergiemenge ergibt sich durch Multiplikation des Primärenergieeinsatzes mit der Länge t des Zeitintervalls t^φ.

[10] Die erforderliche Menge elektrischer Energie ergibt sich durch Multiplikation des Bedarfs mit der Intervallänge t.

[11] Fernheizwerke in diesem Sinne sind auch Heizwerke, die einen Stadtteil, dessen Raumwärmebedarf zu einem einzigen Prozeß aggregiert wurde, mit Wärme versorgen (vgl. Def. d. lokalen Techniken).

[12] Vgl. Anmerkung zum Begriff der 'Anlage' im Rahmen der Definition des Begriffs 'Technik' in Kap. 2.1.1.

timierung festgelegt wird. Die Pfade ha, die von dieser Anlage zu den Prozessen a führen, werden dagegen individuell erfaßt.

$(h)_a =$ Menge aller Versorgungspfade ha mit *zentralen* Techniken, die für die Versorgung des Prozesses a in Frage kommen (vgl. Abb. 2.3).

$\varepsilon_h =$ Wirkungsgrad der zentralen Technik h (vgl. Def. v. ε_g und Abb. 2.3).

$\varepsilon_{ha} =$ Wirkungsgrad der Verbindung der Technik h mit dem Prozeß a (vgl. ε_{ga} und Abb. 2.3). Diesem Anteil des Gesamtwirkungsgrades kommt bei den zentralen Techniken größere Bedeutung zu als bei den lokalen Techniken, weil er die Transportverluste beinhaltet.

$\lambda_{ha} = (\varepsilon_a\ \varepsilon_h\ \varepsilon_{ha})^{-1} =$ Spezifischer Primärenergieaufwand (= reziproker Gesamtwirkungsgrad) des Pfades ha zur Versorgung des Prozesses a mit Hilfe der zentralen Technik h, bezogen auf eine Einheit Nutzenergie, die an a geliefert wird (vgl. Def. v. λ_{la} und λ_{ga}; Bedeutung von ε_a wie oben).

$\lambda^E_{ha} =$ Spezifischer Aufwand an elektrischer Energie zum Betrieb des Pfades ha (z.B. elektrische Pumpenergie für eine Fernwärmeleitung), bezogen auf eine Einheit Nutzenergie der Qualität q_a.

$x_{ha}(t^\varphi) =$ Anteil des Nutzenergiebedarfs $n(q_a, t^\varphi)$, der durch den Pfad ha gedeckt wird. Die $x_{ha}(t^\varphi)$ sind Optimierungsvariablen.

$x_{ha}(t^\varphi)\ n(q_a, t^\varphi)$ ist die Nutzenergiemenge pro Zeiteinheit, die durch den Pfad ha zur Versorgung des Prozesses a im Intervall t^φ bereit gestellt wird.

$\lambda_{ha}\ x_{ha}(t^\varphi)\ n(q_a, t^\varphi)$ ist der Primärenergieeinsatz (ohne Stromproduktion), der zum Betrieb des Pfades ha im Intervall t^φ erforderlich ist, und

$\lambda^E_{ha}\ x_{ha}(t^\varphi)\ n(q_a, t^\varphi)$ ist der Bedarf an elektrischer Energie, der wegen ha zusätzlich zu $n(E, t^\varphi)$ auftritt.

Vernetzende Techniken: Definitionen

$\{r\} =$ Menge aller im Intervall t^φ verfügbaren Abwärmemengen; r indiziert eine Abwärmemenge mit eindeutiger Herkunft und fester Qualität q'_r. Elemente aus $\{r\}$ werden abkürzend als Abwärmemengen r bezeichnet.

Unter 'eindeutiger Herkunft' ist zu verstehen, daß bekannt ist, an welcher Stelle des Energiesystems die Abwärme entstanden ist. Für die Optimierung ist es von Bedeutung, ob die Abwärme z.B. aus den Abgasen eines Verbrennungsmotors oder aus dem Abkühlen geschmolzenen Stahls stammt. Die Herkunft der Abwärme wird in Klassen unterschieden, die in Kap. 2.1.5 im Detail beschrieben werden. Diese Klassen werden mit α indiziert. Jede Klasse α enthält ihrerseits eine Menge $\{r_\alpha\}$ von verfügbaren Abwärmemengen. Damit gilt, daß die Menge $\{r\}$ gleich der Menge aller Tupel der Form $\{(\alpha, r_\alpha)\}$ ist. Alternativ kann $\{r\}$ auch als die Vereinigungsmenge $\cup_\alpha\{r_\alpha\}$ der Untermengen $\{r_\alpha\}$ interpretiert werden.

$S(q'_r, t^\varphi) =$ nutzbare Abwärmemenge mit der Herkunft r und der Qualität q'_r, die *pro Zeiteinheit* im Intervall t^φ verfügbar ist; $S(q_r, t^\varphi)$ wird wie der Nutzenergiebedarf und der Primärenergieeinsatz in MWh/h angegeben; die Menge der Abwärme r, die im Intervall t^φ insgesamt zur Verfügung steht, ist durch $S(q_r, t^\varphi) \cdot t$ gegeben;

Die Qualität q'_r ist konstant, die verfügbare Menge ist in den einzelnen Zeitintervallen t^φ verschieden. Zur Berechnung von $S(q'_r, t^\varphi)$ vgl. Kap. 2.1.5.

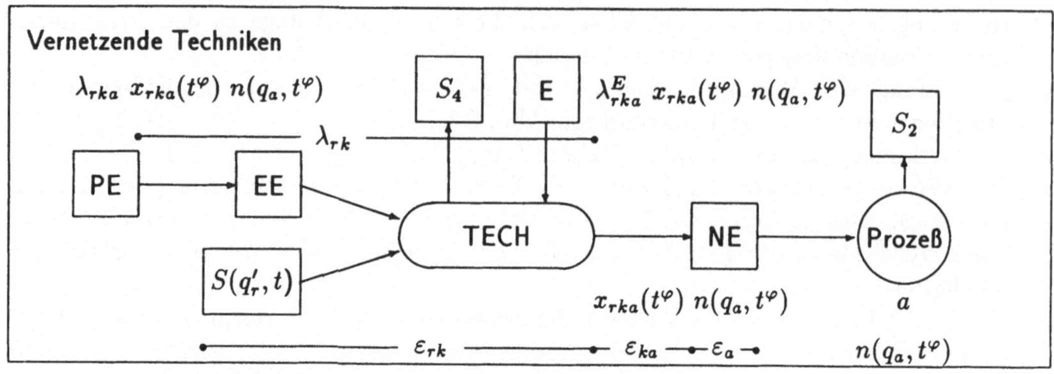

Abb. 2.4: Energieflußschema eines Versorgungspfads rka mit vernetzender Technik k. Abkürzungen wie in Abb. 2.2; S_i ($i = 2, 4$): im Zusammenhang mit dem Pfad rka entstehende nutzbare Abwärme; $S(q'_r, t^{\varphi})$: im Pfad rka genutzte Abwärme (vgl. Kap. 2.1.5); weitere Beschreibung im Text.

$\{k\}$ = Menge aller Techniken, die die Nutzung von Abwärme aus einem der Prozesse $a \in \{a\}$ ermöglichen und damit eine Vernetzung von verschiedenen Prozessen herbeiführen. Zu diesen *vernetzenden Techniken* gehört vor allem der Wärmeaustausch über Wärmetauschernetzwerke. Wärmepumpen, die die unmittelbare Umgebung als Wärmereservoir nutzen, werden nicht hier, sondern bei den lokalen Techniken erfaßt. Dagegen fallen Wärmepumpen, die Abwärme der Qualität q'_r aus einem Prozeß für einen anderen Prozeß $b \in \{a\}$ mit $q_b > q'_r$ nutzbar machen, in die Kategorie der vernetzenden Techniken.

$(rk)_a$ = Menge aller Versorgungspfade rka mit *vernetzenden* Techniken, die durch Kombination einer Technik k und einer Abwärmemenge r die Versorgung des Prozesses a ermöglichen (vgl. Abb. 2.4).

ε_{rk} = Verhältnis der Energiemenge, die die mit der Technik k betriebene Anlage verläßt, zu der dafür eingesetzten Abwärmemenge; ε_{rk} wird als Wirkungsgrad der Technik k zur Nutzung der Abwärme r bezeichnet (vgl. Abb. 2.4). ε_{rk} kann größer als 1 sein, wenn die von k abgegebene Energie nicht nur aus der Abwärme, sondern auch aus der eingesetzten Primärenergie stammt, wie das z.B. bei Wärmepumpen der Fall ist.

λ_{rk} = Spezifischer Primärenergieaufwand für die Technik k, bezogen auf eine Energieeinheit, die die mit der Technik k betriebene Anlage verläßt und in der auch Abwärme r enthalten ist (vgl. Abb. 2.4).

ε_{ka} = Wirkungsgrad der Verbindung von Technik k und Prozeß a (vgl. Def. v. ε_{ga} und Abb. 2.4).

λ^E_{rka} = Spezifischer Aufwand an elektrischer Energie: diejenige Menge elektrischer Energie, die für die Gewinnung einer Einheit Nutzenergie aus der Abwärme r zur Deckung des Bedarfs $n(q_a, t^{\varphi})$ mit Hilfe des Pfades rka aufgewendet werden muß.

$\lambda_{rka} = \lambda_{rk} \cdot (\varepsilon_a\ \varepsilon_{ka})^{-1}$ = Spezifischer Primärenergieaufwand des Pfades rka zur Versorgung des Prozesses a mit Hilfe der vernetzenden Technik k und Abwärme r (vgl. λ_{ga}; ε_a wie oben).

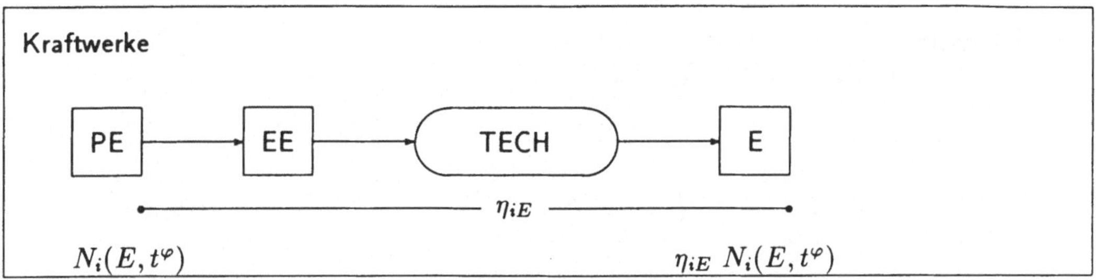

Abb. 2.5: Energieflußschema zur Produktion elektrischer Energie in Kraftwerken i. Abkürzungen wie in Abb. 2.2; weitere Beschreibung im Text.

$x_{rka}(t^\varphi)$ = Anteil des Nutzenergiebedarfs $n(q_a, t^\varphi)$, der durch den Pfad rka gedeckt wird. Die $x_{rka}(t^\varphi)$ sind Optimierungsvariablen.
$x_{rka}(t^\varphi)\ n(q_a, t^\varphi)$ ist die Nutzenergiemenge pro Zeiteinheit, die durch den Pfad rka zur Versorgung des Prozesses a im Intervall t^φ bereit gestellt wird.
$\lambda_{rka}\ x_{rka}(t^\varphi)\ n(q_a, t^\varphi)$ ist der Primärenergieeinsatz (ohne Stromproduktion), der zum Betrieb des Pfades rka im Intervall t^φ erforderlich ist, und
$\lambda^E_{rka}\ x_{rka}(t^\varphi)\ n(q_a, t^\varphi)$ ist der Bedarf an elektrischer Energie, der wegen rka zusätzlich zu $n(E, t^\varphi)$ auftritt.

Kraftwerke: Definitionen

$\{i\}$ = Menge aller Techniken die *ausschließlich* elektrische Energie erzeugen. Die Elemente dieser Menge werden als *Kraftwerke* bezeichnet. Es handelt sich formal um zentrale Techniken. Um die Ergebnisdarstellung zu vereinfachen, werden bei *ECCO* nur technisch verschiedene Kraftwerke getrennt erfaßt, während identische Kraftwerke zu einer Anlage zusammengefaßt werden, deren Größe durch das Ergebnis der Optimierung festgelegt wird.

$N_i(E, t^\varphi)$ = Primärenergieeinsatz zur Erzeugung elektrischer Energie im Kraftwerk i im Intervall t^φ.
Für die Kraftwerke ist es nicht möglich, - analog zur bisherigen Vorgehensweise - den Anteil des Bedarfs $n(E, t^\varphi)$, der durch sie gedeckt wird, zur Optimierungsvariablen zu machen. Grund dafür ist die Tatsache, daß die Kraftwerke nicht nur den festen Bedarf $n(E, t^\varphi)$ zu decken haben, sondern auch elektrische Energie zum Betrieb der Energieversorgungstechniken produzieren müssen. Die $N_i(E, t^\varphi)$ sind deshalb selbst Optimierungsvariablen.

η_{iE} = Wirkungsgrad des Kraftwerks i: Verhältnis der erzeugten elektrischen Energie zur eingesetzten Primärenergie. Die mit *ECCO* betrachtete Modellstadt ist zu klein, um ein eigenes Kraftwerk auszulasten. Um der tatsächlichen Situation gerecht zu werden, wird dennoch mit den Wirkungsgraden und Kosten eines Großkraftwerkes gerechnet. Das Ergebnis ist dann als Anteil der Modellstadt an einem von mehreren Regionen genutzten Kraftwerk zu verstehen, das nicht innerhalb der Modellstadt liegt. Deshalb enthält η_{iE} einen 5%-igen Abschlag für Umspannverluste und Transport der elektrischen Energie vom Kraftwerk in die Modellstadt.

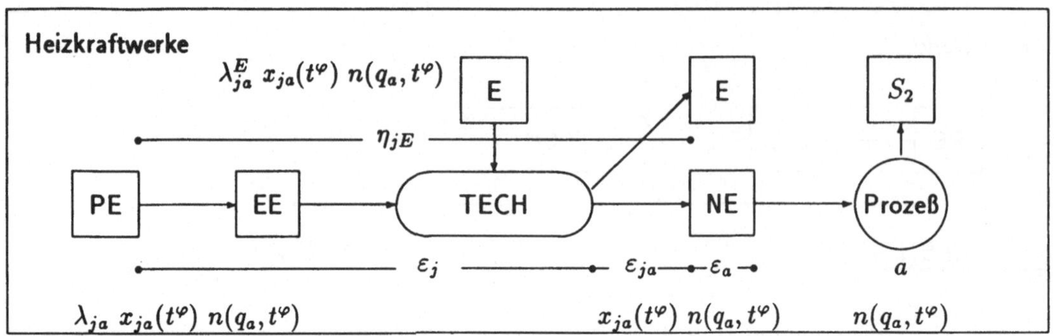

Abb. 2.6: Energieflußschema eines Versorgungspfads ja mit Heizkraftwerk j. Abkürzungen wie in Abb. 2.2; weitere Beschreibung im Text.

$\eta_{iE}\ N_i(E,t^\varphi)$ ist die Menge elektrischer Energie, die pro Zeiteinheit im Intervall t^φ im Kraftwerk i erzeugt wird.

Heizkraftwerke: Definitionen

In der vorliegenden Version von *ECCO* ist die einzige Technik, die eine gekoppelte Erzeugung von Nutzenergien unterschiedlicher Qualitäten ermöglicht, die Kraft-Wärme-Kopplung. Sie ist besonders einfach zu modellieren, da eines der Koppelprodukte, die elektrische Energie, in aggregierter Weise im Modell behandelt und durch eigene Gleichungen beschrieben wird. Es ist prinzipiell möglich, auch die gekoppelte Erzeugung von Wärmemengen unterschiedlicher Qualitäten in das Modell aufzunehmen, wie sie z.B. in Wärmetransformatoren geleistet wird [73,37, S.391f]. Die Zurechnung der benötigten Primärenergiemengen zu einem der beiden Koppelprodukte und die damit verbundene Vermeidung von Doppelzählungen kann allgemein dargestellt werden, erfordert aber einen sehr hohen formalen Aufwand, der die im folgenden zu entwickelnden Gleichungen sehr unübersichtlich machen würde. Da der Einsatz von Wärmetransformatoren in der speziellen Bedarfssituation der Modellstadt ohnehin nicht in Frage kommt, wird auf die allgemeine Darstellung der Koppeltechnologien verzichtet. Wärmetransformatoren, die Wärme mittlerer Qualität in Wärme höherer Qualität überführen und dabei gleichzeitig Wärme an die Umgebung abführen ($q = 0$) könnten als vernetzende Techniken (also nicht als Koppeltechniken) auch im Rahmen der vereinfachten Darstellung berücksichtigt werden.

$\{j\} =$ Menge aller Techniken die gleichzeitig elektrische Energie und Wärme erzeugen (*Kraft-Wärme-Kopplung*). Die Elemente dieser Menge werden als *Heizkraftwerke* bezeichnet. Sie werden je nach Auslegung entweder in gleicher Weise wie die lokalen oder wie die zentralen Techniken behandelt.

$(j)_a =$ Menge aller Heizkraftwerke j, die für die Versorgung des Prozesses a mit Wärme in Frage kommen. Der Index ja bezieht sich stets auf ein Element aus $(j)_a$. Teils um die Ergebnisdarstellung zu vereinfachen, teils weil die Raumheizungs-Prozesse, zu deren Versorgung sie eingesetzt werden, einen aggregierten Bedarf widerspiegeln, werden bei *ECCO* nur technisch verschiedene Heizkraftwerke getrennt erfaßt, während identische Heizkraftwerke zu einer Anlage zusammengefaßt werden. Das Optimierungsergebnis ist dann so zu interpretieren, daß es für zentrale Anlagen die benötigte Größe festgelegt, während bei dezentralen Anlagen, deren Größe festliegt, eine entsprechenden Anzahl dieser Anlagen eingesetzt werden muß.

Bei Koppeltechnologien stellt sich die Frage der Zurechnung des Primärenergieeinsatzes zu den einzelnen Koppelprodukten (vgl. Ref. 59). Bei dem vorliegenden Ansatz kann diese Zuordnung jedoch frei gewählt werden: Der Primärenergieeinsatz ist in der Summe (2.23) genau einmal enthalten, gleichgültig wie die Zuordnung vorgenommen wird. Aus Gründen der Übersichtlichkeit wird bei der Formulierung des Modells *ECCO* der Primärenergieaufwand für die Kraft-Wärme-Kopplung vollständig der Wärmeerzeugung zugerechnet. Dies kann jedoch bei der Ergebnisanalyse anders gehandhabt werden, indem die entsprechenden Optimierungsvariablen umsortiert werden.

η_{jE} = Elektrischer Wirkungsgrad des Heizkraftwerks j: Verhältnis der erzeugten elektrischen Energie zur eingesetzten Primärenergie (vgl. Abb. 2.6). Alle Heizkraftwerke liegen innerhalb der Modellstadt, weshalb keine Langstreckentransportverluste an elektrischer Energie auftreten.

ε_j = thermischer Wirkungsgrad des Heizkraftwerks j: Verhältnis der erzeugten Wärme zur eingesetzten Primärenergie (vgl. Def. v. ε_g und Abb. 2.6).
Es wird angenommen, daß elektrische Energie und Wärme in einem Heizkraftwerk $j \in \{j\}$ nur in dem festen Verhältnis, das durch η_{jE} und ε_j bestimmt wird, erzeugt werden können.

ε_{ja} = Wirkungsgrad der wärmetransportierenden Verbindung des Heizkraftwerks j mit dem Prozeß a (vgl. Def. von ε_{ga}, ε_{ha} und Abb. 2.6).

$\lambda_{ja} = (\varepsilon_a\ \varepsilon_j\ \varepsilon_{ja})^{-1}$ = Spezifischer Primärenergieaufwand des Pfades ja zur Wärmeversorgung des Prozesses a mit Hilfe des Heizkraftwerkes j (vgl. λ_{ga}; ε_a wie oben).
Die eingesetzte Primärenergie dient gleichzeitig der Stromproduktion. Deshalb ergeben sich für λ_{ja} im Vergleich zu anderen Techniken der Wärmeerzeugung sehr hohe Werte. In der Gesamtabrechnung ergibt sich jedoch ein deutlicher Vorteil für die Kraft-Wärme-Kopplung.

λ^E_{ja} = Spezifischer Aufwand an elektrischer Energie zum Betrieb des Pfades ja (z.B. als Pumpenergie für eine Fernwärmeleitung), bezogen auf eine Einheit Nutzenergie am Ort des Prozesses a.

$x_{ja}(t^\varphi)$ = Anteil des Nutzenergiebedarfs $n(q_a, t^\varphi)$, der durch den Pfad ja gedeckt wird. Die $x_{ja}(t^\varphi)$ sind Optimierungsvariablen.
$x_{ja}(t^\varphi)\ n(q_a, t^\varphi)$ ist die Nutzenergiemenge pro Zeiteinheit, die durch den Pfad ja zur Versorgung des Prozesses a im Intervall t^φ bereit gestellt wird.
$\lambda_{ja}\ x_{ja}(t^\varphi)\ n(q_a, t^\varphi)$ ist der Primärenergieeinsatz, der zum Betrieb des Pfades ja im Intervall t^φ im Heizkraftwerk j erforderlich ist und mit dem gleichzeitig pro Zeiteinheit die Menge
$\eta_{jE}\ \lambda_{ja}\ x_{ja}(t^\varphi)\ n(q_a, t^\varphi)$ an elektrischer Energie erzeugt wird.
$\lambda^E_{ja}\ x_{ja}(t^\varphi)\ n(q_a, t^\varphi)$ ist der Bedarf an elektrischer Energie, der wegen ja zusätzlich zu $n(E, t^\varphi)$ auftritt.

Die Primärenergiefunktion

Der Primärenergieeinsatz $N(t^\varphi)$, der notwendig ist, um den gesamten Nutzenergiebedarf in einem einzelnen Intervall t^φ zu decken [vgl. Gln. (2.21) und (2.22)], läßt sich mit Hilfe der vorstehenden Definitionen nun ausführlicher darstellen. Das Optimierungsproblem im Intervall t^φ lautet:

$$\min N(t^\varphi) = \min \left[\sum_{\{a\}} N_a(t^\varphi) + \sum_{\{i\}} N_i(E, t^\varphi) \right] . \tag{2.23}$$

Die zweite Summe beschreibt dabei den Primärenergieeinsatz in allen Kraftwerken $i \in \{i\}$. Der (direkte) Primärenergieeinsatz für einen Prozeß a ist gegeben durch:

$$\begin{aligned} N_a(t^\varphi) = & \sum_{(g)_a} \lambda_{ga}\, x_{ga}(t^\varphi)\, n(q_a, t^\varphi) \\ & + \sum_{(h)_a} \lambda_{ha}\, x_{ha}(t^\varphi)\, n(q_a, t^\varphi) \\ & + \sum_{(rk)_a} \lambda_{rka}\, x_{rka}(t^\varphi)\, n(q_a, t^\varphi) \\ & + \sum_{(j)_a} \lambda_{ja}\, x_{ja}(t^\varphi)\, n(q_a, t^\varphi) . \end{aligned} \tag{2.24}$$

Die Gln. (2.23) und (2.24) bilden die **Zielfunktion 'Primärenergie'** des Optimierungsmodells.

2.1.4 Nebenbedingungen der Optimierung

1. Als wichtigste Nebenbedingung des Optimierungsproblems (2.23) ist zu fordern, daß der Bedarf $n(q_a, t^\varphi)$ aller Prozesse a und der Bedarf an elektrischer Energie $n(E, t^\varphi)$ gedeckt werden. Erst durch diese Forderung bilden die Gln. (2.23) und (2.24) eine sinnvolle Zielfunktion, da sonst der Primärenergieeinsatz durch die Wahl des Wertes 0 für alle Optimierungsvariablen trivial zu minimieren wäre.

$$\begin{aligned} \forall\, a : \quad n(q_a, t^\varphi) = & \sum_{(g)_a} x_{ga}(t^\varphi)\, n(q_a, t^\varphi) \\ & + \sum_{(h)_a} x_{ha}(t^\varphi)\, n(q_a, t^\varphi) \\ & + \sum_{(rk)_a} x_{rka}(t^\varphi)\, n(q_a, t^\varphi) \\ & + \sum_{(j)_a} x_{ja}(t^\varphi)\, n(q_a, t^\varphi) \end{aligned} \tag{2.25}$$

bzw. kürzer

$$\forall\, a : \quad \sum_{(g)_a} x_{ga}(t^\varphi) + \sum_{(h)_a} x_{ha}(t^\varphi) + \sum_{(rk)_a} x_{rka}(t^\varphi) + \sum_{(j)_a} x_{ja}(t^\varphi) = 1 \tag{2.26}$$

und

$$\begin{aligned} n(E,t^\varphi) &+ \sum_{\{a\}}\sum_{(g)_a} \lambda^E_{ga}\, x_{ga}(t^\varphi)\, n(q_a,t^\varphi) \\ &+ \sum_{\{a\}}\sum_{(h)_a} \lambda^E_{ha}\, x_{ha}(t^\varphi)\, n(q_a,t^\varphi) \\ &+ \sum_{\{a\}}\sum_{(rk)_a} \lambda^E_{rka}\, x_{rka}(t^\varphi)\, n(q_a,t^\varphi) \\ &+ \sum_{\{a\}}\sum_{(j)_a} \lambda^E_{ja}\, x_{ja}(t^\varphi)\, n(q_a,t^\varphi) \\ &= \sum_{\{i\}} \eta_{iE}\, N_i(E,t^\varphi) \\ &+ \sum_{\{j\}}\sum_{\{a\}} \eta_{jE}\, \lambda_{ja}\, x_{ja}(t^\varphi)\, n(q_a,t^\varphi)\;. \end{aligned} \tag{2.27}$$

Neben dem Bedarf an elektrischer Energie $n(E,t^\varphi)$ müssen auch die Energieversorgungstechniken g, h, k und j (bzw. die mit ihrer Hilfe betriebenen Pfade) mit Strom versorgt werden. Deshalb wird auf der linken Seite von Gl. (2.27) der Bedarf an elektrischer Energie für diese Techniken zu $n(E,t^\varphi)$ addiert. Dem stehen auf der rechten Seite die Produktionsmöglichkeiten in Kraftwerken $\{i\}$ und Heizkraftwerken $\{j\}$ gegenüber. Anders als bei *LEO* dürfen die Energieversorgungstechniken aus Heizkraftwerken versorgt werden. Dies war bei *LEO*, das vor *ECCO* entwickelt wurde, zunächst ausgeschlossen worden, um die Modellstruktur zu vereinfachen und ließ sich nach Abschluß der Implementierung nicht mehr mit vertretbarem Aufwand ändern. Der dadurch in *LEO* gemachte Fehler ist aber nicht sehr groß, weil die Kraft-Wärme-Kopplung dort meist durch die Wärmeabgabe und nicht durch die Stromabgabe begrenzt wird.

2. Es darf nicht mehr Abwärme eingesetzt werden, als tatsächlich zur Verfügung steht (Energieerhaltung):

$$\forall\, r: \qquad \sum_{(ak)_r} (\varepsilon_{rk}\varepsilon_{ka}\varepsilon_a)^{-1}\, x_{rka}(t^\varphi)\, n(q_a,t^\varphi) \;\le\; S(q'_r,t^\varphi)\;. \tag{2.28}$$

Summiert wird dabei über alle Techniken k und Prozesse a, die an der Nutzung der Abwärme r beteiligt sind. Es ist zu beachten, daß $(\varepsilon_{rk}\varepsilon_{ka}\varepsilon_a)^{-1} \neq \lambda_{rka}$.

3. Obergrenzen für die Nutzung einzelner Technologien g, h, k, i und j oder der mit ihrer Hilfe betriebenen Versorgungspfade. Während die unter 1. und 2. aufgeführten Bedingungen mathematisch und physikalisch notwendig sind, ist die Einführung dieser dritten Art von Nebenbedingungen nicht zwangsläufig und bleibt dem jeweiligen Anwender überlassen, der mit ihrer Hilfe spezielle technische und wirtschaftliche Optionen untersuchen kann.

2.1.5 Berechnung der verfügbaren Abwärmemengen

Es wird angenommen, daß bei der Erzeugung elektrischer Energie in Kraftwerken *keine* nutzbare Abwärme entsteht (d.h. die verbleibende Abwärme wird an die Umgebung abgegeben), da die Nutzung der Abwärme eines Kraftwerkes durch die separate Technik 'Heizkraftwerk' bereits ausreichend beschrieben ist. Weiter wird angenommen, daß alle Techniken $h \in \{h\}$ zur zentralen Erzeugung von Wärme soweit optimiert sind, daß keine nutzbare Abwärme mehr anfällt. Bei diesen Techniken ist im wesentlichen an Heizwerke zur Spitzenlastabdeckung in Fernwärmenetzen gedacht. In diesen Fällen der Niedertemperaturwärmeerzeugung ist die Annahme sicherlich gerechtfertigt. Eine zentrale Erzeugung von Hochtemperaturwärme, die die Annahme in Frage stellen würde, ist zur Zeit technisch und vor allem wirtschaftlich zu aufwendig. Die Abwärme, die bei der Aufbereitung von Primärenergie zu Brennstoffen entsteht, kann nicht berücksichtigt werden, weil sie nicht in der Modellstadt anfällt.

Die Menge $\{r\}$ der im Modell betrachteten verfügbaren Abwärmemengen teilt sich im Prinzip in fünf verschiedene Klassen ($\alpha = 1, \ldots, 5$) auf:

1. Unabhängig von der Optimierung im Intervall t^φ zur Verfügung stehende Abwärme:

$$S_1(q'_{r_1}, t^\varphi) = \bar{S}(q'_{r_1}, t^\varphi) \; . \tag{2.29}$$

Die Einführung dieser Abwärmeklasse hat allein pragmatische Gründe. Sie kann im Rahmen einer Sensitivitätsanalyse dazu benutzt werden, um festzustellen, wie sich die Bereitstellung großer Abwärmemengen auf das betrachtete Energiesystems auswirkt. Ihr Vorteil liegt dabei darin, daß keine neuen Prozesse definiert werden müssen und somit der Energiebedarf unverändert bleibt.
Außerdem besteht die Möglichkeit, an dieser Stelle die Nutzung regenerativer Energiequellen wie z.B. der Sonnenenergie in das Modell aufzunehmen. Statt mit Abwärme hat man es dann mit solarthermisch erzeugter Wärme zu tun. Während die Abwärme an einzelne Prozesse gebunden ist, hängt die Verfügbarkeit der Sonnenenergie von der Jahreszeit und den Wetterbedingungen ab und müßte daher – ähnlich wie der Bedarf $n(q_a, t^\varphi)$ – stochastisch beschrieben werden. Diese Option ist in *ECCO* noch nicht implementiert, weil die dazu notwendige Daten bisher nicht zusammengestellt werden konnten. Es wurden und werden jedoch z.B. von J. Luther (Universität Oldenburg) umfangreiche Messungen zur Sonnenenergieeinstrahlung vorgenommen [22], die als Basis für eine zukünftige Erweiterung von *ECCO* dienen können. Die Solarenergie kann sowohl lokal als auch zentral zur Unterstützung von Fernheizungssystemen eingesetzt werden. Eine Untersuchung von G. Bergmann et al. (Philips AG) hat gezeigt, daß bei zentralem Einsatz unter günstigen Bedingungen bis zu 30% des Energiebedarfs eines regionalen Energiesystems solar gedeckt werden können [74].
Außerdem erscheint es mir denkbar, Dummy-Techniken zu definieren, die dem Modell eine Versorgung mit Energie vorspiegeln, die jedoch in der Realität eine Verminderung des Bedarfs bedeuten. Dabei ist vor allem an Isolationsmaßnahmen zur Reduzierung des Raumwärmebedarfs zu denken. Diese müssen bei der vorliegenden Version von *ECCO* noch anhand von Szenarien simuliert werden. Wenn sie mit Hilfe der Dummy-Techniken integriert werden könnten, dann stünden sie in direkter Konkurrenz zu den Techniken der Wärmerückgewinnung.

2. Abwärme, die nach Erzielung eines gewünschten Nutzens, z.B. aus Abkühlung einer geschmolzenen Stahlmenge, gewonnen wird:

$$S_2(q'_{r_2}, t^\varphi) = \mu(q'_{r_2}, q_a) \; n(q_a, t^\varphi) \; . \tag{2.30}$$

$\mu(q_a, q'_{r_2})$ gibt die Abwärmemenge der Qualität q'_{r_2} an, die aus einer Einheit der Nutzenergie q_a entsteht.

3. Abwärme aus der Umwandlung der zum Betrieb der lokalen Technik g eingesetzten Primärenergie, z.B. Wärme aus Abgasen von Verbrennungsmotoren:

$$S_3(q'_{r_3}, t^\varphi) = \nu_g(q'_{r_3}, q_b) \; \lambda_{gb} \; x_{gb}(t^\varphi) \; n(q_b, t^\varphi) \qquad b \in \{a\} \tag{2.31}$$

$\nu_g(q'_{r_3}, q_b)$ beschreibt diejenige Abwärmemenge der Qualität q'_{r_3}, die entsteht, wenn für die Versorgung des Prozesses $b \in \{a\}$ mit Prozeßwärme der Qualität q_b durch den Pfad gb eine Einheit Primärenergie aufgewendet wird.

4. Abwärme aus der Umwandlung der zum Betrieb der vernetzenden Technik k eingesetzten Primärenergie, z.B. Wärme aus den Abgasen einer Gaswärmepumpe, die Abwärme (und nicht Umgebungswärme) nutzt:

$$S_4(q'_{r_4}, t^\varphi) = \nu_k(q'_{r_4}, q_b, q'_s)\ \lambda_{skb}\ x_{skb}(t^\varphi)\ n(q_b, t^\varphi) \qquad b \in \{a\},\ s \in \{r\} \qquad (2.32)$$

$\nu_k(q'_{r_4}, q_b, q'_s)$ beschreibt diejenige Abwärmemenge der Qualität q'_{r_4}, die entsteht, wenn zum Betrieb des Pfades skb eine Einheit Primärenergie aufgewendet wird. Der Pfad skb beschreibt die Nutzung der Abwärme $s \in \{r\}$ mit der Qualität q'_s durch die Technik k zur Versorgung des Prozesses $b \in \{a\}$ mit Prozeßwärme der Qualität q_b.

5. Abwärme aus der für die Technik k benötigten Abwärme: z.B. Wärme aus Raumluft, die durch Verluste einer durch den Raum geführten Fernwärmeleitung aufgeheizt wurde, wobei das Medium in der Leitung durch Abwärme erwärmt wurde.

$$S_5(q'_{r_5}, t^\varphi) = \nu'_k(q'_{r_5}, q_b, q'_s)\ (\varepsilon_{sk}\varepsilon_b)^{-1}\ x_{skb}(t^\varphi)\ n(q_b, t^\varphi) \qquad b \in \{a\},\ s \in \{r\} \quad (2.33)$$

$\nu'_k(q'_{r_5}, q_b, q'_s)$ beschreibt diejenige Abwärmemenge der Qualität q'_{r_5}, die entsteht, wenn für die Versorgung des Prozesses b mit Hilfe des Pfades skb eine Einheit der Abwärme s genutzt wird. $(\varepsilon_{sk}\varepsilon_b)^{-1}\ x_{skb}(t^\varphi)\ n(q_b, t^\varphi)$ steht in Gl. (2.33) für die Menge der Abwärme s, die pro Zeiteinheit zur Befriedigung des Bedarfs $n(q_b, t^\varphi)$ herangezogen wird. Diese Abwärmeklasse ist von geringer Bedeutung und wird deshalb im weiteren vernachlässigt.

Bei der konkreten Berechnung der Nebenbedingung (2.28) muß $S_\alpha(q_{r_\alpha}, t^\varphi)$ anstelle von $S(q_r, t^\varphi)$ verwendet werden, wobei $\alpha = 1, \ldots, 5$ diejenige Abwärmeklasse ist, aus der r stammt.

2.1.6 Kohlendioxid-Emissionen und CO_2-Rückhaltung

CO_2-Rückhaltung aus Rauchgasen

Kohlendioxid, das während der Verbrennung fossiler Brennstoffe freigesetzt wird, liefert den größten Einzelbeitrag zu den in der Einleitung beschriebenen anthropogenen Veränderungen des Klimas. Angesichts des hohen Wachstumspotentials des Energiebedarfs und der enormen Ausbaupläne, die Länder wie die Sowjetunion und China für die Kohlenutzung hegen, muß heute auch an eine aktive Rückhaltung von CO_2 aus Rauchgasen gedacht werden, die bis vor kurzem für unmöglich oder wenigstens unpraktikabel gehalten wurde. Zumindest theoretisch besteht jedoch sehr wohl die Möglichkeit, das anfallende CO_2 aus den Rauchgasen fossil gefeuerter Kraftwerke zu extrahieren:

- M. Steinberg et al. haben bereits Anfang der 80er Jahre ein chemisches Absorptionsverfahren vorgeschlagen, bei dem das CO_2 in einem Absorber bei ca. 40°C an ein Alkanolamin[13] gebunden wird [75,76,77]. Die Reaktion kann bei einer Temperatur von ca. 150°C in einem Regenerator umgekehrt werden. Dies erfordert natürlich einen

[13]Ein Alkanolamin besteht aus einer NH_2-Gruppe mit organischem Rest.

erheblichen Energieeinsatz. Die Exergieverluste können jedoch gering gehalten werden, wenn dazu niedrig gespannter Dampf vom Ende des Turbinenprozesses benutzt wird. Als Beispiel wird ein Steinkohlekraftwerk betrachtet, dessen Wirkungsgrad für die Erzeugung elektrischer Energie zunächst 38% beträgt. Wenn man annimmt, daß die gesamte Energie, die benötigt wird, um 90% des CO_2 zurückzuhalten, aus dem Kraftwerk selbst stammt, dann reduziert sich dessen Wirkungsgrad auf 29% [14]. Bei der Verfeuerung von Öl oder Gas sind die Verluste geringer, weil diese Brennstoffe einen höheren Anteil an Wasserstoff enthalten. Nach der Isolierung muß das CO_2 dann noch zum Transport verflüssigt oder verfestigt werden, wobei für letzteres soviel Energie benötigt wird, daß sich der Wirkungsgrad des Kraftwerks auf 19% reduziert [78].

- U. Schüßler und R. Kümmel haben in einer Modellrechnung gezeigt, daß das Kohlendioxid auch unter Druck ausgefroren werden kann [4,14,80]. Für das oben erwähnte Steinkohlekraftwerk erhalten sie eine Reduktion des Wirkungsgrades auf 26%. Das CO_2 liegt allerdings gleich in fester Form vor. Die Menge elektrischer Energie, die pro emittiertes kg CO_2 erzeugt werden kann, steigt von 1.2 kWh_e auf 5.0 kWh_e. In diesem Wert sind Verluste bei Transport und Deponierung des CO_2 bereits berücksichtigt. Im Gegensatz dazu kann die Stromausbeute durch die Verwendung von Erdgas anstelle der Kohle nur auf 2.15 kWh_e erhöht werden.
- In Verbindung mit modernen Techniken, wie z.B. kombinierten Gas- und Dampf-Kraftwerken (GUD-Technik, vgl. Ref. 30 und 32), sind weitere Verbesserungen des Schüßlerschen Verfahrens möglich, da diese Prozesse einen sehr hohen Wirkungsgrad besitzen und außerdem der zum Ausfrieren benötigte hohe Druck ohnehin im Gesamtsystem anfällt. C.A. Hendriks et al. haben für eine solche Anlage eine Verschlechterung des Wirkungsgrades durch die CO_2-Rückhaltung von 43.6% auf 38.2% (bei CO_2-Verflüssigung) berechnet [83], während R. Müller (Siemens AG) eine Abnahme von 42.7% auf 32.0% (bei CO_2-Verfestigung) angibt [79]. Beide schätzen, daß die CO_2-Rückhaltung Kostensteigerungen von etwa 25% auslösen würde, wobei sich diese Angaben nur auf das Kraftwerk, nicht aber die anschließende Entsorgung des CO_2 beziehen.
- Eine weitere Möglichkeit der CO_2-Rückhaltung besteht darin, vor der Verbrennung Sauerstoff und Stickstoff zu trennen [81]. Das Rauchgas der Verbrennung mit nahezu reinem Sauerstoff besteht dann zu 91 Vol-% aus CO_2, 7 Vol-% H_2O und 2 Vol-% O_2 sowie geringen Anteilen von SO_2 und NO_x.

Die genannten Methoden der CO_2-Rückhaltung sind zusammen mit einigen Abwandlungen und Weiterentwicklungen z.B. in Ref. 14 und 83 ausführlich dargestellt. Die Probleme der Entsorgung bzw. die Chancen für ein mögliches Recycling des Kohlenstoffs werden von U. Schüßler in Ref. 84 diskutiert.

Ohne die Möglichkeit der aktiven Rückhaltung kann eine Reduzierung der CO_2-Emissionen erreicht werden durch

- Einsparung von Primärenergie sowie
- die Verwendung kohlenstoff-ärmerer Brennstoffe (z.B. Erdgas) oder
- den Einsatz von Techniken, die nicht auf der Verbrennung von Kohlenstoff basieren (z.B. Solarenergie, Wasserkraft, Kernenergie).

Die Einsparung von Primärenergie durch Wärmerückgewinnung ist Gegenstand der Optimierung, andere Sparmöglichkeiten werden in Szenarien untersucht. Durch die

Berücksichtigung der CO_2-Rückhaltung wird die Parallelität von Energieeinsparung und Minderung des CO_2-Ausstoßes aufgehoben, da die Rückhaltung selbst Energie erfordert. Anstatt die CO_2-Emissionen nur im Anschluß an die Energieoptimierung zu berechnen, ist es daher notwendig, für sie eine eigene Zielfunktion aufzustellen und somit die Möglichkeit zu ihrer gesonderten Minimierung im Modell zu schaffen. Da die Techniken, die mit Erdgas und Erdöl arbeiten, in der Regel auch bessere Wirkungsgrade haben als Techniken der Steinkohlenutzung (vgl. Anhang D), führt bereits die Energieoptimierung zu der im Zuge der Vermeidung von CO_2-Emissionen erwünschten Substitution kohlenstoff-reicher durch kohlenstoff-arme Brennstoffe.[14]

Die Potentiale der genannten kohlenstoff-freien Techniken sind bereits in der Einleitung (Kap. 1.1) diskutiert worden. Die Integration dieser Techniken in ein Modell wie *ECCO*, das auf die Schonung der fossilen Ressourcen sowie die Eindämmung des anthropogenen Treibhauseffektes abzielt, ist problematisch, wenn sie neue Risiken beinhalten, die sich qualitativ erheblich von den Risiken der Nutzung fossiler Brennstoffe unterscheiden. Dies trifft in erster Linie auf die Kernenergie zu, denn das Risiko einer Freisetzung von großen Mengen radioaktiver Strahlung tritt nur bei dieser Technik auf und ist zudem nicht in gleicher Weise wie die CO_2-Emissionen quantifizierbar. Die Kernenergie wird deshalb in den Modellen *ECCO* und *LEO-II* nicht direkt berücksichtigt. Man kann jedoch davon ausgehen, daß Kernkraftwerke von beiden Modellen ähnlich wie die Kraftwerke mit CO_2-Rückhaltung eingesetzt werden würden. Somit gelten die Aussagen über die Reduzierung der CO_2-Emissionen und die Struktur der Energieversorgung, die bei der Diskussion der Ergebnisse in den Kap. 2.3.1 und 3.3 hinsichtlich des Einsatzes CO_2-reduzierter Kraftwerke gemacht werden, auch für Kernkraftwerke.

Wasserkraftwerke leisten nur in einzelnen Regionen einen bedeutenden Beitrag zur Energieversorgung und werden nicht in die Optimierung der Modellstadt einbezogen. Wollte man sie dennoch berücksichtigen, dann müßten die CO_2-Emissionen der in den Stauseen verrottenden organischen Materialien [15, S.35] in die Berechnungen einfließen.

Wie bereits in Kap. 2.1.5 geschildert, liegen die für eine Einbeziehung der Solarenergie notwendigen Daten derzeit noch nicht vor. Hinzu kommt, daß sich die Techniken, die eine Nutzung dieser Energiequelle in großem Maßstab ermöglichen, noch in der Entwicklung befinden, während die Techniken der Wärmerückgewinnung größtenteils bereits bis zur Schwelle der Markteinführung entwickelt wurden. Die Einbeziehung der Solarenergie wäre deshalb mit hohen Unsicherheiten hinsichtlich ihrer technischen und wirtschaftlichen Parameter verbunden. Ihre derzeit bekannten Risiken sind mit denen der fossilen Energieträger vergleichbar, soweit sie nicht die Gefährdung des Klimas betreffen.

Ein Ansatz, der die unterschiedlichen Risiken der einzelnen Energieträger vergleichbar macht, besteht in der Ermittelung ihrer sog. *externen Kosten.*[15] Darunter werden Kosten verstanden, die durch die Nutzung der Energieträger entstehen, aber heute noch nicht in den Preisen der Energieträger erfaßt werden. Sie sind somit durch die Gesellschaft als Ganzes aufzubringen sind. Externe Kosten fallen beispielsweise an bei der Heilung schadstoffbedingter Gesundheitsschäden oder der Beseitigung von Gebäude- und Waldschäden, die durch den saueren Regen verursacht wurden. Die Höhe der externen Kosten ist aber noch so stark umstritten [85,86], daß sie nicht als Basis für ein quantitatives Optimierungs-

[14]Die Substitutionsmöglichkeiten werden in der Modellstadt, die im weiteren mit *ECCO* untersucht wird, durch die getroffene Auswahl der Versorgungspfade eingeschränkt (s.u.).

[15]Vgl. dazu Kap. 4.2.

modell dienen können. Bei der vorliegenden Version von *ECCO* kann auf die Betrachtung der externen Kosten verzichtet werden, weil man davon ausgehen kann, daß sie für alle fossilen Energieträger in der gleichen Größenordnung liegen [85,86].

Berechnung der CO_2-Emissionen

Die Kohlendioxid-Emissionen in einem Intervall t^φ lassen sich mit wenigen zusätzlichen Definitionen aus dem Primärenergieeinsatz ableiten. CO_2 entsteht immer dann, wenn kohlenstoffhaltige Brennstoffe verbrannt werden. Deshalb wird jeder Technik ein spezifischer CO_2-Ausstoß zugeordnet, der vom verwendeten Brennstoff und eventuell installierten CO_2-Rückhaltemaßnahmen abhängt. Die Entstehung von CO_2 bei der Aufbereitung von Primärenergie zu Brennstoffen wird über den damit verbundenen Energieverbrauch erfaßt, der in den Wirkungsgraden der Techniken enthalten ist. Die einzelnen Techniken sind so definiert, daß ihre CO_2-Emissionen nicht von den Prozessen abhängen, zu deren Versorgung sie eingesetzt werden.

$W(t^\varphi)$ = CO_2-Emissionen des gesamten Energiesystems im Intervall t^φ.
Anmerkung: Unter den CO_2-Emissionen (= CO_2-Ausstoß) wird – analog zur Definition von Nutzenergiebedarf und Primärenergieeinsatz – stets die pro Zeiteinheit emittierte CO_2-Menge verstanden, die sich als Quotient aus der Gesamtmenge und der Länge des betrachteten Zeitintervalls ergibt. $W(t^\varphi)$ entspricht also $N(t^\varphi)$.

$W_a(t^\varphi)$ = CO_2-Emissionen, die sich aus der Befriedigung des Energiebedarfs $n(q_a, t^\varphi)$ des Prozesses a im Intervall t^φ ergeben; entspricht $N_a(t^\varphi)$.

w_g = Spezifische CO_2-Emissionen der lokalen Technik g bezogen auf eine Einheit Primärenergie.
$\mathrm{w}_g\ \lambda_{ga}\ x_{ga}(t^\varphi)\ n(q_a, t^\varphi)$ sind die CO_2-Emissionen, die bei der Versorgung des Prozesses a mit Hilfe der lokalen Technik g im Intervall t^φ anfallen.

w_h = Spezifische CO_2-Emissionen der zentralen Technik h je eingesetzte Einheit Primärenergie.
$\sum_{\{a\}} \mathrm{w}_h\ \lambda_{ha}\ x_{ha}(t^\varphi)\ n(q_a, t^\varphi)$ sind die CO_2-Emissionen, die durch die Nutzung der zentralen Technik h im Intervall t^φ verursacht werden.

w_k = Spezifische CO_2-Emissionen je Einheit eingesetzte Primärenergie, wenn zum Betrieb der vernetzenden Technik k direkt (d.h. nicht zur Stromproduktion) ein Brennstoff eingesetzt wird.
$\mathrm{w}_k\ \lambda_{rka}\ x_{rka}(t^\varphi)\ n(q_a, t^\varphi)$ sind die CO_2-Emissionen, die beim Betrieb der Technik k zur Versorgung des Prozesses a mit Abwärme r im Intervall t^φ anfallen.

w_i = Spezifische CO_2-Emissionen pro Einheit Primärenergie, die im Kraftwerk i eingesetzt wird.

$W_i(E, t^\varphi) = \mathrm{w}_i\ N_i(E, t^\varphi)$ = CO_2-Emissionen, die durch die Produktion elektrischer Energie im Kraftwerk i im Intervall t^φ entstehen.

w_j = Spezifische CO_2-Emissionen je Einheit Primärenergie, die im Heizkraftwerk j eingesetzt wird.
$\sum_{\{a\}} \mathrm{w}_j\ \lambda_{ja}\ x_{ja}(t^\varphi)\ n(q_a, t^\varphi)$ sind die CO_2-Emissionen, die durch das Heizkraftwerk j im Intervall t^φ verursacht werden.

Mit diesen Definitionen kann das zweite Ziel des Optimierungsmodell formuliert werden. Analog zur Minimierung des Primärenergieeinsatzes $N(t^\varphi)$ [vgl. Gl. (2.23)] wird die Minimierung der CO_2-Emissionen im Intervall t^φ angestrebt:

$$\min W(t^\varphi) = \min \sum_{\{a\}} W_a(t^\varphi) + \sum_{\{i\}} \mathrm{w}_i \, N_i(E, t^\varphi) \,, \tag{2.34}$$

wobei

$$\begin{aligned} W_a(t^\varphi) = & \sum_{(g)_a} \mathrm{w}_g \, \lambda_{ga} \, x_{ga}(t^\varphi) \, n(q_a, t^\varphi) \\ & + \sum_{(h)_a} \mathrm{w}_h \, \lambda_{ha} \, x_{ha}(t^\varphi) \, n(q_a, t^\varphi) \\ & + \sum_{(r,k)_a} \mathrm{w}_k \, \lambda_{rka} \, x_{rka}(t^\varphi) \, n(q_a, t^\varphi) \\ & + \sum_{(j)_a} \mathrm{w}_j \, \lambda_{ja} \, x_{ja}(t^\varphi) \, n(q_a, t^\varphi) \,. \end{aligned} \tag{2.35}$$

Die Gln. (2.34) und (2.35) bilden die **Zielfunktion 'CO_2-Emissionen'**. Ihre Struktur ist identisch mit dem Aufbau der Zielfunktion 'Primärenergie' in den Gln. (2.23) und (2.24). Alle Voraussetzungen, die für die Minimierung des Primärenergieeinsatzes mit Hilfe der stochastischen Optimierung erfüllt sein mußten, d.h. insbesondere die Unabhängigkeit der Optimierungen in den einzelnen Zeitintervallen, gelten auch für die Minimierung der CO_2-Emissionen. Deshalb kann die stochastische Optimierung auch auf den CO_2-Ausstoß angewendet werden. Das Optimierungsproblem lautet in diesem Fall analog zu Gl. (2.20):

$$< \min W_a(t) >_\Phi \,. \tag{2.36}$$

2.1.7 Die Kosten der Energieversorgung

Wärmerückgewinnung und CO_2-Rückhaltung haben erhebliche Auswirkungen auf die Kosten des Energiesystems. Während die CO_2-Rückhaltung auf jeden Fall zu einer Kostensteigerung führt, kann die Einsparung von Energie – trotz der damit verbundenen Investitionen – auch Kostensenkungen zur Folge haben, wenn der Energiepreis hoch genug ist. Da die Kosten bei der Entscheidung über Veränderungen des heutigen Energiesystems eine entscheidende Rolle spielen, müssen sie bei der Entwicklung von Energiemodellen mit berücksichtigt werden.

Die Kapazität der Energieversorgungstechniken und -pfade

Die Leistungsfähigkeit der in Kap. 2.1.1 eingeführten Versorgungspfade hängt in der Realität von den installierten Energieumwandlungstechniken und -transporteinrichtungen ab. Nach Abschluß der Bauphase ist die maximale Energiemenge, die über einen Pfad la ($l = g, h, rk, j$) an einen Prozeß a geliefert werden kann, festgelegt. Die Kapazität der erstellten Anlage und nicht die damit gelieferte Energiemenge bestimmt die absolute Höhe der Investitionskosten.

Kapazität K_{la} eines Versorgungspfades la: Obergrenze für die Nutzenergiemenge, die pro Zeiteinheit über den Pfad la an den Prozeß a geliefert werden kann. Die

Kapazität eines Versorgungspfades kann – wie alle im weiteren noch betrachteten Kapazitäten – (technisch) vorgegeben oder selbst Gegenstand der Optimierung sein. Im ersten Fall unterliegt die Optimierung der Nebenbedingung

$$\forall t^{\varphi} \in \{t^{\varphi}\} \qquad K_{la} \geq x_{la}(t^{\varphi})\, n(q_a, t^{\varphi}) \,. \tag{2.37}$$

Im zweiten Fall stellen die Kapazitäten Optimierungsvariablen dar oder werden auf andere Weise im Verlauf der Optimierung bestimmt [vgl. Gl. (2.40)].

Kapazität K_l einer Technik l: Obergrenze für die Nutzenergiemenge, die pro Zeiteinheit durch die Technik l geliefert werden kann.[16] Ist die Kapazität K_l vorgegeben, dann begrenzt sie die Summe über die Anteile am Nutzenergiebedarf $n(q_a, t^{\varphi})$ aller Prozesse a, an deren Versorgung die Technik l (über entsprechende Pfade la) im Intervall t^{φ} beteiligt ist. Die Optimierung unterliegt der Nebenbedingung

$$\forall t^{\varphi} \in \{t^{\varphi}\} \qquad K_l \geq \sum_{\{a\}_l} x_{la}(t^{\varphi})\, n(q_a, t^{\varphi}) \,. \tag{2.38}$$

Für lokale Techniken reduziert sich die Summe auf der rechten Seite von Ungl. (2.38) definitionsgemäß auf einen Prozeß, während für zentrale Techniken alle Prozesse, die an die Techniken angeschlossen werden können, berücksichtigt werden müssen.

Kapazität K_i des Kraftwerks i: Maximale Menge elektrischer Energie, die pro Zeiteinheit im Kraftwerk i erzeugt werden kann. Sind die Kapazitäten K_i vorgegeben, dann muß gelten:

$$\forall t^{\varphi} \in \{t^{\varphi}\} \qquad K_i \geq \eta_{iE}\, N_i(E, t^{\varphi}) \,. \tag{2.39}$$

Um die gesamten Kosten der Energieversorgung zu minimieren, muß neben den Energiemengen, die pro Zeiteinheit durch die Versorgungspfade und Kraftwerke geliefert werden, auch die Struktur der Energieversorgung, die durch die Kapazitäten der Techniken und Pfade gegeben ist, optimiert werden. Die Behandlung dieser Kapazitäten stellt bei dem vorliegenden Modell ein fundamentales Problem dar: Nach den in Kap. 2.1.2 gemachten Annahmen ist der schrittweise Aufbau von Kapazitäten nicht Gegenstand des Modells, um auszuschließen, daß sich Entscheidungen in einem Intervall auf ein nachfolgendes auswirken. Dennoch lassen sich Aussagen über die Kapazitäten machen, weil für ihre Bemessung die Spannweite der Bedarfsschwankungen, nicht aber ihre zeitliche Abfolge maßgeblich ist: Die Kapazität K_{la} eines Pfades la wird im Modell durch die größte Menge Energie bestimmt, die er in einem der Intervalle $t^{\varphi} \in \{t^{\varphi}\}$ an den Prozeß a liefert:

$$K_{la} = \max_{\{t^{\varphi}\}} \{x_{la}(t^{\varphi})\, n(q_a, t^{\varphi})\} \,. \tag{2.40}$$

In gleicher Weise wird die Kapazität der Kraftwerke bestimmt durch

$$K_i = \max_{\{t^{\varphi}\}} \{\eta_{iE}\, N_i(E, t^{\varphi})\} \,. \tag{2.41}$$

Wenn die Technik l nur Prozesse versorgt, deren maximaler Energiebedarf gleichzeitig auftreten kann, dann gilt

$$K_l = \sum_{\{a\}_l} K_{la} \,. \tag{2.42}$$

[16]Aus programm-technischen Gründen ist es notwendig, die Kapazität auf den Nutzenergiebedarf und nicht auf die von der Technik l unmittelbar abgegebene Energie zu beziehen.

Gleichung (2.42) bedeutet, daß man sich bei der Kostenberechnung auf die Kapazitäten der Versorgungspfade beschränken kann. Die Prozesse, die in der in Kap. 2.2 beschriebenen Modellstadt ablaufen, erfüllen die genannte Bedingung.

Die Bestimmung der Kapazitäten anhand der Gln. (2.40) und (2.41) hat zur Folge, daß die Kostenoptimierung in einem Intervall t^φ nicht unabhängig von den übrigen Zeitintervallen aus $\{t^\varphi\}$ erfolgen kann und daß somit die Vertauschung von Mittelwertbildung und Minimierung aus Gl. (2.13) nicht auf die Kostenoptimierung übertragen werden kann. Die Ersetzung des Scharmittelwertes durch den Stichprobenmittelwert bleibt dagegen gültig. Im Unterschied zu anderen Energiemodellen, wie z.B. dem bereits erwähnten *MESSAGE*, können also die Kapazitäten der einzelnen Techniken und Pfade bei der stochastischen Optimierung mit *ECCO* nicht als eigenständige Optimierungsvariablen berücksichtigt werden.

Dennoch ist es erforderlich, auf die Kapazitäten Einfluß zu nehmen. Es kann sonst der Fall eintreten, daß in verschiedenen Zeitintervallen t^φ und $t^{\varphi'}$ für die Versorgung desselben Prozesses a unterschiedliche energieoptimale Lösungen gefunden werden, die von der Bedarfssitutation und den sich daraus ergebenden Möglichkeiten zum Einsatz der Wärmerückgewinnung abhängen. Das absolute Energieminimum für die Gesamtheit aller Intervalle $\{t^\varphi\}$ wird erreicht, wenn die Kapazitäten so bemessen sind, daß in jedem einzelnen Intervall t^φ die dafür ermittelte energieoptimale Lösung verwirklicht werden kann. Die mit der Realisierung einer solchen Lösung verbundenen Investitionskosten sind enorm hoch, weil viele Prozesse mit mehreren Energieversorgungseinrichtungen ausgestattet werden müßten, obwohl einige davon nur in wenigen Intervallen genutzt würden.

Um das Problem der Kapazitäten in den Griff zu bekommen, werden die Kosten nicht wie der Primärenergieeinsatz und die CO_2-Emissionen mit einem exakten mathematischen Verfahren minimiert, sondern durch interaktive Eingriffe in den Parametersatz verringert. Dabei ist es jedoch nicht zweckmäßig, von vornherein Kapazitätsbeschränkungen oder gar -festlegungen einzuführen, da dann die Vielfalt der möglichen energieoptimalen Lösungen stark eingeschränkt wird. Der Anwender, der die Beschränkungen festzulegen hat, kann die Lösungsschar, die er damit ausschließt, nicht überblicken. Wichtige Lösungen können auf diese Weise verloren gehen. Kapazitätsbeschränkungen sollten deshalb erst aufgestellt werden, wenn anhand einer ersten, unbeschränkten Optimierung für alle Zeitintervalle $\{t^\varphi\}$ zu übersehen ist, welche Pfade nur selten genutzt werden und damit unakzeptable, weil zu teure, Redundanzen im Energiesystem darstellen. Zu diesem Zweck wird die in einem ersten Anlauf gefundene energieoptimale Versorgungsstruktur dem Entscheidungsträger oder einem Experten vorgelegt, der sie anhand seines Wissens auf unwirtschaftliche Lösungen untersucht und diese aus dem Kreis der zugelassenen Versorgungspfade ausschließt.

Ein zweites Problem ergibt sich aus der Tatsache, daß die spezifischen Kosten einer Energieversorgungstechnik im allgemeinen nicht konstant sind, sondern von der Größe der zu errichtenden Anlage abhängen. Dabei sind große Einheiten sind in der Regel billiger als kleine (Kostendegression) [64]. Dieses Phänomen wird auch als Skalengesetz der Ökonomie bezeichnet. Voraussetzung für die Kostenberechnung ist jedoch, daß die auf eine Nutzenergieeinheit bezogenen spezifischen Kosten in einem Zeitintervall t^φ vor Beginn der Optimierung vollständig bekannt sind. Für *ECCO* werden diese Konstanten anhand von Modellanlagen mit bekannter Leistung bestimmt. Wenn die Optimierung dann zu dem Ergebnis führt, daß eine größere Einheit der entsprechenden Energieversorgungstech-

nik benötigt wird, so fällt die Kostenschätzung zu hoch aus. Wird die Technik dagegen nur in geringem Maße genutzt, so werden zu niedrige Kosten angegeben. Deshalb muß im Rahmen des interaktiven Verfahrens auch überprüft werden, ob die angenommenen spezifischen Kosten für die durch die Optimierung bestimmten Größen und Einsatzhäufigkeiten der Energieversorgungstechniken und -pfade noch gültig sind. Wenn das nicht der Fall ist, sind die Kostenannahmen zu korrigieren. Anschließend müssen die Optimierung und das interaktive Verfahren wiederholt werden, bis die Lösung konsistent ist.

Die Einführung der beschriebenen interaktiven Komponente erscheint mir wesentlich effektiver als eine automatisierte Behandlung des Problems. Ein erfahrener Energieplaner berücksichtigt bei der Beurteilung der vom Modell gelieferten Lösungen eine Wissensbasis, die wesentlich größer ist als diejenige, die zur Zeit in *ECCO* erfaßt werden kann. Eventuell bietet sich an dieser Stelle eine spätere Kopplung mit einem sog. Expertensystem an.[17]

Berechnung der Kosten

Die Kosten jeder Technik werden aufgeteilt in einen *festen* Anteil, der von der zu installierenden Leistung (Kapazität) abhängt, und einen *beweglichen* Anteil, der von der (im Intervall t^φ) zu liefernden Energiemenge bestimmt wird. Der feste Anteil umfaßt die Abschreibung und Verzinsung des investierten Kapitals, Kapitalsteuern, Versicherungen sowie den festen Teil der Bedienung- und Unterhaltskosten. Der bewegliche Anteil erfaßt die Brennstoffkosten und die betriebsabhängigen Kosten für Bedienung und Unterhalt.

Das im vorigen Abschnitt diskutierte Problem der Kapazitäten tritt nur bei der Behandlung der festen Kosten auf. Die beweglichen Kosten sind hingegen proportional zum Primärenergieeinsatz.

Anmerkung: Wenn nichts anderes angegeben wird, ist unter dem Begriff 'Kosten' hier stets eine Geldmenge pro Zeiteinheit zu verstehen.[18]

c_{la} = Spezifische *feste* Kosten des Versorgungspfades la, der den Prozeß a mittels der Technik l ($l = g, h, rk, j$) mit Energie der Qualität q_a beliefert, (aus programmtechnischen Gründen) bezogen auf eine gelieferte Einheit Nutzenergie.
$c_{la}\ K_{la}$ sind die festen Kosten des Versorgungspfades la, die in jedem Intervall $t^\varphi \in \{t^\varphi\}$ unabhängig von der durch den Pfad la an den Prozeß a gelieferten Energiemenge aufgebracht werden müssen, damit die benötigte Kapazität des Pfades la installiert werden kann.

Die Ermittlung der spezifischen Kosten einer Technik aus den Literaturdaten geschieht, indem für die angenommene Lebensdauer die Gesamtkosten und die insgesamt lieferbare Energiemenge berechnet werden. Die spezifischen Kosten, bezogen auf eine Energieeinheit und eine Zeiteinheit, erhält man, wenn die Gesamtkosten durch die lieferbare Energiemenge und die Lebensdauer dividiert werden (vgl. Beispiele zur Kostenberechnung im Anhang D.6). Aufgrund dieses Verfahrens gelten die ermittelten c_{la} für alle Intervalle $t^\varphi \in \{t^\varphi\}$. Die spezifischen festen Kosten bleiben ebenso wie der Stand der Technik und die Mittelwerte des Energiebedarfs der einzelnen Prozesse während der stochastischen Optimierung unverändert. Sie können jedoch im Rahmen der interaktiven Kostenoptimierung verändert werden.

[17] Vgl. dazu z.B. Ref. 87, Kap. 6: Artificial Intelligence Methodologies.

[18] Vgl. die Definitionen von Nutzenergiebedarf, Primärenergieeinsatz und CO_2-Emissionen.

$b_l =$ Spezifische *bewegliche* Kosten der Technik l, bezogen auf eine Einheit Primärenergie. Bei den konkreten Rechnungen werden nur die Brennstoffkosten als beweglichen Kosten berücksichtigt, Bedienungs- und Unterhaltskosten werden dagegen pauschal in c_{la} einbezogen. Zur Vereinfachung werden die beweglichen Kosten vollständig der Technik l und nicht dem Pfad la zugerechnet. Auch diese spezifischen Kosten werden während der stochastischen Optimierung nicht verändert, gelten also für alle Intervalle $t^\varphi \in \{t^\varphi\}$.
$b_l\ N_{la}(t^\varphi)$ sind die beweglichen Kosten des Pfades la im Intervall t^φ, wobei $N_{la}(t^\varphi) = \lambda_{la}\ x_{la}(t^\varphi)\ n(q_a, t^\varphi)$ der Primärenergieeinsatz zum Betrieb des Pfades la ist.

$< C(t >_\Phi =$ Mittlere Kosten des Energiesystems, die sich aus der Mittelung über alle Zeitintervalle $t = t^\varphi$ ($\varphi = 1, \ldots, \Phi$) ergeben:

$$< C(t) >_\Phi \;=\; \frac{1}{\Phi} \sum_{\varphi=1}^{\Phi} \left[\sum_{\{a\}} \sum_{(l)_a} [\; c_{la}\ K_{la} \;+\; b_l\ N_{la}(t^\varphi)\;] \right] \tag{2.43}$$

$$= \sum_{\{a\}} \sum_{(l)_a} c_{la} \max_{\{t^\varphi\}} \{x_{la}(t^\varphi)\ n(q_a, t^\varphi)\} \tag{2.44}$$

$$+ \frac{1}{\Phi} \sum_{\varphi=1}^{\Phi} \sum_{\{a\}} \sum_{(l)_a} b_l\ \lambda_{la}\ x_{la}(t^\varphi)\ n(q_a, t^\varphi)\ .$$

Gleichung (2.44) ergibt sich durch Einsetzen der Gln. (2.40) und (2.1) in Gl. (2.43). Das Kostenoptimierungsproblem lautet somit:

$$\min\ < C(t) >_\Phi\ . \tag{2.45}$$

Wie bei der Berechnung des Primärenergieeinsatzes wird nun die allgemeine Technik l durch die in Kap. 2.1.3 eingeführten lokalen, zentralen und vernetzenden Techniken ersetzt. Außerdem wird die Erzeugung elektrischer Energie auch bei den Kosten getrennt von der Wärmeversorgung abgerechnet.

$C_a(t^\varphi)$ Kosten der Versorgung des Prozesses a im Intervall t^φ. Sie setzen sich aus festen und beweglichen Kosten zusammen.

$C(E, t^\varphi)$ Kosten der Produktion elektrischer Energie im Intervall t^φ.

Die Zuordnung der im folgenden definierten Kostenparameter c und κ zu Teilen des Versorgungspfades entspricht der Zuordnung, die in den Abb. 2.2–2.6 für die in Kap. 2.1.3 definierten Energieparameter λ und ε vorgenommen wurde. Jedes c (κ) deckt den gleichen Bereich ab wie das zugehörige λ (ε) mit gleichen Indizes.

$\kappa_a =$ Spezifische feste Kosten, die bei der Versorgung des Prozesses a unabhängig von der versorgenden Technik entstehen, bezogen auf eine Einheit Nutzenergie. Bsp.: Kosten der Wärmeverteilung in Gebäuden.

$\kappa_g =$ Spezifische feste Kosten der *lokalen* Technik g, bezogen auf eine Einheit Energie, die die mit Hilfe der Technik g betriebene Anlage verläßt. Bsp.: Kosten des Heizkessels einer Zentralheizung.

$\kappa_{ga} =$ Spezifische feste Kosten der Verbindung der Technik g mit dem Prozeß a, bezogen auf eine Einheit Energie, die a erreicht. Mit Hilfe von κ_{ga} werden Kosten erfaßt, die weder der Technik g noch dem Prozeß a direkt zugeordnet werden können wie z.B. die

Installation eines Schornsteins für eine Zentralheizung. Die Zurechnung zum Prozeß a ist unzulässig, weil für eine Fernheizung oder Elektrowärmepumpe kein Schornstein notwendig ist. Die Zurechnung zur Technik g ist nicht möglich, weil der Schornstein in verschiedenen Gebäuden unterschiedliche Kosten verursacht.

c_{ga} = Spezifische feste Kosten des Versorgungspfades ga:

$$c_{ga} = [[\kappa_g \varepsilon_{ga}^{-1} + \kappa_{ga}]\, \varepsilon_a^{-1} + \kappa_a] \,. \tag{2.46}$$

Der Wirkungsgrad ε_g der Technik g taucht in Gl. (2.46) nicht auf, weil kein Anteil der festen Kosten auf die eingesetzte Primärenergiemenge bezogen wird.
$c_{ga}\ \max_{\{t^\varphi\}}\{x_{ga}(t^\varphi)\ n(q_a, t^\varphi)\}$ sind die festen Kosten des Pfades ga, die in allen Intervallen $t^\varphi \in \{t^\varphi\}$ aufgebracht werden müssen.

b_g = Spezifische bewegliche Kosten des Pfades ga, bezogen auf eine Einheit Enthalpie im Brennstoff, der zur Versorgung des Prozesses a mit Hilfe der Technik g genutzt wird. Die Techniken sind so definiert, daß nur ein Brennstoff eingesetzt werden kann.
$b_g\ \lambda_{ga}\ x_{ga}(t^\varphi)\ n(q_a, t^\varphi)$ sind die beweglichen Kosten des Pfades ga im Intervall t^φ.

κ_h = Spezifische feste Kosten der *zentralen* Technik h, bezogen auf eine Einheit Energie, die die mit Hilfe der Technik h betriebene Anlage verläßt. Bsp.: Kosten eines Fernheizwerks.

κ_{ha} = Spezifische feste Kosten für die Verbindung des Prozesses a mit der Technik h. Sie beschreiben vor allem die Kosten des Transportsystems für die zentral erzeugte Energie und werden bezogen auf eine Einheit Energie, die an den Prozeß a geliefert wird. Daneben beinhaltet κ_{ha} auch andere Kosten, die weder dem Prozeß a noch der Technik h zugeordnet werden können (vgl. Def. v. κ_{ga}).

c_{ha} = Spezifische feste Kosten des Versorgungspfades ha:

$$c_{ha} = [[\kappa_h \varepsilon_{ha}^{-1} + \kappa_{ha}]\, \varepsilon_a^{-1} + \kappa_a] \,. \tag{2.47}$$

$c_{ha}\ \max_{\{t^\varphi\}}\{x_{ha}(t^\varphi)\ n(q_a, t^\varphi)\}$ sind die festen Kosten des Pfades ha, die in allen Intervallen $t^\varphi \in \{t^\varphi\}$ aufgebracht werden müssen.

b_h = Spezifische bewegliche Kosten der zentralen Technik h, bezogen auf eine Einheit Enthalpie des benutzten Brennstoffs. Die beweglichen Kosten des Transportsystems werden, soweit es sich nicht um Kosten für elektrische Energie handelt, vernachlässigt oder pauschal in b_h einbezogen. Die Kosten für elektrische Energie zum Betrieb des Transportsystems werden automatisch erfaßt, da Nebenbedingung (2.27) dafür sorgt, daß die Stromproduktion in Kraftwerken und Heizkraftwerken entsprechend erhöht wird. Damit sind diese Transportkosten in den Kosten für Kraftwerke und Heizkraftwerke enthalten.
$b_h\ \lambda_{ha}\ x_{ha}(t^\varphi)\ n(q_a, t^\varphi)$ sind die beweglichen Kosten des Pfades ha im Intervall t^φ.

κ_{rk} = Spezifische feste Kosten der Technik k zur Nutzung der Abwärme r, bezogen auf eine Einheit Energie, die die mit Hilfe der Technik k betriebene Anlage verläßt. Bsp.: Kosten eines Wärmetauschers.

κ_{ka} = Spezifische feste Kosten der Verbindung des Prozesses a mit der Technik k. Bsp.: Kosten des Wärmetransports vom Ort, an dem die Abwärme r mit Hilfe der Technik k zurückgewonnen wird, zum Prozeß a mit Hilfe einer Fernwärmeleitung. Daneben beinhaltet κ_{ka} auch andere Kosten, die weder dem Prozeß a noch der Technik k zugeordnet werden können (vgl. Def. v. κ_{ga}).

c_{rka} = Spezifische feste Kosten des Versorgungspfades rka:

$$c_{rka} = [[\kappa_{rk}\varepsilon_{ka}^{-1} + \kappa_{ka}]\, \varepsilon_a^{-1} + \kappa_a] \; . \tag{2.48}$$

$c_{rka}\ \max_{\{t^\varphi\}}\{x_{rka}(t^\varphi)\ n(q_a, t^\varphi)\}$ sind die festen Kosten des Pfades rka, die in allen Intervallen $t^\varphi \in \{t^\varphi\}$ aufgebracht werden müssen.

b_k = Spezifische bewegliche Kosten der Technik k, bezogen auf eine Einheit Enthalpie des Brennstoffs, der direkt, d.h. nicht zur Stromproduktion, genutzt wird. Für die beweglichen Kosten der anderen Komponenten des Pfades rka gilt das in Bezug auf die Technik h Gesagte.
$b_k\ \lambda_{rka}\ x_{rka}(t^\varphi)\ n(q_a, t^\varphi)$ sind die beweglichen Kosten des Pfades rka im Intervall t^φ.

c_{iE} = Spezifische feste Kosten des Kraftwerks i, bezogen auf eine Einheit elektrischer Energie.
$c_{iE}\ \eta_{iE}\ \max_{\{t^\varphi\}}\{N_i(E, t^\varphi)\}$ sind die festen Kosten des Kraftwerks i, die in allen Intervallen $t^\varphi \in \{t^\varphi\}$ aufgebracht werden müssen.

b_i = Spezifische bewegliche Kosten des Kraftwerks i, bezogen auf eine Einheit Enthalpie des benutzten Brennstoffs.
$b_i\ N_i(E, t^\varphi)$ sind die beweglichen Kosten des Kraftwerks i im Intervall t^φ.

κ_j = Spezifische feste Kosten des Heizkraftwerkes j, bezogen auf eine Einheit Wärme, die die mit Hilfe der Technik j betriebenen Anlage verläßt. Analog zum Vorgehen bei der Primärenergie werden der Wärmeproduktion alle Kosten des Heizkraftwerkes angerechnet.

κ_{ja} = Spezifische feste Kosten für die Verbindung des Prozesses a mit dem Heizkraftwerk j, bezogen auf eine Einheit Energie, die a erreicht. κ_{ja} beschreibt vor allem die Kosten des Aufbaus eines Transportsystems für die im Heizkraftwerk erzeugte Wärme. Daneben beinhaltet κ_{ja} auch andere Kosten, die weder dem Prozeß a noch der Technik j zugeordnet werden können (vgl. Def. v. κ_{ga}).

c_{ja} = Spezifische feste Kosten des Versorgungspfades ja:

$$c_{ja} = [[\kappa_j\varepsilon_{ja}^{-1} + \kappa_{ja}]\, \varepsilon_a^{-1} + \kappa_a] \; . \tag{2.49}$$

$c_{ja}\ \max_{\{t^\varphi\}}\{x_{ja}(t^\varphi)\ n(q_a, t^\varphi)\}$ sind die festen Kosten des Pfades ja, die in allen Intervallen $t^\varphi \in \{t^\varphi\}$ aufgebracht werden müssen.

b_j = Spezifische bewegliche Kosten des Heizkraftwerks j, bezogen auf eine Einheit Enthalpie des benutzten Brennstoffs. Die beweglichen Kosten des Wärmetransportsystems werden, soweit es sich nicht um Kosten für elektrische Energie handelt (vgl. b_h), vernachläßigt oder pauschal in b_j einbezogen. Die beweglichen Kosten der Elektrizitätsnutzung werden vernachläßigt.
$b_j\ \lambda_{ja}\ x_{ja}(t^\varphi)\ n(q_a, t^\varphi)$ sind die beweglichen Kosten des Pfades ja im Intervall t^φ.

Mit diesen Definitionen lassen sich nun die mittleren Kosten $< C(t) >_\Phi$ des Energiesystems angeben als

$$< C(t) >_\Phi = \frac{1}{\Phi} \sum_{\varphi=1}^{\Phi} \left[\sum_{\{a\}} C_a(t^\varphi) + C(E, t^\varphi) \right] \; . \tag{2.50}$$

Die Gesamtkosten in einem Zeitintervall oder einem längeren Zeitraum ergeben sich durch Multiplikation von $<C(t)>_\Phi$ mit dessen Länge. Die Kosten $C_a(t^\varphi)$ zur Versorgung eines Prozesses a mit Wärme werden bestimmt durch

$$
\begin{aligned}
C_a(t^\varphi) \;=\; & \sum_{(g)_a} \left[c_{ga} \max_{\{t^\varphi\}}\{x_{ga}(t^\varphi)\, n(q_a, t^\varphi)\} + b_g \lambda_{ga}\, x_{ga}(t^\varphi)\, n(q_a, t^\varphi)\right] \qquad (2.51)\\
&+ \sum_{(h)_a} \left[c_{ha} \max_{\{t^\varphi\}}\{x_{ha}(t^\varphi)\, n(q_a, t^\varphi)\} + b_h \lambda_{ha}\, x_{ha}(t^\varphi)\, n(q_a, t^\varphi)\right]\\
&+ \sum_{(rk)_a} \left[c_{rka} \max_{\{t^\varphi\}}\{x_{rka}(t^\varphi)\, n(q_a, t^\varphi)\} + b_k \lambda_{rka}\, x_{rka}(t^\varphi)\, n(q_a, t^\varphi)\right]\\
&+ \sum_{(j)_a} \left[c_{ja} \max_{\{t^\varphi\}}\{x_{ja}(t^\varphi)\, n(q_a, t^\varphi)\} + b_j \lambda_{ja}\, x_{ja}(t^\varphi)\, n(q_a, t^\varphi)\right] .
\end{aligned}
$$

Die Parameter c_{ga}, c_{ha}, c_{rka} und c_{ja} sind durch die Gln. (2.46), (2.47), (2.48) und (2.49) gegeben. Die Kosten der Produktion elektrischer Energie betragen

$$
C(E, t^\varphi) = \sum_{\{i\}} \left[c_{iE}\, \eta_{iE} \max_{\{t^\varphi\}} \{N_i(E, t^\varphi)\} + b_i N_i(E, t^\varphi)\right] . \qquad (2.52)
$$

2.1.8 Umsetzung des Optimierungsmodells auf dem Computer

Optimierungsprobleme, die sich wie das hier diskutierte Energieoptimierungsproblem mit Hilfe von Flußbildern (vgl. Abb. 1.2 und 2.2–2.6) darstellen lassen, werden in der Systemanalyse als *Logistische Probleme* bezeichnet [65]. Wenn Zielfunktionen und Nebenbedingungen linear von den Optimierungsvariablen abhängen, dann gibt es für ihre Lösung ein etabliertes und bewährtes Verfahren, die *Lineare Programmierung* mit Hilfe des *Simplex-Algorithmus*. Dieses Standardverfahren des Operations Research ist im Anhang C.1 kurz dargestellt. Eine ausführliche Beschreibung findet sich z.B. bei L.R. Foulds [88] oder Th. Hanicke [63].

Die Zielfunktionen 'Primärenergie' (2.23) und 'CO_2-Emissionen' (2.34) sowie die Nebenbedingungen (2.25)–(2.28) sind lineare Funktionen der Optimierungsvariablen $x_{la}(t^\varphi)$ $(l = g, h, rk, j)$ und $N_i(E, t^\varphi)$. Dies gilt auch dann, wenn die Abwärmemenge pro Zeiteinheit $S(q_r, t^\varphi)$ in Ungl. (2.28) durch die entsprechende Berechnungsvorschrift aus den Gln. (2.29)–(2.33) ersetzt wird. Die mittleren Kosten des Energiesystems in den Gln. (2.50), (2.51) und (2.52) hängen ebenfalls im Prinzip linear von den Optimierungsvariablen ab. Jedoch kann ihre Berechnung wegen der in Kap. 2.1.7 diskutierten Kapazitätsproblematik nicht für jedes Intervall t^φ isoliert erfolgen, sondern erfordert die Kenntnis der Optimierungsergebnisse in allen Zeitintervallen aus $\{t^\varphi\}$. Deshalb wird in *ECCO* für die Minimierung des mittleren Primärenergieeinsatzes $<\min N(t)>_\Phi$ und der mittleren CO_2-Emissionen $<\min W(t)>_\Phi$ die Lineare Programmierung eingesetzt, während eine 'Minimierung' der mittleren Kosten $\min <C(t)>_\Phi$ nur mittels des interaktiven, heuristischen Verfahrens durchgeführt werden kann, das in Kap. 2.1.7 beschrieben wurde. Die Werte der im Rahmen eines bestimmten Szenarios nicht optimierten Zielfunktionen werden ebenfalls berechnet und protokolliert.

Optimierungsmodelle, die mehrere Zielfunktionen aufweisen, werden als *multikriterielle Optimierungsprobleme* oder *Vektoroptimierungsprobleme* bezeichnet [63,71] (vgl. Anhang C.2). Zwischen zwei Zielen eines Vektoroptimierungsproblems können folgende Beziehungen unterschieden werden:

- Wenn die Ziele unabhängig voneinander sind oder wenn die Minimierung einer Zielfunktion gleichzeitig zur Abnahme der anderen Zielfunktion führt (parallele Ziele), dann läßt sich die Optimierung auf ein monokriterielles Problem zurückführen.
- Schließen sich die Ziele gegenseitig aus, so ist keine Optimierung möglich.
- Wenn die Minimierung einer Zielfunktion zum Anwachsen der anderen Zielfunktion führt, dann liegt eine sog. *Zielkonkurrenz* vor. In diesem Fall existiert keine perfekte Lösung[19] und es können lediglich Kompromißlösungen gefunden werden, unter denen der Entscheidungsträger dann auswählen muß. Die Zielkonkurrenz ist die praktisch und theoretisch wichtigste Zielbeziehung [71].

Die Minimierung des Primärenergieeinsatzes und der CO_2-Emissionen sind ursprünglich parallele Ziele. Sobald aber eine aktive CO_2-Rückhaltung möglich ist, werden sie zu konkurrierenden Zielen, weil die Rückhaltung zusätzlich Energie erfordert (vgl. Kap. 2.1.6). Als weitere Beispiele konkurrierender Ziele werden häufig *Umweltschutz* und *Kostenminimierung* genannt. Wie sich im weiteren zeigen wird, kann die Einsparung von Energie jedoch gleichzeitig zu einer Kostensenkung führen, wenn der Energiepreis hoch genug ist (vgl. Kap. 2.3.2).

Eine Kompromißlösung eines Vektoroptimierungsmodells heißt *funktional-effizient* oder *pareto-optimal*, wenn keine Alternative existiert, für die die Werte aller Zielfunktionen nicht größer sind als die Werte in der Kompromißlösung und mindestens eine Zielfunktion kleiner ist als der entsprechende Wert der Zielfunktion in der Kompromißlösung. Zur Identifizierung von funktional-effizienten Kompromißlösungen kann mit *ECCO* – zusätzlich zu den bereits genannten Optimierungsmöglichkeiten – auch eine sog. *lineare Zielgewichtung*[20] durchgeführt werden:

$$< \min Z >_\Phi := < \min \left[\alpha\, N(t)/N_0 + (1-\alpha)\, W(t)/W_0\right] >_\Phi \quad . \tag{2.53}$$

Dabei ist α ein Gewichtsfaktor, N_0 und W_0 sind frei wählbare Normierungsfaktoren, die nur dazu dienen, die Funktion Z dimensionslos zu machen. Die durch Variation von α zwischen 0 und 1 identifizierten Lösungen sind alle funktional-effizient in Bezug auf die Zielfunktion Z. Die Werte der Optimierungsvariablen und damit auch die Werte der ursprünglichen Zielfunktionen 'Primärenergieeinsatz' und 'CO_2-Emissionen' können aber zwischen den einzelnen Lösungen stark voneinander abweichen. Die weitere Entscheidung muß dann anhand von externen Kriterien wie z.B. den Kosten vorgenommen werden.

Es ist zu beachten, daß eine mit Hilfe der interaktiven Kostenreduzierung gefundene Lösung funktional-effizient für den zuletzt verwendeten Satz von Versorgungspfaden ist, nicht jedoch für den ursprünglichen Satz. Die Güte der so ermittelten Kompromißlösung kann anhand der Differenz zwischen dem Primärenergieeinsatz in der energieoptimalen und der interaktiv gefundenen Lösungen sowie der Differenz zwischen den CO_2-Emissionen in der CO_2-optimalen und der interaktiv gefundenen Lösung beurteilt werden.

[19] Vgl. Def. im Anhang C.2

[20] Vgl. Anhang C.2 zur Vektoroptimierung

ECCO

Das Programm *ECCO* hat folgende Struktur:

1. Programmstart (Bildschirmaufbau, Lesen des Konfigurations-Files: Zahl der zu untersuchenden Zeitintervalle = Umfang Φ der Stichprobe, Art der Optimierung).
2. Lesen der Daten-Files für die äußeren Parameter (Temperaturverteilung etc.).
3. Lesen der Daten-Files für Energiebedarf, Techniken, Brennstoffe und Definitionen der Versorgungspfade.
4. Aufbau der aktuellen Bedarfssituation in einem Intervall t^{φ} der repräsentativen Stichprobe.
5. Optimierung mit dem Simplex-Algorithmus.
6. Berechnung der Optimierungsergebnisse und Speicherung zur späteren Mittelwertbildung; weiter mit Punkt 4., bis die in der Konfiguration bestimmte Anzahl Φ von Intervallen durchlaufen wurde.
7. Berechnung der Mittelwerte für optimierte und nicht-optimierte Zielfunktionen sowie für die Optimierungsvariablen.
8. Ausgabe der Ergebnisse; Programm-Ende.

ECCO wurde vollständig neu entwickelt. Es umfaßt derzeit etwa 5000 Zeilen. Die Optimierung in einem Zeitintervall dauert nur wenige Sekunden, für Φ=1000 Zeitintervalle werden je nach Umfang des betrachteten Szenarios zwischen 30 und 75 Minuten benötigt (PC mit 80386-Prozessor). Die Verwaltung der Daten erfordert eine sehr effiziente Programmierweise. Diese konnte mit Hilfe der Programmiersprache Turbo-Pascal in der Version 5.5 erreicht werden. Besonderes Kennzeichen dieser derzeit neuesten Version ist das sogenannte objekt-orientierte Programmieren (OOP) [89]. Bei herkömmlichen Programmiersprachen wie z.B. Fortran, C oder Standard-Pascal sind Daten und Programmteile (Prozeduren) strikt voneinander getrennt. Im Rahmen des OOP können dagegen bestimmten Datenstrukturen spezielle Programmteile fest zugeordnet werden und auch an untergeordnete Strukturen 'vererbt' werden, so daß sich auf sehr effektive Weise übersichtliche Daten-Hierarchien bilden lassen. Auf Einzelheiten des OOP kann hier nicht eingegangen werden.

Die bei der Verwendung des Simplex-Algorithmus entstehenden Gleichungssysteme enthalten sehr viele Nullen. Anstatt nun die Vektoren und Matrizen des Gleichungssystems vollständig zu speichern, werden bei *ECCO* nur die von Null verschiedenen Werte und ihre Position festgehalten. Dadurch ergibt sich eine erhebliche Einsparung an Speicherplatz. Außerdem wird das Programm – trotz des etwas höheren Aufwandes zur Verwaltung der Matrizen – wesentlich schneller, da die sonst häufig auftretenden Multiplikationen mit und Additionen von Null automatisch vermieden werden.

Das Optimierungsproblem für die im folgenden Kapitel beschriebene Modellstadt umfaßt maximal 92 Optimierungsvariablen sowie 17 Nebenbedingungen in Form von Gleichungen [vgl. Gl. (2.25) und (2.27)] und 6 Nebenbedingungen in Form von Ungleichungen [vgl. Gl. (2.28)]. Die tatsächliche Zahl der Optimierungsvariablen und Nebenbedingungen ist in den verschiedenen Szenarien unterschiedlich, je nachdem welche Versorgungspfade zugelassen sind (vgl. Kap. 2.3).

Alle Daten für *ECCO* mußten eigens erhoben oder aus der Literatur zusammengestellt und anschließend aufbereitet werden. Neben der eigentlichen Erhebung erfordert gerade die Aufbereitung der Roh-Daten einen großen Aufwand, um sicherzustellen, daß der Satz von Eingangsdaten für das Programm in sich konsistent ist. Beispielweise müssen die spezifischen Größen einzeln berechnet werden, weil sie in der Literatur so nicht erscheinen. Dabei ist darauf zu achten, daß die richtigen Bezugsgrößen (z.B. Nutzenergie- oder Endenergiemenge) verwendet werden. Hinzu kommt, daß die Roh-Daten in den verschiedensten physikalischen Einheiten vorliegen und vereinheitlicht werden müssen.

Aus den genannten Gründen konnte nur die im folgenden Kapitel beschriebenen Modellstadt betrachtet werden. Mit dem Programm *ECCO* können jedoch auch wesentlich umfangreichere Systeme mit einer erheblich größeren Zahl von Optimierungsvariablen behandelt werden.

2.2 Die Datenbasis: Konstruktion einer Modellstadt

Wie schon am Ende von Kap. 1.3.2 angesprochen, sind die für *ECCO* erforderlichen Daten teils durch Einzelerhebungen und teils aus der Literatur gewonnen worden. In diesem Kapitel wird erläutert, wie die vorliegenden Daten zu einer Modellstadt zusammengefügt wurden und welche Abschätzungen dabei vorgenommen werden mußten. Die Eingangsdaten für das Programm *ECCO* sind im Anhang D in tabellarischer Form zusammengestellt. Dort findet sich auch eine Skizze der Modellstadt (Abb. D.4).

Die Energie nachfragenden Prozesse werden in drei Kategorien eingeteilt: Haushalte (HH), Kleinverbraucher (KV) und Industrie (I). Sie unterscheiden sich vor allem im Aggregationsgrad, aber auch in der Höhe und dem zeitlichen Verlauf des Bedarfs.

2.2.1 Energiebedarf und -versorgung der Haushalte und Kleinverbraucher in der Modellstadt

Haushalte und Kleinverbraucher benötigen Energie zur Raumheizung, zur Warmwasserbereitung und zum Betrieb elektrischer Geräte. Unter Kleinverbrauchern werden dabei öffentliche Gebäude, Läden, Büros und kleine Gewerbebetriebe wie z.B. Werkstätten verstanden.

Im Wärmeatlas der Stadt Stuttgart sind die technischen Daten der Heizungsanlagen aller Gebäude sowie die von den Technischen Werken Stuttgart (TWS) gelieferten Endenergiemengen erfaßt [90]. Für zwei typische Stadtviertel haben mir die TWS Auszüge zur Verfügung gestellt, aus denen die installierte Heizleistung und die tatsächlich genutzte Endenergiemenge hervorgehen. Bei den Stadtteilen handelt es sich um den Innenstadtbereich Stuttgart-West und den Vorort Stuttgart-Hofen. Das erste Gebiet ist sehr dicht und mit mehrstöckigen Häusern bebaut. Dort sind auch viele Gewerbebetriebe angesiedelt, die in den Bereich der Kleinverbraucher fallen. Bei dem zweiten Gebiet handelt es sich um eine Wohngegend mit vielen Ein- oder Zweifamilienhäusern und entsprechend wenigen Kleinverbrauchern. Da der Stadtteil Stuttgart-West sehr viel mehr Einwohner hat als Stuttgart-Hofen, wurde er willkürlich in zwei Gebiete aufgeteilt, so daß die Modellstadt drei Stadtteile aufweist (vgl. Tab. D.1).

Wie bereits erwähnt haben die TWS aus Datenschutzgründen keine Angaben zu einzelnen Gebäuden oder Wohnungen gemacht, sondern nur zu sog. Baublocks. Aus den Daten ist nicht zu erkennen, welche Teile dieser Blocks den privaten Haushalten oder den Kleinverbrauchern zuzurechnen sind. Zur Abschätzung wird deshalb die Zahl der Einwohner eines Baublock mit einer angenommenen beheizten Fläche (=Wohnfläche) von $30\,m^2$ je Einwohner multipliziert. Das Produkt stellt den Anteil der Haushalte an der gesamten beheizten Fläche eines Stadtteils dar, der Rest wird den Kleinverbrauchern zugeordnet. Der Raumwärmebedarf wird im entsprechenden Verhältnis zwischen den beiden Verbrauchergruppen aufgeteilt, wobei unterstellt wird, daß der Wärmebedarf je Flächeneinheit in beiden Fällen gleich ist. Die beiden Teile von Stuttgart-West unterscheiden sich hinsichtlich der Aufteilung zwischen Haushalten und Kleinverbrauchern erheblich (vgl. Tab. D.1).

Aus den verfügbaren Daten geht ebenfalls nicht hervor, welche Teile der installierten Heizungssysteme auch zur Warmwasserbereitung benutzt werden. Der Wärmebedarf für warmes Wasser beträgt allerdings nur 1/8 des Raumwärmebedarfs [91]. Deshalb wird angenommen, daß Raumwärme und Warmwasser mit derselben Heizungsanlage erzeugt werden und daß die in den Tab. D.1 und D.2 angegebenen installierten Leistungen dieser Anlagen beide Bereiche abdecken.

Der Raumwärme- und der Strombedarf der Haushalte und Kleinverbraucher wird für die einzelnen Intervalle t^{φ} mit Hilfe des in Anhang B beschriebenen Simulationsverfahrens gewonnen. Grundlage sind dabei die Abb. D.3 und D.1, die den Tageslastgang des Wärmebedarfs und des Strombedarfs zeigen. Da die genannten Abbildungen den Mittelwert des Bedarfs für eine größere Anzahl von Verbrauchern wiedergeben, von dem das Verhalten eines einzelen Haushaltes oder Kleinverbrauchers erheblich abweichen kann, werden die Haushalte und Kleinverbraucher in jedem der drei Stadtteile zu je einem Prozeß zusammengefaßt. Durch diese Aggregation ergeben sich die ersten sechs der in Tab. D.2 zusammengestellten Prozesse, die in der Modellstadt Energie benötigen.

Der Wärmebedarf der Haushalte und Kleinverbraucher eines Stadtteils ist verschieden hoch, ihr Strombedarf unterscheidet sich zusätzlich auch im zeitlichen Verlauf. Hinsichtlich der Energieversorgung werden jedoch beide Verbrauchergruppen gleich behandelt. Wenn eine Technik zur Versorgung der Haushalte eines Stadtteils eingesetzt werden kann, dann gilt das auch für die dortigen Kleinverbraucher. Aus diesem Grund sind die in Tab. D.12 verzeichneten Versorgungspfade für die Haushalte (Nr. 1–29) und die Kleinverbraucher (Nr. 30–58) identisch. Die im folgenden für die Haushalte gemachten Angaben treffen deshalb auch auf die Kleinverbraucher zu.

Im **ersten Stadtteil der Modellstadt** (HH1, entspricht Stuttgart-West I) sind folgende Techniken der Wärmeversorgung zugelassen (vgl. Tab. D.12): Gaszentralheizung mit Brennwertkessel, Abwärme aus dem Gipswerk und der Giesserei (vgl. Kap. 2.2.2) sowie Fernwärme aus einem Heizwerk und aus 3 verschiedenen Heizkraftwerken. Eine Brennwertkesselheizung zeichnet sich durch ihren sehr hohen Wirkungsgrad aus, weil nicht nur der Heizwert, sondern der Brennwert des Brennstoffs genutzt werden kann. Die beiden Größen unterscheiden sich gerade um die Kondensationsenergie des Wasserdampfs in den Abgasen. Zum Vergleich wird im zweiten Stadtteil (HH2) anstelle der Brennwertkesselheizung nur eine herkömmliche Ölzentralheizung zugelassen.

Die notwendige Länge eines Fernwärmeverteilungsnetzes zur Versorgung mit Raumwärme in den betrachteten Stadtteilen wurde anhand des Stadtplans von Stuttgart abgeschätzt (vgl. Tab. D.1) und zur Ermittlung der Verteilungskosten benutzt. Da der Wärmebedarf in den Stadtteilen zu einem Prozeß zusammengefaßt wird, kann die genaue Distanz, über die die Wärme transportiert wird, nicht ermittelt werden. Eine Berechnung der entfernungsabhängigen Verluste wie in Ref. 54 ist daher nicht möglich. Nach Angaben der Arbeitsgemeinschaft Fernwärme e.V. betrugen die Wärmeverluste in bundesdeutschen Fernwärmenetzen im Mittel 12%. In besser gedämmten, modernen Leitungsnetzen können die Verluste auf 8% reduziert werden [95]. Hier werden daher für Fernwärmeleitungen pauschale Transportverluste von 10% sowie Übergabeverluste zwischen Leitung und Haus von 5% angenommen. Daraus ergibt sich der Wert ε_{la}=0.86, der in Tab. D.12, Nr.5 aufgeführt ist. Die zum Pumpen des wärmetransportierenden Mediums notwendige elektrische Energie beträgt etwa 1% der transportierten Wärme [95].

Da es sich bei HH1 um einen Innenstadtbereich handelt, liegen die Verteilungskosten der Fernwärme sehr hoch. Angenommen werden 3600 DM/m für die Hauptleitung, die eine Länge von 5500 m hat, und 1500 DM/m für die Hausanschlüsse [90,92]. Grob geschätzt kommt auf zwei Meter Hauptleitung etwa ein Meter Hausanschlußleitung [93]. Die Fernwärme wird über eine Transportleitung zwischen dem Stadtteil und dem Fernheizwerk herangeführt. Die zur Bestimmung der spezifischen Kosten benutzte Kapazität der Leitung ist so ausgelegt, daß der gesamte maximale Wärmebedarf des Stadtteils von 57.6 MWh/h durch sie gedeckt werden kann.[21] Als Kosten der Transportleitung werden 3000 DM/m angenommen [92].[22] Fernwärme, die aus der Abwärme industrieller Prozesse stammt, wird nicht direkt in den Stadtteil geleitet, sondern über die in Abb. D.4 eingezeichnete Zentrale geführt. Deshalb fallen zusätzlich nur die Kosten der Verbindung zwischen dem Industriebetrieb und der Zentrale an. Dieses Vorgehen erspart zum einen Kosten, zum anderen kann in der Zentrale ein Fernheizwerk installiert werden, das in jedem mit Abwärme betriebenen Fernwärmesystem als Ausfallsicherung und zur Spitzenlastabdeckung notwendig ist.

Die verschiedenen Heizkraftwerke in Tab. D.8 unterscheiden sich nach Größe und Ort der Installation. Als erstes sind dezentrale Kleinheizkraftwerke vorgesehen. Sie werden im zu beheizenden Gebäude als lokale Technik installiert, weshalb weder ein Transport zum noch eine Verteilung im Stadtteil erforderlich ist. Anlagen dieser Art wurden von der Firma Fichtel & Sachs in Schweinfurt entwickelt [94]. Das Unternehmen plant, diese Techniken zur Vorbereitung der Markteinführung in einem größeren Demonstrationsvorhaben zu testen, und hat in diesem Zusammenhang Interesse an dem hier entwickelten Optimierungsmodell bekundet. Mit Hilfe von *ECCO* sollen die Veränderungen beim Primärenergieeinsatz, bei den CO_2-Emissionen und den Kosten, die im Testgebiet durch den Einsatz der Kleinheizkraftwerke verursacht werden, abgeschätzt werden. Ein Problem für die Einführung dieser Heizkraftwerke stellt zur Zeit noch die Weigerung der Stromnetzbetreiber dar, die Entnahme der zum Betrieb dieser Anlagen erforderlichen Blindleistung aus dem Netz zu gestatten. Als zweite Art der Kraft-Wärme-Kopplung werden Blockheizkraftwerke zugelassen, wie sie in Rottweil eingesetzt werden. Sie sind zentral, aber in unmittelbarer Nähe der zu versorgenden Prozesse, d.h. innerhalb der Modellstadt, installiert. Drittens wird ein zentrales Großheizkraftwerk betrachtet, das außerhalb der Modellstadt steht, weil seine Energieabgabe den Bedarf der Modellstadt weit übertrifft. Es versorgt in der Realität mehrere kleine Städte gleichzeitig. Bei der Kostenbetrachtung werden der Modellstadt die anteiligen Kosten eines solchen Großheizkraftwerks zugerechnet.[23] Wegen des hohen technischen Aufwand kommt die aktive CO_2-Rückhaltung nur im Großheizkraftwerk, nicht aber in Klein- oder Blockheizkraftwerken infrage.

Die im **zweiten Stadtteil der Modellstadt** (HH2, Stuttgart-West II) zugelassenen Energieversorgungspfade sind denjenigen im ersten Stadtteil ähnlich (vgl. Tab. D.12). Die spezifischen Kosten der Fernwärmeversorgung sind höher, weil das erforderliche Verteilungsnetz länger ist (vgl. Tab. D.1). Anstelle der Gaszentralheizung ist eine Ölzentralheizung zugelassen. Wie die Ergebnisse zeigen, ist dies ein wesentlicher Unterschied.

Der **dritte Stadtteil** (HH3, Stuttgart-Hofen) ist gekennzeichnet durch eine erheblich dünnere Bebauung als in den beiden anderen Stadtteilen. Hier stehen neben der

[21]Allen Angaben zu Energiebedarf, CO_2-Emissionen und Kosten werden auf die Länge der betrachteten Intervalle, also 1 Stunde, bezogen. Die Jahreswerte ergeben sich durch Multiplikation mit 8760 h/a.

[22]Vgl. Beispiel zur Kostenberechnung im Anhang D.6.

[23]Das Verfahren wird auch für die reinen Kraftwerke angewendet, die ebenfalls außerhalb der Modellstadt installiert werden müssen (s.u.).

Ölzentralheizung und der Fernwärmeversorgung auch elektrische und gasbetriebenen Umgebungswärmepumpen zur Verfügung. Diese sind in den Innenstadtbereichen nicht zugelassen, weil dort zu wenig Platz für die Installierung der Wärmetauscher ist, die die Umgebungswärme aufnehmen. Die Bebauung in diesem Stadtteil unterscheidet sich von derjenigen in HH1. Die Kosten der Fernwärme betragen für HH3 nur 700 DM pro m Hauptleitung, 300 DM pro m Hausanschlußleitung und 2000 DM pro m Transportleitung vom Fernheizwerk. Allerdings sind die Installationskosten je Haushalt doppelt so hoch wie im Innenstadtbereich, da sie sich nicht auf mehrere Haushalte verteilen [91]. Für den Anschluß von HH3 an das Fernheizwerk ergeben sich spezifische Kosten von $\kappa_{la}=\kappa_{ha}=8.9$ DM/MW·h, während sie für HH1 nur 6.8 DM/MW·h betragen (vgl. Tab. D.12, Nr.5 und 24 sowie die Beispiele zur Kostenberechnung im Anhang D.6).

2.2.2 Energiebedarf und -versorgung der Industriebetriebe in der Modellstadt

Es werden vier Industriebetriebe mit insgesamt 11 Prozessen betrachtet. Ich bin gebeten worden, die tatsächlichen Angaben zum Energieverbrauch der an der Datenerhebung beteiligten Firmen nicht zu veröffentlichen, weil sich sonst deren Konkurrenz ein Bild von den Produktionsmöglichkeiten machen könnte. Für die Modellstadt wurde deshalb der Energiebedarf der einzelnen Prozesse durch Skalierungsfaktoren verändert. Die Größenordnung der betreffenden Anlagen blieb dabei jedoch erhalten, so daß die Wirkungsgrade der Techniken weiter gültig sind.

Die **Herstellung von Gips und Gipsprodukten** ist Teil der sog. Grundstoffindustrien. Gips wird vor allem als Baumaterial eingesetzt. Er kommt in der Natur als Calciumsulfat mit Kristallwasser ($CaSO_4 \cdot 2H_2O$) und als sog. Anhydrit ($CaSO_4$) vor. Seine Bedeutung basiert auf der Eigenschaft, bei Erwärmung einen Teil des Kristallwassers abzugeben, und nach Wasserzufuhr wieder in die ursprüngliche Form überzugehen [96,97]. Bei der Dehydratation von Gips ist es wichtig, daß die Entwässerung möglichst schnell und mit geringem Energieaufwand durchgeführt wird. Zu diesem Zweck wird der Gips mit Hilfe von heißer Luft auf ca. 430°C (q=6.1) erwärmt. Um die Reaktionszeit gering zu halten muß die Luft selbst eine wesentlich höhere Temperatur von mindestens 820°C (q=7.5) haben [96,97]. In die Modellstadt werden zwei Verfahren zur Dehydratation von Gips aufgenommen: ein Drehofen mit einer Leistung von 20 t Gips pro Stunde und ein Rostbandofen, mit dem sich 50 t Gips pro Stunde herstellen lassen.

Beim **Drehofen** (GDO in Tab. D.2) befindet sich der Gips in einer horizontalen Trommel, die sich um ihre Achse dreht. Auf der einen Seite ist eine Brennkammer angebracht, in der Heizöl verfeuert wird [98]. Die 900°C heißen Abgase werden durch die Trommel geblasen und dann vom anderen Ende der Trommel zu einem Kamin geführt. Im Kamin angebrachte Wärmetauscher dienen zur Vorwärmung der Verbrennungsluft. Die Abgase dürfen allerdings bisher nicht unter 110°C abgekühlt werden, um die Kondensation von Schwefelsäure und damit Korrosionsschäden zu vermeiden [98]. Hier sind in Zukunft durch die Einführung neuer Werkstoffe noch Verbesserungen möglich. Außer der angeführten Abwärmenutzung innerhalb des Prozesses kann keine nutzbare Abwärme gewonnen werden. Allerdings lassen sich bei der Verbrennung von Heizöl Temperaturen über 1700°C (q=8.7) erzielen. Bei der Abkühlung auf 900°C geht Exergie verloren, ohne daß dabei (nutzbare) Arbeit gewonnen wird.[24] Wenn die heißen Verbrennungsgase zunächst durch eine Gasturbine geführt werden, dann kann die erforderliche Abkühlung zur Erzeugung elektrischer Energie genutzt werden. Die Austrittstemperaturen des Abgases bei den heute verfügbaren Gasturbinen liegen jedoch nur bei ca. 700°C [37]. Dennoch wird die Wärmeversorgung des Drehofens mit Hilfe einer Gasturbine in der Modellstadt zugelassen (vgl. Tab. D.8 und D.12, Nr.59). Dazu wird angenommen, es gäbe eine Gasturbine deren Abgase noch die Mindesttemperatur der Gipserzeugung von 820°C haben. Um sie technisch zu realisieren, müssten die heute zulässigen, durch die Materialeigenschaften der Turbine bedingten Verbrennungstemperaturen von 1200–1500°C erhöht werden. Dann lassen sich auch höhere Abgastemperaturen erreichen, ohne daß der elektrische Wirkungsgrad der Turbine zu klein wird. Die beschriebene (technisch noch nicht realisierte) Modelltechnik wird eingeführt, um festzustellen, ob ihre Entwicklung lohnend ist. Im Sinne der für *ECCO* vorgenommenen Einteilung der Techniken handelt es sich bei den Gasturbinen um (dezentrale) Heizkraftwerke (vgl. Kap. 2.1.3).

Beim **Rostbandofen** (GRB in Tab. D.2) wird der Gips auf einem gitterförmigen Förderband durch den 820°C (q=7.5) heißen Luftstrom transportiert. Die am Ende des Prozesses auf 270°C (q=5.0) abgekühlte Luft wird zurückgeführt und mit 1700°C heißer Luft aus der gas-gefeuerten Brennkammer vermischt, bevor sie erneut durch das Gipsbett geblasen wird. Auch hier wird der Einsatz der beschriebenen Modell-Gasturbine zugelassen. Allerdings ist dann die Rückführung der abgekühlten Luft nicht mehr möglich, weil die Verbrennungsgase nicht durch Mischung mit dieser Luft, sondern in der Turbine abgekühlt werden.[25] Die in ihr verbliebene Wärme stellt ein Reservoir nutzbarer Abwärme mittlerer Qualtität (q'=5.0) dar.[26] Da die Abwärme direkt aus der Verbrennung stammt, ist sie der Abwärme-Klasse α=3 zuzuordnen (vgl. Kap. 2.1.5 und Tab. D.11). Die Abwärme kann zur Versorgung von Prozessen mit Niedertemperaturbedarf [Raumheizung, Holztrocknung (s.u.), Warmwasser in der Gießerei (s.u.)] eingesetzt werden (vgl. Tab. D.12). Daneben ist aber auch der Einsatz zur Dampferzeugung für die Milchverarbeitung möglich (s.u. sowie Tab. D.12, Nr.73). Dazu ist eine Leitung zum Transport von Abwärme mittlerer Qualität erforderlich. Es wird angenommen, daß dafür geeignete Leitungen doppelt so teuer sind wie normale Fernwärmeleitungen. Da die benötigte Verbindung hier 6 km lang sein muß, ist diese Art der Wärmeversorgung in der Modellstadt sehr teuer (vgl. Tab. D.12).

Neben den beiden Verfahren zur Herstellung von Gips wird auch ein Prozeß zur **Trocknung von Gipsplatten** (GTR in Tab. D.2) betrachtet. Er benötigt Wärme der Qualität q=5.0. Obwohl die Abwärme der Rostbandofens diese Qualitätsansprüche erfüllt, wird sie nicht zur Versorgung der Gipstrocknung zugelassen, weil die Abluft des Rostbandofens sehr viel Wasserdampf mit sich führt und daher zur Trocknung schlecht geeignet ist. Zwar wäre eine entsprechende Aufbereitung möglich, da aber hier in erster Linie die regionale Wärmerückgewinnung untersucht werden soll, wird von diese Möglichkeit kein Gebrauch gemacht. Zur Gipstrocknung sind die direkte Gasheizung und die Modell-Gasturbine zugelassen.

---

[24]Tatsächlich wird die Verbrennung unter Luftüberschuß durchgeführt, so daß die hohen Temperaturen gar nicht erst entstehen. Der Exergieverlust ist jedoch derselbe.

[25]Dies wird in *ECCO* mit Hilfe des Wirkungsgrades ε_{Ia} in Tab. D.12 berücksichtigt. Für die direkte Gasfeuerung hat er den Wert 1, bei Einsatz der Gasturbine dagegen nur noch 0.68.

[26]Mittlere Qualität: $4.5 < q < 7.5$ bzw. $4.5 < q' < 7.5$.

Zur **Holztrocknung** werden hauptsächlich die Frischlufttrocknung und die Kondensationstrocknung eingesetzt [100]. Die Trocknungstemperatur liegt bei etwa 60°C (q=1.8). Beim ersten Verfahren wird Frischluft mit einer Ölheizung erwärmt (Tab. D.12, Nr.71), durch die Holzstapel geblasen und verläßt anschließend als feuchte Abluft den Trocknungsraum. Dabei wird sehr viel Wärme geringer Qualität (q'=1.5) an die Umgebung abgegeben, woraus der sehr geringe Wirkungsgrad ε_{la}=0.18 in Tab. D.12 resultiert. Beim zweiten Verfahren werden die Kondensation des Wasserdampfs in der Abluft und die Wiederaufheizung der Luft mit Hilfe einer Wärmepumpe gleichzeitig durchgeführt. Der Energiebedarf liegt wesentlich niedriger, weil die Luft in einem geschlossenen Kreislauf geführt wird und die Abwärme deshalb genutzt werden kann. Wegen der niedrigen Wärmequalität, die zur Trocknung benötigt wird, kommt auch eine Fernwärmeversorgung infrage. Zugelassen sind dabei die Abwärme des Rostbandofens sowie ein Fernheizwerk und die in Kap. 2.2.1 beschriebenen Heizkraftwerke. Die von der Optimierung zu beantwortende Frage ist somit, ob eine Wärmepumpe mit geschlossenem Luftkreislauf oder die Fernwärmenutzung unter Abgabe der Abluft an die Umgebung die günstigere Versorgungsart ist.

Zur **Milchverarbeitung** wird u.a. Wasserdampf mit einer Temperatur von 220°C (q=4.5) verwendet [97,101]. Dampf wird bei sehr vielen industriellen Prozessen benötigt, weshalb seine Erzeugung als typischer Prozeß mit mittlerem Qualitätsbedarf (MDE in Tab. D.2) angesehen werden kann. Eine genauere Betrachtung der einzelnen Verfahren zur Milchverarbeitung ist nicht erforderlich, da der Dampf im Werk zentral produziert und dann verteilt wird [101]. Der Dampf stellt einen Endenergieträger dar, d.h. an dieser Stelle enthält die Variable $n(q_a, t^{\varphi})$ nicht den Nutzenergiebedarf, sondern den Endenergiebedarf. Zu seiner Erzeugung sind ein Gaskessel[27] sowie die Abwärme mittlerer Qualität des Rostbandbandofens und der Gießerei (s.u.) zugelassen. Nach der Nutzung hat der Dampf noch eine relativ hohe Temperatur von ca. 100°C (q'=2.7). Er wird in dem untersuchten Werk in Rottweil in einem geschlossenen Kreislauf geführt, seine Wärme wird also erneut genutzt. Es ist lediglich eine Aufheizung von 100°C nach 220°C erforderlich. Im Modell wird die Restwärme des Dampfes der Abwärme-Klasse α=2 zugeordnet (vgl. Kap. 2.1.5 und Tab. D.10) und dem Prozeß MDE selbst wieder zur Verfügung gestellt (vgl. Tab. D.12, Nr.72). Außerdem ist in dem Rottweiler Milchwerk - unabhängig von der städtischen Kraft-Wärme-Kopplung - ein Heizkraftwerk installiert. Es entspricht in seinen Leistungsdaten den anderen Rottweiler Blockheizkraftwerken und nicht den dezentralen Kleinheizkraftwerken von Fichtel & Sachs. Allerdings fallen hier keine Kosten für Wärmetransport und -verteilung an (vgl. Tab. D.12, Nr.76).

Die in dem Blockheizkraftwerk erzeugte elektrische Energie wird zum großen Teil in dem Milchwerk selbst, vor allem zu Kühlungszwecken, benötigt. Deshalb wird ein zusätzlicher Prozeß (MKE in Tab. D.2) eingeführt, der den gesamten Stromverbrauch des Werkes repräsentiert, der aber keine Wärme nachfragt.

Genau wie im Milchwerk wird auch in der **Gießerei** ein eigener Prozeß für die Grundlast an elektrischer Energie definiert, die nicht unmittelbar mit den anderen betrachteten Prozessen zusammenhängt (XEL in Tab. D.2, [102]). Der Strom wird z.B. zur Beleuchtung und zum Betrieb von Transportkränen und -bändern benötigt. Für die einzelnen Vorgänge der Metallverarbeitung (Schmelzen, Legieren, Warmhalten vor dem eigentlichen Gießen) sind in dem untersuchten Werk jeweils mehrere Öfen installiert. Identische Öfen werden jedoch für *ECCO* zu einem Prozeß zusammengefaßt. Zunächst wird das Metall in

[27]Die Abgase werden bis zum technisch zulässigen Grenzwert von 110°C abgekühlt.

ölbefeuerten Wannenöfen (XWN in Tab. D.2, q=7.3) geschmolzen. Die Wärme der dabei entstehenden Verbrennungsabgase (q'=4.5) kann erneut genutzt werden (vgl. Tab. D.11). Das Metall wird dann in geschmolzenem Zustand den Induktionsöfen zum Legieren zugeführt, so daß hier keine weitere Abwärme entnommen werden kann. Die Induktionsöfen werden ausschließlich mit elektrischer Energie betrieben und mit Wasser gekühlt. Obwohl die Kühlwassertemperatur bei heutigen Induktionsöfen 60°C nicht überschreiten soll [103], wird hier ein Modell-Ofen angenommen, dem Abwärme mit einer Temperatur von 180°C (q'=4.0, α=2) entnommen werden kann, die dann in das Fernwärmenetz zur Raumheizung eingespeist wird (vgl. Tab. D.10). Nach dem Legieren wird das Metall in wiederum elektrisch betriebenen Warmhalteöfen bis zum eigentlichen Gießvorgang flüssig gehalten. Bei der Abkühlung des Metalls nach dem Gießen kann Abwärme mittlerer Qualität q'=6.0 (α=2) gewonnen werden (vgl. Tab. D.10). Diese kann ebenso wie die Abwärme des Rostbandofens zur Dampferzeugung in das Milchwerk weitergeleitet werden. Daneben ist es möglich, sie zur Raumheizung oder für andere Niedertemperaturprozesse eingzusetzen (vgl. Tab. D.12). In der Gießerei werden auch große Mengen warmen Wassers (110°C, q=2.9) benötigt. Es kann in einem Gaskessel erzeugt werden, wobei die Restwärme der Verbrennungsabgase als Abwärme der Klasse α=3 nutzbar ist (vgl. Tab. D.11), aber auch durch Abwärme, das Fernheizwerk oder die Heizkraftwerke erwärmt werden (vgl. Tab. D.12, Nr.82–90).

Der Energiebedarf $n(q_a, t^\varphi)$ der einzelnen Industrieprozesse im Intervall t^φ wird mit Hilfe des in Anhang B beschriebenen Simulationsverfahrens in Abhängigkeit von den maximalen und mittleren Bedarfswerten, die bei der Datenerhebung festgestellt wurden, ermittelt.

2.2.3 Sonstige Angaben und Annahmen zur Modellstadt

Die Stromversorgung der Modellstadt wird, neben der Kraft-Wärme-Kopplung, durch **Großkraftwerke** sichergestellt, die außerhalb der Stadt liegen.[28] Für den Transport über Hochspannungsleitungen und die Umspannung werden Verluste von 5% in Rechnung gestellt. Zugelassen sind ein herkömmliches Steinkohlekraftwerk und ein baugleiches Kraftwerk, das aber zusätzlich mit einer Anlage zur Rückhaltung von 90% des anfallenden CO_2 ausgestattet ist (vgl. Kap. 2.1.6). Es wird angenommen, daß sich der elektrische Wirkungsgrad durch die CO_2-Rückhaltung von 40% auf 30% reduziert [14,80]. Bei dem CO_2-reduzierten Kraftwerk handelt es sich um eine technisch noch nicht realisierte Modelltechnik, die dennoch aufgenommen wird, um abzuschätzen, welchen Beitrag sie zu einer Reduzierung der CO_2-Emissionen leisten kann. In einzelnen Szenarien wird auch ein CO_2-Rückhaltung in den zentralen Großheizkraftwerken zugelassen. Die von R. Müller [79] und C.A. Hendriks [83] angegebene Kostensteigerung von 25% gegenüber herkömmlichen Kraftwerken schließt nur das Kraftwerk selbst ein, nicht aber die Entsorgung des CO_2. Als untere Grenze wird deshalb hier in Übereinstimmung mit Ref. 104 eine Verdoppelung der Kraftwerkskosten angenommen. In Anbetracht der anfallenden CO_2-Mengen dürfte die Schätzung immer noch eher zu niedrig als zu hoch liegen. So gehen z.B. M. Steinberg et al. davon aus, daß die Realisierung ihres chemisches Absorptionsverfahren den Endverbraucherpreis für elektrische Energie in den USA verdoppeln könnte [75]. Da die Investitionskosten für ein Steinkohlekraftwerk heute nur zu etwa 25–30% zum Strompreis

[28]Vgl. Tab. D.7 und die Bemerkung zum Großheizkraftwerk in Kap. 2.2.1.

beitragen [105], sind mit der Annahme von Steinberg wesentliche größere Steigerungen der Investitionskosten verbunden. Als obere Grenze wird im weiteren eine Verfünffachung dieser Kosten angenommen.

Als **Brennstoffe** sind im Modell *ECCO* Erdgas, leichtes und schweres Heizöl sowie Steinkohle zugelassen (vgl. Tab. D.9). Für Erdgas wird unterschieden, ob es an Haushalte und Kleinverbraucher oder an Industriebetriebe abgegeben wird. Diese Unterteilung ist notwendig, weil die Abgabepreise, bedingt durch den unterschiedlichen Verteilungsaufwand, erheblich differieren [3]. Die Kosten des Erdgasleitungssystems werden somit über die beweglichen Kosten erfaßt und nicht als feste Kosten ausgewiesen. Beim Heizöl wird angenommen, daß Industriebetriebe schweres und andere Abnehmer leichtes Heizöl verwenden. Bei der verwendeten Steinkohle handelt es sich um Importkohle, die wesentlich billiger ist als die bundesdeutsche Ruhrkohle.

Erdgas weist gegenüber Erdöl und Steinkohle wesentlich niedrigere CO_2-Emissionen je Energieeinheit auf. Allerdings ist zu bedenken, daß beim Transport des Erdgases Verluste auftreten, die dazu führen, daß ebenfalls infrarot-aktives Methan in die Atmosphäre entweicht. Um den Effekt des Methanverlustes auf keinen Fall zu unterschätzen, wird hier – trotz der in der Einleitung diskutierten Bedenken aus Ref. 8 – angenommen, daß der Beitrag eines CH_4-Moleküls zum Treibhauseffekt 32-mal höher ist als der eines CO_2-Moleküls [1]. Dieser Faktor kann quasi als obere Grenze betrachtet werden. Weiter wird angenommen, daß Erdgas vollständig aus Methan besteht und daß 1% des transportierten Methans verloren geht. Daraus ergeben sich für das Erdgas effektive spezifische CO_2-Emissionen, die um 1/3 über dem in Ref. 1 genannten Wert 0.19 t/MWh liegen. Dennoch stellt Erdgas weiterhin den Brennstoff mit den geringsten CO_2-Emissionen je Energieeinheit dar.

Kurz vor Abschluß dieser Arbeit wurden auf dem Symposium 'Energy, Environment and Climate (EEC 90), das am 15./16.10.1990 in Stuttgart stattfand, in einer Diskussion Untersuchungen erwähnt, die nachweisen, daß beim Kohlebergbau mehr Methan freigesetzt wird als beim Transport von Erdgas. Diese Ergebnisse konnten hier nicht mehr berücksichtigt werden. Da jedoch der Umstieg auf Gas immer wieder als wichtiger Beitrag zur Begrenzung des Treibhauseffektes genannt wird, ist es beim Erdgas wichtiger als bei der Kohle, die effektiven CO_2-Emissionen nicht zu unterschätzen.

2.3 Ergebnisse der Optimierung mit *ECCO*

2.3.1 Das "Ideal"-Szenario: maximale Energieeinsparung und minimale CO_2-Emissionen

Um die Auswirkungen der Wärmerückgewinnung auf den Primärenergieeinsatz und die CO_2-Emissionen beurteilen zu können, werden zu Vergleichszwecken zunächst **Referenz-Szenarien** definiert. Als *Szenario* wird ein spezieller Satz von Optimierungsvariablen, Parametern und Konstanten bezeichnet. Optimierungsvariablen sind die Anteile der zugelassenen Pfade an der Wärmeversorgung der einzelnen Prozesse sowie der Primärenergieeinsatz in den verfügbaren Kraftwerken. Zu den Parametern und Konstanten zählen u.a. der Mittelwert der angenommenen Außentemperaturverteilung (vgl. Anhang B), die Brennstoffpreise sowie die mit der Angabe des jeweiligen spezifischen Primärenergieaufwands erfaßten Wirkungsgrade und die Kosten der einzelnen Techniken. Im folgenden wird ein Versorgungspfad als *zugelassen* bezeichnet, wenn die zugehörige Optimierungsvariable in der Zielfunktion auftritt. Hat die Optimierungsvariable nach der Optimierung mit *ECCO* einen Wert größer 0, dann wird davon gesprochen, daß der zugehörige Versorgungspfad *eingesetzt* wird. Alle in diesem Kapitel dargestellten Ergebnisse der Optimierung mit *ECCO* beziehen sich jeweils auf Szenarien innerhalb der Modellstadt und dürfen nicht ohne weiteres auf andere Energiesysteme übertragen werden. Die Szenarien werden in Gruppen und Reihen eingeteilt, wobei jede Gruppe einem bestimmten Satz von zugelassenen Pfaden entspricht, während in einer Reihe ein ausgewählter Parameter schrittweise verändert wird. Tabelle 2.1 enthält eine Übersicht der in diesem Kapitel diskutierten Szenarien und erläutert die benutzten Abkürzungen.

Die Gruppe der Referenz-Szenarien (R) beschreibt den angenommenen Status quo in der Modellstadt, d.h. eine Situation, in der – mit einer Ausnahme (s.u.) – weder Wärmerückgewinnung noch CO_2-Rückhaltung zum Einsatz kommen. Jedem Prozeß wird nur ein Versorgungspfad zugeordnet, für Haushalte und Kleinverbraucher ausschließlich lokale Zentralheizungen und für Industrieprozesse Feuerungen oder Kesselanlagen, die ebenfalls direkt mit fossilen Brennstoffen betrieben werden.[29] Strom wird ausschließlich in Kraftwerken erzeugt. Die zugelassenen Pfade sind in der ersten Spalte der Tab. D.12 mit 'R' gekennzeichnet. Da es für die Versorgung eines Prozesses keine Alternativen gibt, findet keine Optimierung im eigentlichen Sinne statt. Der Simplex-Algorithmus weist den Optimierungsvariablen eines jeden Pfades den Wert 1 zu (vgl. Tab. E.2). Anschließend werden für das betrachtete Zeitintervall Primärenergieeinsatz, CO_2-Emissionen und Kosten berechnet. Dieser Vorgang wird dann für die anderen Intervalle der repräsentativen Stichprobe wiederholt. Lediglich die betriebsinterne Abwärmenutzung im Milchwerk ist auch in der Gruppe der Referenz-Szenarien möglich, weil es sich um eine Standardtechnik handelt, die in der Realität bereits praktiziert wird [101] und die deshalb zum Status quo gehört. In der Gruppe der Referenz-Szenarien wird vor der Optimierung festgelegt, ob der Strombedarf entweder vollständig durch herkömmliche Kraftwerke (SKW in Tab. D.7) gedeckt (Szenarien-Reihe RTxN in Tab. 2.1) wird oder zu 100% aus Kraftwerken mit CO_2-Rückhaltung (SKC) stammt (Szenarien-Reihe RTxW). Allein dieser Unterschied ist gemeint, wenn bei der weiteren Diskussion abkürzend bei RTxN von 'Energieoptimie-

[29]Die Induktionsöfen können aufgrund ihrer Beschaffenheit nur mit elektrischer Energie betrieben werden.

Kurzbezeichung	Merkmale
Systematik	
	Der **erste Buchstabe** der Kurzbezeichnungen steht für verschiedene **Gruppen** von Szenarien, die sich durch die Auswahl der zugelassenen Versorgungspfade unterscheiden.
Szenarien-Gruppe R...	Gruppe der **Referenz-Szenarien**, die den angenommenen Status quo in der Modellstadt repräsentiert. Dabei ist für jeden Prozeß nur ein Versorgungspfad zugelassen (Ausnahme: vgl. Text); die Pfade dieser Gruppe sind in der ersten Spalte von Tab. D.12 mit 'R' gekennzeichnet.
Szenarien-Gruppe S...	Gruppe der **Ideal-Szenarien**, bei der alle in Kap. 2.2 angesprochenen Möglichkeiten der Wärmerückgewinnung und der CO_2-Rückhaltung zugelassen sind. Die Versorgungspfade sind in Tab. D.12 aufgelistet.
	Die **mittleren Stellen** charakterisieren **Szenarien-Reihen**, bei denen ein bestimmter Parameter schrittweise verändert wird.
Szenarien-Reihen ...Tx...	Für x=0,5,10,15,20 wird ein **Mittelwert der Außentemperaturverteilung** von 0,5,10,15,20°C angenommen, der den Raumwärmebedarf der Haushalte und Kleinverbraucher maßgeblich beeinflußt (vgl. Anhang B).
	Die **letzte Stelle** bzw. die letzten beiden Stellen geben an, welche **Zielfunktion** bei der Optimierung benutzt wird.
Optimierungsziel ...N	**Energieoptimierung** nach Gl. (2.23); die CO_2-Rückhaltung in Kraftwerken und Heizkraftwerken ist zugelassen; für die Referenz-Szenarien (R...N) findet hier keine Optimierung im eigentlichen Sinne statt, sondern die Werte der Zielfunktionen werden lediglich berechnet (vgl. Text).
Optimierungsziele ...W, ...W−, ...W+	**CO_2-Optimierung** nach Gl. (2.34); für die Referenz-Szenarien (R...W) findet hier keine Optimierung im eigentlichen Sinne statt, sondern die Werte der Zielfunktionen werden lediglich berechnet (vgl. Text). W−: CO_2-Rückhaltung ist **nicht** zugelassen; W: CO_2-Rückhaltung ist in Kraftwerken möglich (SKC in Tab. D.7); W+: CO_2-Rückhaltung ist in Kraftwerken und zentralen Großheizkraftwerken möglich (in Tab. D.12 ist HKWZ durch HKWC aus Tab. D.8 zu ersetzen).
Szenarien	
RTxN = RT0N, RT5N, ..., RT20N	Berechnungen für Referenz-Szenarien-Reihe mit verschiedenen Mittelwerten der Außentemperaturverteilung; zur Stromversorgung wird ein herkömmliches Kraftwerk (SKW in Tab. D.7) eingesetzt.
RTxW	Berechnungen für Referenz-Szenarien-Reihe mit verschiedenen Mittelwerten der Außentemperaturverteilung; zur Stromversorgung wird ein Kraftwerk mit CO_2-Rückhaltung (SKC in Tab. D.7) eingesetzt.
STxN	Energieoptimierung für Ideal-Szenarien-Reihe mit verschiedenen Mittelwerten der Außentemperaturverteilung.
STxW	CO_2-Optimierung für Ideal-Szenarien-Reihe mit verschiedenen Mittelwerten der Außentemperaturverteilung; CO_2-Rückhaltung ist in Kraftwerken (SKC) zugelassen.
STxW−	wie STxW; Unterschied: eine CO_2-Rückhaltung ist *nicht* möglich;
STxW+	wie STxW; Unterschied: die CO_2-Rückhaltung ist in Kraftwerken und zentralen Großheizkraftwerken zugelassen.

Tab. 2.1: Systematik der Szenarienbezeichnungen und Zusammenstellung der Szenarien aus Kap. 2.3.1.

rung' und bei RTxW von 'CO_2-Optimierung' gesprochen wird. Mit Hilfe dieser beiden Szenarien-Reihen kann das Potential zur Verminderung der CO_2-Emissionen ermittelt werden, das sich allein aus der CO_2-Rückhaltung, also ohne Wärmerückgewinnung, ergibt.

Der Gruppe der Referenz-Szenarien (R) wird eine Gruppe von **Ideal-Szenarien** (S) gegenübergestellt, in der alle in Kap. 2.2 angesprochenen Möglichkeiten der Wärmerückgewinnung und der CO_2-Rückhaltung zugelassen sind. Die Versorgungspfade der Ideal-Szenarien sind in Tab. D.12 aufgelistet.

Tests mit unterschiedlichen Anzahlen von Zeitintervallen haben gezeigt, daß Pfade, die nach der Optimierung in Φ=1000 Intervallen noch nicht eingesetzt worden sind, auch darüberhinaus bedeutungslos bleiben. Um die Rechenzeit zu begrenzen, wurden deshalb in der Regel 1000 Zeitintervalle betrachtet. Die Mittelwerte des Wärmebedarfs der einzelnen Prozesse, $< n(q_a, t) >$,[30] des gesamten Wärmebedarfs $< \sum_{\{a\}} n(q_a, t) >$ und des Strombedarfs, $< n(E, t) >$, weisen deshalb einen relativen statistischen Fehler von $\pm 1/\sqrt{1000} = \pm 3.2\%$ auf, der allein von der Zahl der Intervalle abhängt und der aussagt, mit welcher Genauigkeit der tatsächliche Mittelwert des Bedarfs im Modell simuliert wird. Er darf nicht mit der Standardabweichung der Bedarfsverteilung verwechselt werden. Diese beträgt bis zu 60%, weil der Bedarf über einen sehr großen Bereich schwankt. Sie stellt jedoch keinen Fehler, sondern eine Eigenschaft des Energiesystems dar. Im weiteren ist jeweils nur der Fehler der Mittelwerte angegeben.

Der Fehler des minimalen Primärenergieeinsatzes und der minimalen CO_2-Emissionen setzt sich zusammen aus dem eben beschriebenen Fehler der Energiebedarfswerte und aus dem Fehler, den die Mittelwerte der einzelnen Optimierungsvariablen $< x_{la}(t) >$[31] bzw. $<N_{iE}(t)>$ aufweisen. Letzterer entsteht, wenn beispielsweise der Wärmebedarf des Rostbandofens in einer Stichprobe zufällig über dem tatsächlichen Mittelwert liegt. Dann steht mehr Abwärme zur Verfügung und infolgedessen können sich zusätzliche Möglichkeiten der Abwärmenutzung eröffnen, wodurch letztlich die relativen Energieeinsparungen ansteigen. Andererseits ist es auch möglich, daß der Mittelwert der Optimierungsvariablen gar keinen Fehler aufweist. Dies ist z.B. in der Gruppe der Referenz-Szenarien der Fall, wo (fast) alle Optimierungsvariablen in allen Intervallen den Wert 1 annehmen. Der durch die Fehler der Optimierungsvariablen induzierte Fehler der Zielfunktionswerte kann nicht genau angegeben werden. Er ist jedoch in der Regel deutlich kleiner als der durch den Fehler der Bedarfswerte verursachte Anteil, da er nicht zwangsläufig und nur für einzelne Variable auftritt.

Da die Zielfunktionen (2.23) und (2.34) linear von den Bedarfswerten $n(q_a, t^\varphi)$ und $n(E, t^\varphi)$ abhängen, setzt sich deren Fehler linear fort, so daß auch die Zielfunktionswerte $< N(t) >$ und $< W(t) >$ einen relativen Fehler von $\pm 1/\sqrt{1000} = \pm 3.2\%$ aufweisen, der durch den endlichen Umfang der Stichprobe (Φ=1000) bedingt ist. Differenzen von Zielfunktionswerten aus verschiedenen Szenarien, die in dieser Höhe liegen, sind demnach nicht signifikant. Wenn man jedoch den Primärenergieeinsatz auf den Nutzenergiebedarf,

[30] Der Index Φ zur Kennzeichnung zeitlicher Mittelwerte wird zur Vereinfachung der Schreibweise im folgenden weggelassen. Die Bedarfswerte sind in Tab. E.1 zusammen mit den Ergebnissen verzeichnet.

[31] Da die Mittelwerte der Optimierungsvariablen ohnehin erst nach Abschluß der Optimierung angegeben werden können, wird auf eine besondere Kennzeichnung derjenigen Werte, die diese Variablen im Minimum der Zielfunktion annehmen, verzichtet.

der sich aus Wärmebedarf und Strombedarf zusammensetzt, bezieht, dann weist der so definierte **Primärenergie-Index**

$$I_N \ := \ \frac{< N(t) >}{< \sum_{\{a\}} n(q_a, t) > \ + \ < n(E, t) >} \tag{2.54}$$

den beschriebenen statistischen Fehler nicht mehr auf. Bei der Anwendung des Index sind einige Punkte zu beachten:

- Man betrachte zwei Szenarien A und B, die für Stichproben mit unendlichem Umfang ($\Phi \rightarrow \infty$) denselben Mittelwert des Nutzenergiebedarfs aufweisen. Der in Prozent ausgedrückte Unterschied $\Delta I_{N,A\rightarrow B}$ zwischen den entsprechenden Indizes gibt das relative Einsparpotential ($\Delta I_{N,A\rightarrow B} < 0$) bzw. den relativen Mehraufwand ($\Delta I_{N,A\rightarrow B} > 0$) beim Primärenergieeinsatz an, wenn man vom Szenario A auf B übergeht. Bei unendlichem Stichprobenumfang erhält man die gleichen relativen Unterschiede, wenn man direkt die jeweiligen Primärenergieeinsätze vergleicht. Für endliche Stichproben hat die Verwendung der Indizes den Vorteil, daß der statistische Fehler eliminiert wird, weil Zähler und Nenner von Gl. (2.54) dieselbe prozentuale Abweichung aufweisen.
- Bei unterschiedlichem Nutzenergiebedarf ist der Index I_N ein Maß für die Effizienz mit der Primärenergie in Nutzenergie umgewandelt wird. Wie die Ergebnisse zeigen, gibt es jedoch durchaus Strategien, die den absoluten Primärenergieeinsatz verringern und dabei zu einem Anstieg des Primärenergie-Index führen. Aus diesem Grund ist die alleinige Angabe der Indizes bzw. ihrer Unterschiede (außer zur Fehlerelimination im o.a. Sinne) nicht ausreichend, sondern bedarf stets einer Erläuterung.

Analog wird der **CO_2-Index** als

$$I_W \ := \ \frac{< W(t) >}{< \sum_{\{a\}} n(q_a, t) > \ + \ < n(E, t) >} \ . \tag{2.55}$$

definiert.

Der Mittelwert der Außentemperaturverteilung ist der wichtigste Parameter der Optimierung, weil er sich entscheidend auf die Prozesse mit dem höchsten Wärmebedarf, nämlich die Raumheizung der Haushalte und Kleinverbraucher, auswirkt (vgl. Anhang B). Deshalb sind in Abb. 2.7 die Optimierungsergebnisse für Referenz- und Ideal-Szenario-Reihen dargestellt, in denen dieser Parameter variiert wird. Die exakten Ergebnisse können der Tab. E.1 im Anhang entnommen werden.

Der Wärmebedarf bei einem Außentemperaturmittel von 20°C ist um 64.8±0.6% geringer als bei 0°C, der Strombedarf liegt dagegen nur um 10.6±1.6% niedriger (vgl. Tab. E.1).[32] Da in der Modellstadt nur der Energiebedarf der Haushalte und Kleinverbraucher temperatur-abhängig ist, erklärt sich der Unterschied aus der Tatsache, daß der Anteil dieser Verbrauchergruppen am gesamten Wärmebedarf größer ist als am gesamten Strombedarf. Außerdem ist die Spannweite der Schwankungen des Wärmebedarfs größer als beim Strombedarf (vgl. Abb. D.1 und D.3). Der sinkende

[32] Der Energiebedarf hängt von der Außentemperatur, nicht aber von der Szenarien-Gruppe ab. Bei der Bildung der Bedarfsmittelwerte können daher alle Szenarien mit gleichem Mittelwert der Außentemperaturverteilung einbezogen werden. Der Berechnung liegen in diesem Fall 6000 Intervalle zugrunde, der rel. Fehler der Mittelwerte beträgt daher nur 1.3%. — Sämtliche Zahlenwerte werden auf 3 signifikante Stellen gerundet. Da alle Berechnungen stets vor der Rundung erfolgen, kann es vorkommen, daß die dargestellten Ergebnisse in der letzten Stelle von dem vom Leser erwarteten Resultat abweichen.

a)

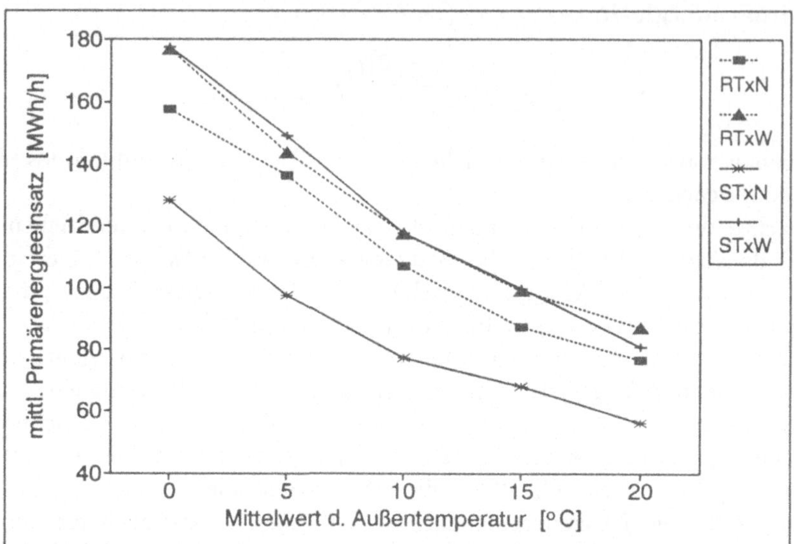

b)

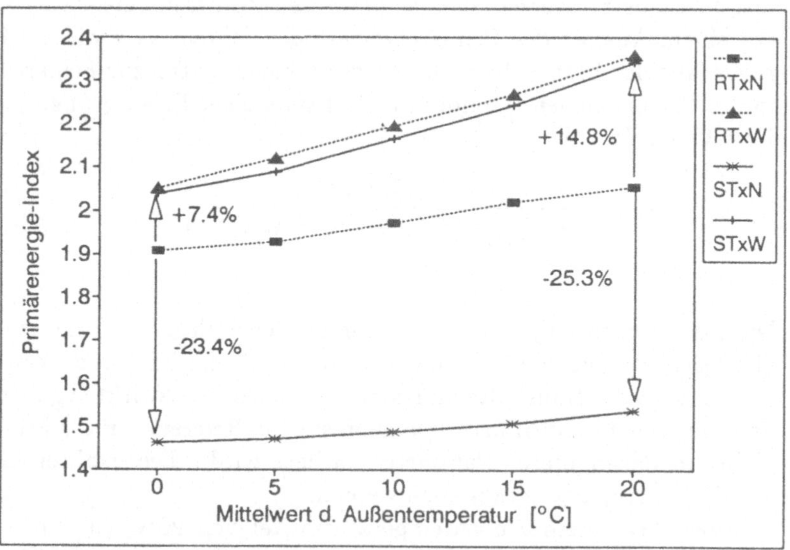

Abb. 2.7: Primärenergieeinsatz in der Modellstadt (vgl. Kap. 2.2 und Abb. D.4) für verschiedene Referenz- und Ideal-Szenarien-Reihen, in denen der Mittelwert der Außentemperaturverteilung variiert wird:
a) als Stundenmittelwert $<N(t)>$
b) als Primärenergie-Index I_N gem. Gl. (2.54).
Zur Bezeichnung der Szenarien vgl. Tab. 2.1. Alle Werte im Teil a) weisen eine rel. Fehler von ±3.2% auf. Aus Gründen der Übersichtlichkeit sind jedoch keine Fehlerbalken eingezeichnet. Pfeile und Prozentzahlen im Teil b) geben die rel. Veränderung des Index I_N zwischen den Szenarien-Reihen STxN und STxW einerseits und RTxN andererseits an.

a)

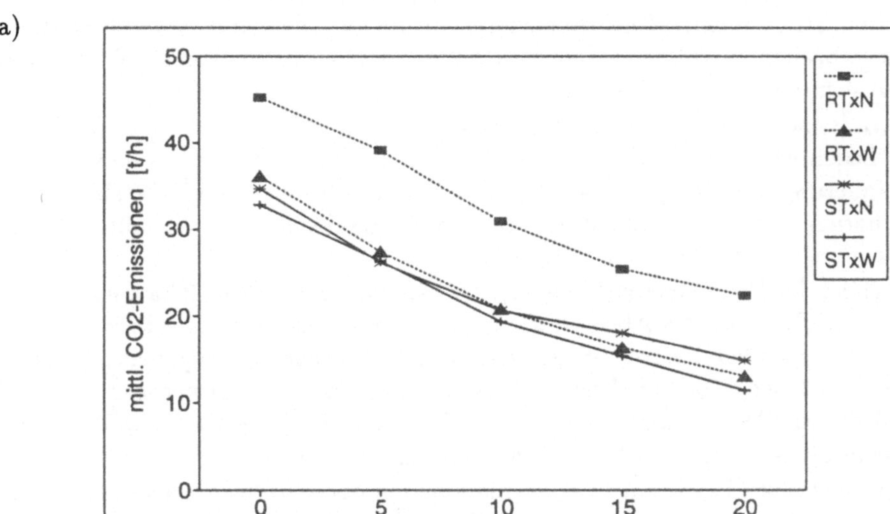

b)

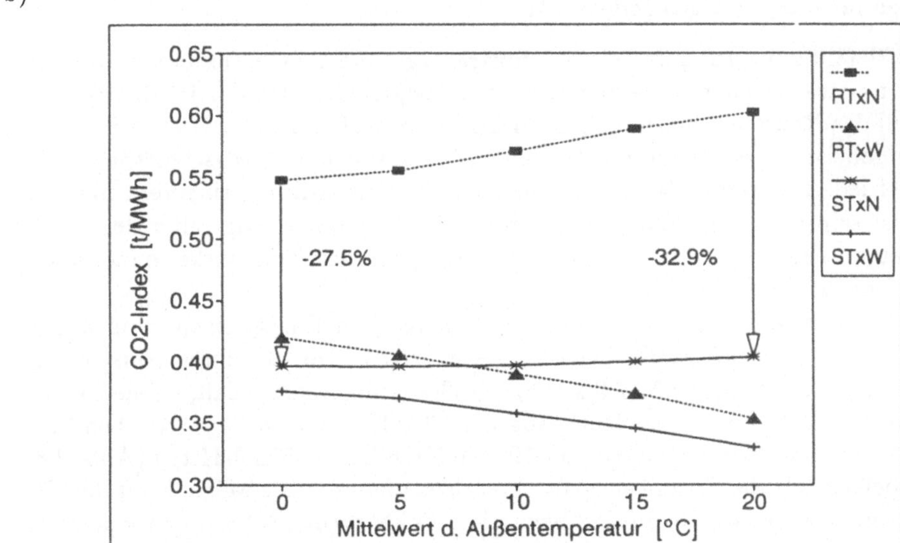

Abb. 2.8: CO_2-Emissionen in der Modellstadt (vgl. Kap. 2.2 und Abb. D.4) für verschiedene Referenz- und Ideal-Szenarien-Reihen, in denen der Mittelwert der Außentemperaturverteilung variiert wird:
a) als Stundenmittelwert $<W(t)>$
b) als CO_2-Index I_W gem. Gl. (2.55).
Zur Bezeichnung der Szenarien vgl. Tab. 2.1. Alle Werte in Teil a) dieser Abbildung weisen eine relativen Fehler von $\pm 3.2\%$ auf. Aus Gründen der Übersichtlichkeit sind jedoch keine Fehlerbalken eingezeichnet. Pfeile und Prozentzahlen im Teil b) geben die rel. Veränderung des Index I_W zwischen den Szenarien-Reihen STxN und RTxN an.

Energiebedarf bei steigenden Außentemperaturen ist die Ursache dafür, daß der absolute Primärenergieverbrauch in Abb. 2.7a und die absoluten CO_2-Emissionen in Abb. 2.8a mit wachsendem Außentemperaturmittel abfallen.

In Abb. 2.7a ist zu erkennen, daß die Energieoptimierung in der Ideal-Szenarien-Reihe STxN zu deutlichen Energieeinsparungen gegenüber den Referenz-Szenarien RTxN führt. Die CO_2-Optimierung hat dagegen sowohl in den Referenz-Szenarien RTxW als auch in den Ideal-Szenarien STxW eine Zunahme des Primärenergieeinsatzes gegenüber RTxN zur Folge.

In Abb. 2.7b ist der Primärenergie-Index I_N für die Kurven aus Abb. 2.7a aufgetragen. Außerdem sind in Tab. E.1 die Abweichungen ΔI_N der Primärenergie-Indizes von den Indizes der entsprechenden Referenz-Szenarien RTxN in Prozent angegeben. Sie sind gleichbedeutend mit den relativen Energiesparpotentialen durch Wärmerückgewinnung in den verschiedenen Ideal-Szenarien ($\Delta I_N < 0$) bzw. geben die relative Erhöhung des Primärenergieeinsatzes durch die CO_2-Rückhaltung an ($\Delta I_N > 0$).

Die Absolutwerte und Indizes der CO_2-Emissionen in den einzelnen Szenarien sind in Abb. 2.8 dargestellt (vgl. auch Tab. E.1). Im folgenden beziehen sich Prozentangaben zu Veränderungen des Primärenergieeinsatzes und der CO_2-Emissionen, bei denen ein statistischer Fehler angegeben ist, immer auf die Absolutwerte. Angaben ohne Fehler gelten dagegen für die jeweiligen Indexwerte.

In Abb. 2.7b fällt zunächst auf, daß der Primärenergie-Index in der Referenz-Szenarien-Reihe RTxN mit wachsender Außentemperatur ansteigt. Grund dafür ist die Tatsache, daß der Anteil der Raumwärme am gesamten Energiebedarf stark abnimmt. Dieser kann durch herkömmliche Heizungssysteme mit einem insgesamt überdurchschnittlichen Wirkungsgrad befriedigt werden. Da der Strombedarf in wesentlich geringerem Maße abnimmt, wächst sein relativer Anteil am Gesamtbedarf. Damit schlägt aber der im Vergleich zur Raumwärmeerzeugung schlechte Wirkungsgrad der Kraftwerke immer stärker zu Buche und treibt I_N in die Höhe.

Die in den Szenarien STxN gegenüber RTxN möglichen Energieeinsparungen liegen zwischen 23.4% bei 0°C und 25.3% bei 20°C (Abb. 2.7b). Die absoluten Einsparungen sind jedoch im ersten Fall mit 29.3 ± 1.3 MWh/h größer als im zweiten Fall, wo sie 20.1 ± 0.9 MWh/h betragen (Abb. 2.7a). Der Rückgang der CO_2-Emissionen liegt zwischen 27.5% und 32.9% (Abb. 2.8b). Absolut beträgt er 10.4 ± 0.5 t/h bzw. 7.59 ± 0.34 t/h (Abb. 2.8a). Er ist ausschließlich auf die Energieeinsparung zurückzuführen. Die Möglichkeit der CO_2-Rückhaltung im Kraftwerk wird in den Szenarien STxN nicht in Anspruch genommen, weil sie dem Ziel 'Energieoptimierung' zuwiderläuft.

Zur Erklärung der Kurvenverläufe ist es notwendig, die Struktur der Energieversorgung im einzelnen zu betrachten, d.h. die Werte der Optimierungsvariablen genauer zu untersuchen. In Tab. E.3 sind die Mittelwerte $<x_{la}(t)>$ $(l = g, h, rk, j)$ und $<N_i(E,t)>$ der Optimierungsvariablen in den Szenarien ST0N und ST20N sowie deren Maximalwerte $\max_{\{t^\varphi\}}\{x_{la}(t^\varphi)\}$ und $\max_{\{t^\varphi\}}\{N_i(E,t^\varphi)\}$ zusammengestellt. Aus Platzgründen sind nur diejenigen Pfade (=Optimierungsvariablen) aus Tab. D.12 angeführt, die in mindestens einem der betrachteten Intervalle eingesetzt werden und damit überhaupt zur Energieversorgung beitragen. Zum Vergleich enthält Tab. E.2 die Ergebnisse für die Szenarien RT0N und RT20N. Zusätzlich werden in den genannten Tabellen auch die Mittelwerte $<x_{la}(t)\cdot n(q_a,t)>$ und die Maximalwerte $\max_{\{t^\varphi\}}\{x_{la}(t^\varphi)\cdot n(q_a,t^\varphi)\}$ der durch die Pfade la pro Zeiteinheit gelieferten Nutzenergiemengen angeführt.

Im Szenario ST0N wird der Raumwärmebedarf der Haushalte HH1 (Kleinverbraucher KV1) zu 90% (88%) durch die Gaszentralheizung mit Brennwertkessel (GZB in Tab. D.4) gedeckt. Zwar werden die beiden Verbrauchergruppen in einzelnen Intervallen vollständig durch Abwärme aus dem Gipswerk, die dezentralen Kleinheizkraftwerke (HKWF in Tab. D.8) oder die Blockheizkraftwerke (HKWR) versorgt, im Mittel sind die Beiträge der genannten Techniken mit <0.5% (<0.5%), 7% (8%) und 2% (4%) jedoch gering.[33]

Im Gegensatz dazu beruht die Wärmeversorgung der Haushalte HH2 (Kleinverbraucher KV2) zu 87% (85%) auf dem Einsatz der Kleinheizkraftwerke (HKWF). Industrielle Abwärme aus dem Gipswerk trägt insgesamt 6% (6%) bei, während die zentralen Blockheizkraftwerke (HKWR) 3% (4%) des Wärmebedarfs decken. Der Rest von 4% (5%) entfällt auf die Ölzentralheizung (OZH). Es stellt sich die Frage, warum die Ölzentralheizung für HH2 und KV2 bei der Energieoptimierung durch Heizkraftwerke ersetzt wird, die Gasheizung mit Brennwertkessel für HH1 und KV1 dagegen nicht. In beiden Fällen ist der Gesamtwirkungsgrad der Heizkraftwerke höher als der kombinierte Wirkungsgrad von Zentralheizung und Kraftwerk. Die Ursache für dieses Phänomen liegt in der Tatsache, daß der Anteil der Heizkraftwerke an der Energieversorgung wegen der Nebenbedingung (2.27) nicht weiter erhöht werden kann, wenn der gesamte Strombedarf der Modellstadt gedeckt ist. Der Einsatz der Kraft-Wärme-Kopplung erfolgt so, daß zunächst der herkömmliche Wärmeerzeuger mit dem schlechtesten Wirkungsgrad abgelöst wird. Es folgt die zweitschlechteste Anlage und so fort, bis der gesamte Strombedarf durch die Kraft-Wärme-Kopplung gedeckt werden kann und deshalb keine weiteren Heizkraftwerke installiert werden dürfen. In der Modellstadt bedeutet dies, daß zunächst die Ölzentralheizung für HH2 und KV2 ersetzt wird, dann die industriellen Feuerungen im Gipswerk und der Gaskessel im Milchwerk. Die Gaszentralheizung mit Brennwertkessel für HH1 und KV1 weist dagegen einen so hohen Wirkungsgrad auf (vgl. Tab. D.4), daß sie zuletzt an der Reihe wäre, aber wegen der begrenzten Absatzmöglichkeiten für den erzeugten Strom nicht mehr ersetzt werden kann. Es ist festzuhalten, daß der Strom der Haushalte HH1 und Kleinverbraucher KV1 nicht mehr aus Kraftwerken stammt, sondern aus den Heizkraftwerken, die für HH2 und KV2 sowie für industrielle Prozesse installiert wurden. Von der Richtigkeit dieser Argumentation kann man sich überzeugen, indem man im Rahmen einer Sensitivitätsanalyse den Wirkungsgrad des Brennwertkessels verringert. Dann werden auch für HH1 und KV1 mehr und mehr Heizkraftwerke eingesetzt, wobei gleichzeitig der Beitrag der industriellen Kraft-Wärme-Kopplung abnimmt, weil die Stromproduktion insgesamt nicht anwachsen darf. Wenn man andererseits den Strombedarf der Modellstadt schrittweise erhöht (vgl. Kap. 2.3.4), dann wird die Gaszentralheizung nach und nach durch Heizkraftwerke ersetzt, ohne daß die industrielle Kraft-Wärme-Kopplung deswegen verringt werden muß.

Daß der Einsatz der Kraft-Wärme-Kopplung durch fehlende Absatzmöglichkeiten für elektrische Energie begrenzt wird, ist eine spezielle Eigenschaft der Modellstadt. Sie resultiert zum einen daraus, daß nur ein Teil der Verbraucher einer realen Stadt erfaßt ist; so fehlt z.B. der Bedarf für öffentliche Beleuchtung, Verkehr usw. Zum anderen ist nicht vorgesehen, daß Strom aus der Modellstadt heraus zu externen Verbrauchern exportiert werden kann. Dieses Problem wird in eigenen Szenarien in Kap. 2.3.4 noch genauer diskutiert. Unter den in der Modellstadt herrschenden Bedingungen werden die Kleinheizkraftwerke

[33]In Klammern: Werte für KV1.

gegenüber den Blockheizkraftwerken bevorzugt, weil sie im Verhältnis mehr Wärme je Einheit elektrischer Energie erzeugen. Ihr Vorteil gegenüber den Großheizkraftwerken liegt darin, daß keine Transportverluste auftreten. Nimmt man an, daß auch für sie zusätzliche Wärmeverluste von 10% auftreten, z.B. weil die Anlage im Nachbarhaus installiert ist, dann werden an ihrer Stelle die Großheizkraftwerke eingesetzt, deren Gesamtwirkungsgrad für Strom- und Wärmeerzeugung (ohne Transport) höher ist. Der geringe Einsatz industrieller Abwärme hat keine prinzipiellen Ursachen, sondern ist darauf zurückzuführen, daß die maximal verfügbare Abwärmemenge pro Zeiteinheit im Szenario ST0N nur etwa 10% des Raumwärmebedarfs ausmacht. Wenn erheblich mehr Abwärme verfügbar ist und zu ihrer Nutzung ein Fernwärmenetz installiert wird, dann empfiehlt es sich, zentrale Blockheizkraftwerke statt der Kleinheizkraftwerke zu verwenden. Erstere können an das Abwärmenetz angeschlossen werden, für die Wärmeverteilung ergeben sich keine zusätzlichen Kosten. Zentral installierte Kraftwerke sind leichter zu warten und – ohne Berücksichtigung des Aufwands für die Wärmeverteilung – auch billiger als Einzelanlagen.

Der Raumwärmebedarf der Haushalte HH3 (Kleinverbraucher KV3) wird zu 98% (99%) über elektrische Wärmepumpen gedeckt. Verantwortlich für dieses Ergebnis ist nicht der gute Wirkungsgrad dieser Technik, sondern wiederum das Verhältnis von Strom- und Wärmebedarf. Durch den Einsatz der elektrischen Wärmepumpen wird mehr elektrische Energie nachgefragt, wodurch die Einsatzmöglichkeiten für die Heizkraftwerke in den anderen Stadtteilen verbessert werden. Diese Verknüpfung benötigt insgesamt weniger Energie als die Kombination aus Kraftwerk und herkömmlicher Zentralheizung. Das Ergebnis ist sehr stabil: selbst wenn der spezifische Strombedarf der Wärmepumpen um 50% erhöht wird, ändert sich daran nichts. Schließt man dagegen die Kraft-Wärme-Kopplung ganz aus, so werden überhaupt keine Elektrowärmepumpen, sondern Gaswärmepumpen eingesetzt. Eine Schwierigkeit beim Einsatz von Wärmepumpen liegt darin, daß ihr Wirkungsgrad bei sinkenden Außentemperaturen, wenn mehr Wärme benötigt wird, schlechter wird. Für die Elektrowärmepumpen in der Modellstadt wird dieser Nachteil dadurch aufgehoben, daß ein höherer Strombedarf sogar erwünscht ist. Dies Ergebnis zeigt, daß zur Beurteilung der Energieversorgung einer Region unbedingt deren Besonderheiten berücksichtigt werden müssen, weil sonst Lösungsmöglichkeiten übersehen werden können. Der ausschließliche Betrieb von Gaswärmepumpen zur Raumheizung ist mit erheblichen Schwierigkeiten verbunden, wenn statt – wie hier angenommen – der Erdwärme die Umgebungsluft als Wärmereservoir verwendet werden soll, denn in einem solchen Fall kann der Wirkungsgrad der Wärmepumpen bei Lufttemperaturen unter 0°C zu gering werden [106].

Der Einsatz der Gasturbinen zur Gipserzeugung und zur Trocknung von Gipsplatten ist energetisch sehr günstig, unterliegt aber auch den oben diskutierten Beschränkungen beim Einsatz von Heizkraftwerken. Beim Rostbandofen kommt hinzu, daß der hohe Ausnutzungsgrad der Primärenergie nur dann gegeben ist, wenn die entstehende Abwärme auch tatsächlich an anderer Stelle genutzt wird. Ob sie eingesetzt werden kann, hängt aber vom Wärmebedarf im jeweiligen Intervall ab. Der Anteil, den die Gasturbinen zur Wärmeversorgung des Gipswerks im Szenario ST0N beisteuern, beträgt beim Drehofen 60%, beim Rostbandofen 15% und bei der Platten-Trocknung 2%. Der Restbedarf muß jeweils über die direkte Öl- bzw. Gasfeuerung gedeckt werden.

Die Wärme zur Holztrocknung wird zu 99% durch die Gaswärmepumpe (GP2) geliefert. Wie die Ergebnisse im Szenario ST20N zeigen, ist die Abwärmeversorgung an sich günstiger als der Einsatz der Wärmepumpe. Die im Szenario ST0N verfügbare Abwärme wird jedoch zunächst für die Raumwärmeversorgung eingesetzt, weil so die möglichen Primärenergieeinsparungen größer sind.

45% der zur Dampferzeugung im Milchwerk benötigten Energie wird – wie auch schon im Referenz-Szenario RT0N – durch innerbetriebliche Wärmerückgewinnung aufgebracht. Der Rest verteilt sich auf das Blockheizkraftwerk (HKWR, 11%) und den Gaskessel (44%), wobei die Aufteilung wieder durch das Verhältnis von Strom- und Wärmebedarf bestimmt wird. Lediglich in einem Intervall wird die Abwärme mittlerer Qualität aus der Gießerei genutzt.

Die Induktionsöfen zum Legieren und Warmhalten des Metalls in der Gießerei müssen immer mit elektrischer Energie betrieben werden. Die Optimierung kann darauf keinen Einfluß nehmen. Die beiden Prozesse dienen lediglich zur Darstellung industrieller Stromverbraucher mit fluktuierendem Bedarf. Für die Wannenöfen zum Schmelzen des Metalls gibt es ebenfalls keine Alternativen in der Energieversorung, sie werden stets mit Öl befeuert. Wichtig an diesem Prozeß ist die Abwärme in den Abgasen, die erneut genutzt werden kann. Die Erwärmung von Wasser in der Gießerei geschieht zu 29% mit Hilfe von Abwärme aus anderen Prozessen der Gießerei. Der Restbedarf wird durch einen Gaskessel gedeckt.

Im Szenario ST0N ist es nur in 13 der 1000 Intervalle erforderlich, Strom aus einem Kraftwerk zu beziehen. In der übrigen Zeit decken die Heizkraftwerke den gesamten Bedarf an elektrischer Energie. Würde das von der Optimierung in diesem Szenario vorgeschlagene Konzept verwirklicht, dann müßte das Kraftwerk als Spitzenlastkraftwerk ausgelegt werden.

Wenn man bei der Optimierung einen höheren Mittelwert der Außentemperatur zugrunde legt, ändert sich die Struktur der Energieversorgung in einigen Punkten, die hier durch den Vergleich der Szenarien ST0N und ST20N exemplarisch erläutert werden (vgl. Tab. E.3a+b). Da der Raumwärmebedarf sinkt, die verfügbare industrielle Abwärme aber konstant bleibt, steigt der Anteil des Wärmebedarfs der durch ihre Nutzung befriedigt werden kann. Für die Haushalte HH1 und die Kleinverbraucher KV1 wächst der Abwärmeanteil von <0.5% auf 6%, für HH2 und KV2 von 6% auf 25% bzw. 27%.

Da der Stromverbrauch mit steigenden Außentemperaturen in wesentlich geringerem Maße abnimmt als der Raumwärmebedarf, verbessern sich auch die Möglichkeiten der Kraft-Wärme-Kopplung in der Modellstadt, ihr Anteil an der Wärmeversorgung nimmt insgesamt deutlich zu. Bei den Haushalten HH1 (Kleinverbrauchern KV1) steigt er von 9% (12%) auf 17% (21%). Für HH2 und KV2 nimmt er allerdings von 90% auf 75% ab, weil hier der Anteil industrieller Abwärme ansteigt. Während in ST0N fast ausschließlich die Kleinheizkraftwerke eingesetzt wurden, kommen in ST20N auch Blockheizkraftwerke zum Zug. Ihr Anteil macht bei HH1 und KV1 rund die Hälfte, bei HH2 und KV2 etwa ein Sechstel der insgesamt eingesetzten Kraft-Wärme-Kopplung aus.

Auch der Anteil der Gasturbinen an der Wärmeversorgung des Gipswerks nimmt zu und zwar von 60% auf 98% beim Drehofen, von 15% auf 30% beim Rostbandofen und von 2% auf 37% bei der Gipsplatten-Trocknung.

Die Holztrocknung wird nicht mehr ausschließlich durch die Gaswärmepumpe versorgt. Ihr Anteil geht auf 64% zurück. 13% können durch Abwärme aus dem Gipswerk gedeckt werden, 24% durch Fernwärme aus einem Blockheizkraftwerk. Letztere Versorgungsmöglichkeit wird in Anspruch genommen, um den Einsatz der Kraft-Wärme-

Kopplung zu steigern, wenn dieser durch den Wärmebedarf und nicht mehr durch den Strombedarf begrenzt wird.

Zur Dampferzeugung im Milchwerk wird in knapp einem Sechstel der Intervalle, in denen dieser Prozeß überhaupt arbeitet, die Fernwärme mittlerer Qualität aus dem Gipswerk und der Gießerei genutzt. Sie trägt insgesamt 8% zur Wärmeversorgung dieses Prozesses bei. Das Blockheizkraftwerk liefert jetzt 36% statt nur 11% der Wärme, während der Gaskessel nur noch 11% statt 44% beisteuert.

Ein Kraftwerk wird im Szenario ST20N in 237 (ST0N: 13) der 1000 betrachteten Intervalle benötigt, weil der Einsatz der Heizkraftwerke nicht mehr nur durch den Strombedarf, sondern in vielen Intervallen durch den Wärmebedarf begrenzt wird. Diese Situation stellt bei der in Rottweil verwirklichten Fernwärmeversorgung den Normalfall dar. Allerdings ist die Kapazität des dortigen Blockheizkraftwerkes so ausgelegt, daß maximal 25% des anfallenden Strombedarfs gedeckt werden können. Der Fall, daß der Strombedarf den Betrieb begrenzt, kann in Rottweil also gar nicht eintreten, sofern man einen minimalen Energieeinsatz anstrebt. Bei kostenorientiertem Betrieb werden die Heizkraftwerke dagegen hauptsächlich zur Vermeidung von teuren Lastspitzen eingesetzt und somit nicht ständig mit maximal möglicher Leistung betrieben.

Die Hauptunterschiede in den Detailergebnissen beim Übergang vom Szenario ST0N zu ST20N, nämlich die größeren Anteile der Nutzung industrieller Abwärme und der Kraft-Wärme-Kopplung, erklären die weiter oben beschriebenen Kurvenverläufe in den Abb. 2.7b und 2.8b: Mit steigendem Mittelwert der Außentemperatur nehmen die relativen Energieeinsparungen zu, die sich in Bezug auf die zugehörigen Referenz-Szenarien RT0N bzw. RT20N erzielen lassen. Der Unterschied zwischen den relativen CO_2-Einsparungen bei 0°C und bei 20°C ist größer als der Unterschied bei den Energieeinsparungen, weil die Ölfeuerungen für die Haushalte HH2, die Kleinverbraucher KV2 und den Gipsdrehofen in ST20N kaum noch genutzt werden. Außerdem wirkt sich die Substitution der mit Steinkohle befeuerten Kraftwerke durch Heizkraftwerke aufgrund des größeren Stromanteils am Energiebedarf bei höheren Temperaturen stärker aus, obwohl die Kraftwerke in ST20N mehr Strom liefern als in ST0N. Der vermehrte Einsatz der Kraft-Wärme-Kopplung bei steigenden Außentemperaturen erhöht zwar die relativen Sparmöglichkeiten, absolut gesehen werden jedoch weniger Primärenergie und CO_2 eingespart, weil der sinkende Wärmebedarf eine Begrenzung für die Nutzung der Heizkraftwerke darstellt, die dann insgesamt weniger Energie liefern.

Die gleiche Reduzierung der CO_2-Emissionen wie durch die Wärmerückgewinnung in den Szenarien STxN läßt sich durch die alleinige Einführung der CO_2-Rückhaltung (RTxW) erzielen. Im Rahmen der oben diskutierten Genauigkeit der stochastischen Optimierung (rel. Fehler ±3.2%) lassen sich jedenfalls in Abb. 2.8a keine signifikanten Unterschiede feststellen. Die Verwendung des in Gl. (2.55) definierten CO_2-Index I_W erlaubt genauere Aussagen: In der Szenarien-Reihe RTxW sind die CO_2-Emissionen zwischen 23.2% (0°C) und 41.2% (20°C) geringer als bei den entsprechenden Szenarien RTxN (vgl. Abb. 2.8b). Der CO_2-Index sinkt in der Szenarien-Reihe RTxW mit steigendem Mittelwert der Außentemperaturverteilung, weil der Anteil der elektrischen Energie am gesamten Energiebedarf steigt, diese aber unter Rückhaltung des CO_2 erzeugt werden kann. Aus dem gleichen Grund steigt der Primärenergie-Index I_N bei RTxW stärker an als bei RTxN. Die mit der Rückhaltung verbundene relative Zunahme des Primärenergieeinsatzes erhöht sich von 7.4% bei 0°C auf 14.3% bei 20°C.

Zum Vergleich: Eine Sensitivitätsanalyse zeigt, daß die Erhöhung des Kraftwerkswirkungsgrades im Szenario RT10N von 40% auf 55% für sich allein genommen zu Primärenergieeinsparungen von 10.7% und einer Reduzierung der CO_2-Emissionen um 12.3% führt. Der Unterschied zwischen den beiden Reduktionspotentialen ist darauf zurückzuführen, daß die Kraftwerke mit Steinkohle betrieben werden. Diese weisen daher einen höheren CO_2-Ausstoß je eingesetzte Einheit Primärenergie auf als Techniken, die mit Öl oder Gas betrieben werden, aber gleichzeitig auch eine größere CO_2-Reduzierung je eingesparte Einheit Primärenergie.

Zwischen der Energieoptimierung in der Ideal-Szenarien-Reihe STxN und einer CO_2-Optimierung, bei der die CO_2-Rückhaltung *nicht* zugelassen ist (STxW– in Tab. 2.1), lassen sich keine signifikanten Unterschiede feststellen. Die Ergebnisse sind in Tab. E.1 aufgeführt, jedoch aus Gründen der Übersichtlichkeit in Abb. 2.7 und 2.8 nicht eingezeichnet. Das Resultat ist nicht überraschend, weil die mit Gas betriebenen Techniken nicht nur weniger CO_2 je Energieeinheit ausstoßen, sondern auch die Energie effizienter einsetzen als andere Techniken. Deshalb werden sie sowohl bei der Energie- als auch bei der CO_2-Optimierung bevorzugt. Wenn man also gleichartige Versorgungstechniken mit unterschiedlichen Brennstoffen für einen Prozeß vorsieht, dann steht das Ergebnis praktisch schon vor der Optimierung fest. Beispielsweise würde die Gaszentralheizung immer gegenüber der Ölzentralheizung bevorzugt. Um Rechenzeit zu sparen, sollte man also letztere in solchen Fällen von vornherein ausschließen. Viel interessanter als der Vergleich der genannten Techniken untereinander ist dagegen die Frage, wie sie in der Konkurrenz mit anderen Techniken abschneiden. Zu diesem Zweck muß man sie getrennt voneinander, aber unter ähnlichen Bedingungen betrachten. Dies kann durch Szenarien geschehen oder indem man für ähnliche Prozesse verschiedene Versorgungsmöglichkeiten vorsieht. In der Modellstadt steht für die Raumwärmeversorgung der Haushalte entweder eine Gasheizung (HH1) oder eine Ölheizung (HH2, HH3) zur Auswahl. Das Ergebnis dieser Vorgehensweise wurde weiter oben bereits eingehend diskutiert. Ein weiterer Grund, nicht überall mit Gas betriebene Techniken vorzusehen, ergibt sich aus der Knappheit dieser Ressource: Zur Zeit planen viele Staaten Ost-Europas im Rahmen der Umstrukturierung ihrer Energieversorgung den massiven Einsatz von Gas. Die Sowjetunion ist aber nicht in der Lage, die daraus resultierende Nachfrage zu befriedigen, zumal sie das Gas eigentlich selbst benötigt.

Es stellt sich die Frage, ob aus einer Kombination von Wärmerückgewinnung und CO_2-Rückhaltung noch größere Potentiale zur Reduzierung der CO_2-Emissionen erwachsen. Um sie zu beantworten werden zwei weitere Szenarien-Reihen untersucht: 1) CO_2-Optimierung in Ideal-Szenarien mit CO_2-Rückhaltung in Kraftwerken (STxW) und 2) CO_2-Optimierung in Ideal-Szenarien mit CO_2-Rückhaltung in Kraftwerken und Großheizkraftwerken (STxW+). Aus den Abb. 2.7a und 2.8a ist zu erkennen, daß sich die absoluten CO_2-Einsparungen in der Szenarien-Reihe STxW nicht signifikant von denen der Szenarien-Reihen RTxW und STxN unterscheiden und daß der Primärenergieaufwand genausogroß ist wie in den Szenarien RTxW. Mit Hilfe der Indizes I_W und I_N stellt man fest, daß die CO_2-Emissionen für STxW um 4–8%-Punkte unter denen der Szenarien RTxW liegen, während der Primärenergieeinsatz um 0.6-1.6%-Punkte geringer ist (vgl. Abb. 2.7b und 2.8b sowie Tab. E.1). Die Betrachtung der Energieversorgungsstruktur zeigt, daß in den Szenarien STxW die Kraft-Wärme-Kopplung, die für den größten Teil der Energieeinsparungen in den Szenarien STxN verantwortlich ist, überhaupt nicht eingesetzt wird. Die

Stromerzeugung findet ausschließlich in dem mit einer CO_2-Rückhalteanlage versehenen Kraftwerk SKC statt. Geringe Energieeinsparungen werden durch die Nutzung industrieller Abwärme erzielt. Die in der Modellstadt ohnehin nicht sehr großen Abwärmemengen aus industriellen Prozessen werden aber dadurch noch weiter reduziert, daß im Rostbandofen (GRB) keine Abwärme anfällt, wenn dieser nicht mit einer Gasturbine betrieben wird (vgl. Kap. 2.2.2). Weitere Einsparungen ergeben sich daraus, daß auch in den Szenarien STxW die Elektrowärmepumpen weitgehend unabhängig von ihrem Wirkungsgrad eingesetzt werden, weil der benötigte Strom im Kraftwerk CO_2-arm erzeugt werden kann. Der prozentuale Unterschied der CO_2-Emissionen zwischen den Szenarien-Reihen RTxW und STxW ist etwas höher als derjenige beim Primärenergieeinsatz, weil beim Einsatz der Elektrowärmepumpen nicht nur durch die Energieeinsparung, sondern auch durch die CO_2-arme Erzeugung des Pumpen-Stromes CO_2-Emissionen vermieden werden.

Es ist durchaus denkbar, auch für die zentralen Großheizkraftwerke eine CO_2-Rückhaltung vorzusehen. Dies wird in den Szenarien STxW+ berücksichtigt, indem die Großheizkraftwerke HKWZ durch die CO_2-reduzierten Heizkraftwerke HKWC aus Tab. D.8 ersetzt werden. Es zeigt sich jedoch, daß deren Wirkungsgrad so gering ist, daß diese Art der Kraft-Wärme-Kopplung durch die Optimierung nicht mehr eingesetzt wird. Die Ergebnisse weichen daher nicht signifikant von denen der Szenarien STxW ab. Sie sind in Tab. E.1 verzeichnet.

Festzuhalten ist, daß sich das gesamte Potential zur Minderung der CO_2-Emissionen in der Modellstadt nicht durch eine Addition der getrennt, unter Einsatz der Wärmerückgewinnung einerseits und der CO_2-Rückhaltung andererseits, ermittelten Potentiale ergibt. Das Gesamtpotential, das man aus der Szenarien-Reihe STxW erhält, ist nur wenig größer als die beiden Einzelpotentiale aus den Szenarien-Reihen STxN und RTxW. Wenn in der Modellstadt mehr Abwärme verfügbar wäre, dann ließe sich in den Szenarien STxW mehr Energie und somit noch mehr CO_2 einsparen. Dem stehen jedoch die erheblichen Kosten eines solchen Vorgehens entgegen. Während in zentralen Blockheizkraftwerken erzeugte Wärme und industrielle Abwärme dasselbe Fernwärmenetz speisen können, muß für die Kombination von CO_2-Rückhaltung in Kraftwerken und Nutzung industrieller Abwärme neben dem Fernwärmenetz auch die gesamte CO_2-Entsorgung bezahlt werden.

In der betrachteten Modellstadt führen die Energie- und die CO_2-Optimierung unter Zulassung der Wärmerückgewinnung *und* der CO_2-Rückhaltung zu völlig verschiedenen Strukturen der Energieversorgung. Für die Modellstadt existieren keine funktionaleffizienten Kompromißlösungen des Optimierungsproblems, die Elemente aus beiden Strukturen vereinen. Deshalb ist es nicht sinnvoll, an dieser Stelle eine Vektoroptimierung mit gewichteten Zielfunktionen gem. Gl. (2.53) durchzuführen. Bei der in Kap. 3.3 diskutierten Abschätzung der nationalen Sparpotentiale liefert die Vektoroptimierung dagegen wertvolle zusätzliche Ergebnisse.

Es ist nicht richtig, den Mittelwert der Außentemperaturverteilung von 0°C mit 'Winter' und 20°C mit 'Sommer' gleichzusetzten. Extreme Temperaturwerte in den genannten Jahreszeiten werden vielmehr durch die Ausläufer der Gaußschen Normalverteilung repräsentiert, die zur Festlegung der Temperatur in den einzelnen Intervallen benutzt wird (vgl. Anhang B). Mit Hilfe der bisher betrachteten Szenarien sollte der Einfluß des Parameters Temperatur auf die Optimierung der Modellstadt aufgezeigt werden. Bei der Abbildung einer realen Region muß der dort gegebenen Temperaturmittelwert verwendet werden. Wenn die entsprechenden Daten vorliegen, kann statt der Normalverteilung auch die tatsächliche ortsübliche Temperaturverteilung verwendet werden.

Die Optimierungsergebnisse bei den einzelnen Temperaturen weisen zwar Unterschiede auf, diese entstehen jedoch nur durch eine Verschiebung von Gewichten zwischen ohnehin in allen Fällen eingesetzten Techniken. Ein abrupter Übergang zu einer völlig anderen Versorgungsstruktur konnte nicht festgestellt werden. Deshalb ist es bei einigen der im weiteren noch untersuchten Szenarien ausreichend, sich auf einen Temperaturmittelwert zu konzentrieren. In diesen Fällen wird der Wert 10°C gewählt, weil der daraus resultierende Raumwärmebedarf dem bei der Datenerhebung ermittelten Bedarf bis auf wenige Prozent entspricht und weil dann der Anteil elektrischer Energie am Gesamtenergiebedarf fast genauso groß ist wie der bundesdeutsche Durchschnittswert (ohne Verkehr) von 22.7% [5].

2.3.2 Interaktive Reduzierung der Kosten des Ideal-Szenarios

Abbildung 2.9a zeigt die mittleren Kosten[34] der Energieversorgung für die wichtigsten Szenarien aus Kap. 2.3.1 in Abhängigkeit vom Mittelwert der Außentemperaturverteilung. Die absoluten Kosten sinken in allen Szenarien mit abnehmender Temperatur, weil Wärmebedarf (stark) und Strombedarf (geringfügig) abnehmen.[35] Mit Ausnahme der Werte für 20°C geht die Abnahme der Kosten allein auf die beweglichen Kosten zurück, die sich wegen des geringeren Brennstoffbedarfs bei höheren Temperaturen reduzieren. Die Aufschlüsselung der Gesamtkosten in bewegliche und feste Kosten in Tab. E.1 zeigt, daß – im Rahmen des statistischen Fehlers und von einzelnen Ausreißern abgesehen – die festen Kosten der einzelnen Szenarien bei Temperaturmittelwerten von 0°C bis 15°C konstant sind. Lediglich für den Mittelwert von 20°C nehmen die Investitionskosten leicht ab, weil der angenommene maximale Heizbedarf in keinem der 1000 Intervalle erreicht wird und deshalb die benötigte Kapazität der Heizungen kleiner ist.

Analog zum Primärenergie- und zum CO_2-Index wird ein **Kosten-Index** definiert:

$$I_C \;:=\; \frac{< C(t) >}{< \sum_{\{a\}} n(q_a,t) > \;+\; < n(E,t) >} \,. \tag{2.56}$$

Der Kosten-Index (Abb. 2.9b) steigt in allen Szenarien mit zunehmender Temperatur an, weil der Anteil der vergleichsweise teuren elektrischen Energie am gesamten Energiebedarf steigt.

Wie in Kap. 2.1.7 dargelegt, können die Energie- und die CO_2-Optimierung zu Lösungen führen, die vom wirtschaftlichen Standpunkt aus betrachtet unsinnig sind. Dieser Fall tritt ein, wenn die optimale Versorgung eines Prozesses in verschiedenen Intervallen unterschiedliche Techniken erfordert. Solche Mehrfachinstallationen führen dann zu einem erheblichen Anstieg der festen Kosten. Die Ergebnisse der Referenz-Szenarien RTxN und RTxW sind in dieser Hinsicht unbedenklich, weil ohnehin nur eine Technik je Prozeß zugelassen ist. Die Einführung der CO_2-Rückhaltung verteuert die Energieversorgung bei einem Temperaturmittel von 10°C um 564±25 DM/h (RT10N→RT10W,

[34]Unter den Kosten wird eine Geldmenge pro Zeiteinheit (hier: 1 Stunde) verstanden, wenn nichts anderes angegeben ist (vgl. Kap. 2.1.7).

[35]Vgl. dazu auch Tab. E.1.

a)

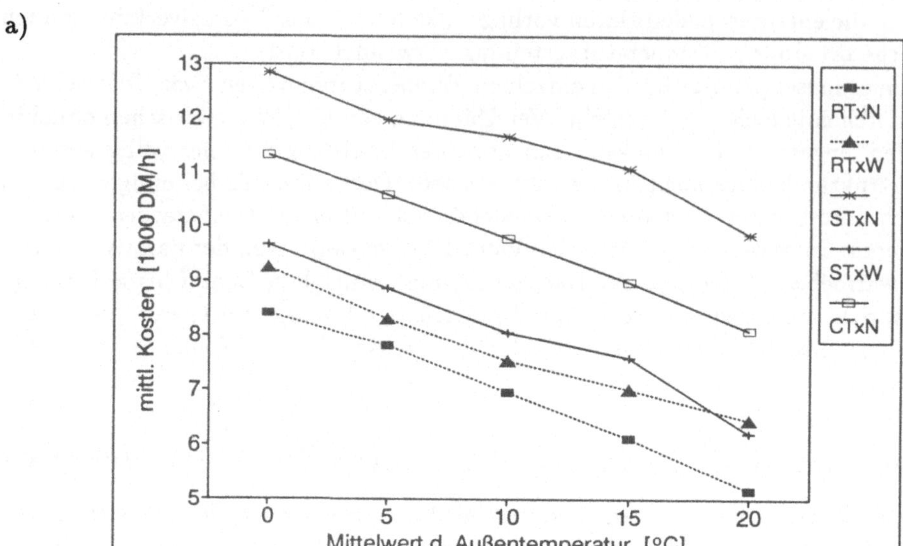

b)

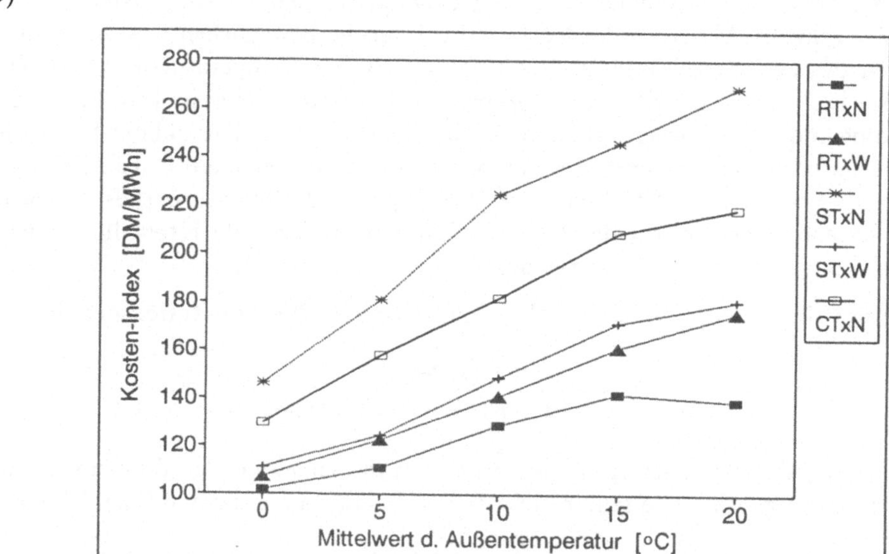

Abb. 2.9: Kosten der Energieversorgung in der Modellstadt für verschiedene Referenz-, Ideal- und Kosten-Szenarien-Reihen, in denen der Mittelwert der Außentemperaturverteilung variiert wird:
a) als Stundenmittelwert $<C(t)>$
b) als Kosten-Index I_C gem. Gl. (2.56).
Zur Bezeichnung der Szenarien vgl. Tab. 2.1 und 2.2.

vgl. Tab. E.4). Die unter Benutzung des Kosten-Index berechnete relative Verteuerung beträgt 10.9%. Trotz der angenommenen Verdoppelung der Kraftwerkskosten ergibt sich nur dieser geringe Kostenanstieg, weil der Anteil der Kraftwerkskosten an den gesamten festen Kosten im Szenario RT10N lediglich 10.0% beträgt. Er steigt im Szenario RT10W auf 17.1%. Nimmt man an, daß die CO_2-Rückhaltung und -Entsorgung die Kraftwerkskosten um eine Faktor 5 (statt 2) ansteigen lassen, so erhöht sich deren Anteil auf 34.1%. Die Gesamtkosten liegen dann um 1905±86 DM/h höher als im Szenario RT10N; der relative Anstieg liegt bei 29.0%.

Die CO_2-Optimierung in den Ideal-Szenarien STxW führt zu nahezu den gleichen Ergebnissen wie in den Referenz-Szenarien RTxW (vgl. Kap. 2.3.1). Eingesetzt werden vor allem die Techniken des Status quo sowie das Kraftwerk mit CO_2-Rückhaltung (SKC). Die Nutzung industrieller Abwärme und elektrischer Wärmepumpen führt zu geringen Primärenergieeinsparungen. Dementsprechend verlaufen die Kostenkurven für STxW in Abb. 2.9a+b knapp oberhalb der Kurven für RTxW. Allerdings sind wegen des geringen Umfangs der Abwärmenutzung die spezifischen Kosten der vernetzenden Techniken nicht mehr gültig. So basieren beispielsweise die spezifischen Kosten der Fernwärmeleitungen zur Versorgung der Stadtteile auf der Annahme, daß der gesamte Wärmebedarf durch sie gedeckt werden kann. Die festen Kosten ergeben sich korrekt, wenn die spezifischen Kosten mit dem maximal möglichen Wärmebedarf multipliziert werden. Die größte Energielieferung durch die Fernwärmeleitungen im Szenario STxW beträgt jedoch weniger als 10% des maximalen Bedarfs. Eine entsprechende Verkleinerung der Leitungen führt nicht zu proportionalen Kostensenkungen, weil z.B. die Kosten der Erdarbeiten nahezu unabhängig vom Durchmesser der verlegten Leitungen sind. Die erforderliche Anpassung der spezifischen Kosten durchzuführen, ist in diesem Fall nicht erforderlich, weil die absehbaren Kostensteigerungen im Rahmen der anschließenden interaktiven Kostenabsenkung sowieso nicht akzeptiert werden könnten. Die Abwärmenutzung muß – mit Ausnahme der innerbetrieblichen Wärmerückgewinnung bei der Milchverarbeitung und in der Gießerei – ausgeschlossen werden. Als Folge nehmen die ohnehin geringen Unterschiede zwischen den Szenarien-Reihen RTxW und STxW noch weiter ab.

Die Auswertung in Kap. 2.3.1 hat gezeigt, daß die Techniken der Wärmerückgewinnung, vor allem die Kraft-Wärme-Kopplung, bei der Energieoptimierung in den Ideal-Szenarien STxN entscheidend zur Energieversorgung beitragen. Wie aus Tab. E.3 zu erkennen ist, unterscheiden sich dabei der mittlere und der maximale Anteil an der Versorgung einzelner Prozesse $[< x_{la}(t) >$ bzw. $\max_{\{t^\varphi\}}\{x_{la}(t^\varphi)\}]$ sowie die mittlere und die maximale gelieferte Energiemenge pro Zeiteinheit $[< x_{la}(t) n(q_a, t) >$ bzw. $\max_{\{t^\varphi\}}\{x_{la}(t^\varphi) n(q_a, t^\varphi)\}]$ erheblich voneinander. Beispielsweise liefern die dezentralen Heizkraftwerke den Haushalten HH1 im Mittel 7% der benötigten Raumwärme, der maximale Anteil beträgt jedoch 100%. Die im Mittel gelieferte Energie beläuft sich auf 0.19 MWh/h, der Maximalwert liegt bei 4.38 MWh/h. Aus diesen Zahlen ist zu schließen, daß die festgestellte Versorgung der Haushalte HH1 durch verschiedene Pfade nicht nur parallel in einem Intervall, sondern auch alternativ in unterschiedlichen Intervallen auftritt. Es liegt also ein Fall von Mehrfachinstallationen vor. Gleichzeitig sind auch die spezifischen Kosten zum Teil nicht mehr gültig, so daß die in Abb. 2.9 eingezeichnete Kurve allenfalls eine untere Grenze für die Kosten der wirtschaftlich unsinnigen Szenarien STxN darstellt, die demnach um mindestens 50% über denen der Referenz-Szenarien RTxN liegen. Auch an dieser Stelle macht es wenig Sinn, die spezifischen Kosten richtigzustellen. Die Korrek-

Kurzbezeichung	Merkmale
Szenarien-Gruppe C...	Gruppe der **Kosten-Szenarien**: für jeden Prozeß wird diejenige Technik ausgewählt, die in den Ideal-Szenarien den größten Beitrag zur Energieversorgung leistet (vgl. Tab. E.3). Beim Einsatz von Heizkraftwerken und von industrieller Abwärme sind Backup-Techniken notwendig, die benutzt werden, wenn die Techniken zur Wärmerückgewinnung aufgrund der Nebenbedingungen nicht eingesetzt werden können. Die zugelassenen Pfade sind in der ersten Spalte der Tab. D.12 mit 'C' gekennzeichnet.
CTxN = CT0N, ..., CT20N	Energieoptimierung für Kosten-Szenarien-Reihe mit verschiedenen Mittelwerten der Außentemperaturverteilung.

Tab. 2.2: Zusammenstellung der Szenarien aus Kap. 2.3.2. Zur Systematik der Kurzbezeichnungen vgl. Tab. 2.1.

tur würde noch höhere Kostenwerte ergeben, das Szenario wurde aber sowieso schon als zu teuer eingestuft. Es ist daher zweckmäßig, zunächst die interaktive Kostenabsenkung durchzuführen und dann erst die fraglichen Konstanten zu überprüfen.

Die interaktive Reduzierung der Kosten wird durchgeführt, indem ein Satz von Versorgungspfaden zusammengestellt wird, der Mehrfachinstallationen soweit wie möglich ausschließt (vgl. Tab. 2.2). In der Gruppe der Kosten-Szenarien C wird für jeden Prozeß a derjenige Versorgungspfad aus der Gruppe der Ideal-Szenarien S übernommen, der die meiste Energie geliefert hat bzw. im Mittel den größten Anteil an der Versorgung hatte (vgl. Tab. E.3). Für die Haushalte HH1 und die Kleinverbraucher KV1 handelt es sich dabei um die Gas-Zentralheizung, bei HH2 und KV2 die dezentralen Kleinheizkraftwerke und bei HH3 und KV3 um die Elektrowärmepumpen. Da der Einsatz der Heizkraftwerke u.U. durch die Nebenbedingungen der Optimierung begrenzt werden kann, muß für HH2 und KV2 die Öl-Zentralheizung als 'Backup-Technik' ebenfalls zugelassen werden. Es wird auf eine lokale Technik zurückgegriffen, weil die Kleinheizkraftwerke ebenfalls lokal installiert werden. Wären dagegen zentrale Heizkraftwerke zugelassen, dann sollte als Backup-Technik ein zentrales Fernheizwerk vorgesehen werden, das die gleichen Fernwärmeleitungen benutzt und für das in dem Fall – außer den unmittelbaren Baukosten des Heizwerks – keine zusätzlichen Kosten anfallen. Bei den drei Prozessen der Gipsherstellung ist jeweils die Gasturbine sowie eine Gas- oder Ölfeuerung als Backup zugelassen. Die Erzeugung von Wärme zur Holztrocknung wird vollständig von einer Gaswärmepumpe übernommen. Die Dampferzeugung im Milchwerk kann durch ein Blockheizkraftwerk oder einen Gaskessel erfolgen. Die Erwärmung von Wasser in der Gießerei wird durch Abwärme, ein Blockheizkraftwerk oder, als Backup, durch ein Fernheizwerk geleistet.

Die Ergebnisse der Kosten-Szenarien sind in den Abb. 2.9 und E.1 sowie in Tab. E.4 enthalten. Da die absolute Erhöhung der Kosten gegenüber den Referenz-Szenarien bei allen untersuchten Temperaturmittelwerten gleich groß ist (vgl. Abb. 2.9), wird die veränderte Zusammensetzung der Kosten am Beispiel des Szenarios CT10N, also bei einem Temperaturmittel von 10°C, erläutert. Die gesamten Kosten der Energieversorgung sind für CT10N um 40.4±3.2% höher als im Referenz-Szenario RT10N (vgl. Tab. E.4).[36] Dieses Resultat beruht auf einer Erhöhung der festen Kosten um 68.7±2.7% und einer Abnahme der beweglichen Kosten um 22.0±5.8%. Gleichzeitig steigt der Anteil der festen Kosten von 68.8±2.2% auf 82.7±2.6%. Bemerkenswert ist, daß der Anteil der Stromerzeugung an den Gesamtkosten von 14.4±0.5% auf 2.4±0.1% zurückgeht. Diese Angaben beziehen sich aber nur auf die Stromerzeugung in Kraftwerken, weil die Kosten der Heizkraftwerke vollständig der Wärmeerzeugung zugerechnet wurden.

Bei einer betriebswirtschaftlichen Untersuchung ist es erforderlich, die anteiligen Kosten der Strom- und Wärmeproduktion zu ermitteln, es sei denn jeder Betreiber eines Heizkraftwerkes nutzt die gesamte produzierte elektrische Energie und Wärme selbst. Wird jedoch an andere Prozesse geliefert, dann muß für die Energie ein Verkaufspreis ermittelt werden. Dazu gibt es verschiedene Methoden. Beispielsweise kann man die Kosten der Stromproduktion in Kraftwerken zum Vergleich heranziehen und nur die darüber hinausgehenden Kosten der Heizkraftwerke der Wärmeproduktion anlasten. Auch die umgekehrte Vorgehensweise ist möglich [59]. Da im Rahmen dieser Untersuchung nur die Gesamtkosten der Energieversorgung betrachtet werden, wird auf diese Aufschlüsselung auch weiterhin verzichtet.

Die spezifischen Kosten der Kraftwerke beziehen sich auf Grundlastkraftwerke. Da im Szenario CT10N nur in 268 der betrachteten 1000 Zeitintervalle Strom aus einem Kraftwerk benötigt wird, muß dieses als Mittel- oder Spitzenlastkraftwerk ausgelegt sein. Nimmt man an, daß die spezifischen Kosten aus diesem Grund doppelt so hoch liegen wie in Tab. D.7 ausgewiesen [64], dann steigen die Gesamtkosten gegenüber CT10N um weniger als 2%.

Der Kosten-Index steigt in der Szenarien-Reihe CTxN mit zunehmender Temperatur schneller als in der Referenz-Szenarien-Reihe RTxN (vgl. Abb. 2.9b). Die relativen Kostensteigerungen wachsen deshalb von 27.3% bei 0°C auf 57.5% bei 20°C an. Der Grund liegt darin, daß der Anteil der festen Kosten, der sich mit der Temperatur kaum ändert, bei CTxN wesentlicher höher ist als bei RTxN. Da die beweglichen Kosten in CTxN durch die Wärmerückgewinnung bereits reduziert wurden, tragen sie bei einem temperaturbedingten Bedarfsrückgang weniger zur Kostenentlastung bei als in den Referenz-Szenarien RTxN.

Der Einfluß steigender Energiepreise

Durch Wärmerückgewinnung wird mit Hilfe von technischen Einrichtungen Primärenergie gespart. Deshalb stehen, wie bereits erwähnt, einer Abnahme der beweglichen Kosten Steigerungen bei den festen Kosten gegenüber. Die beweglichen Kosten sind jedoch (im Modell vollständig, in der Realität zum größten Teil) proportional zu den Energiepreisen. Es ist daher zu fragen, wie die Gesamtkosten auf veränderte Energiepreise reagieren. Abbildung 2.10 zeigt die Kosten einiger Referenz- und Kosten-Szenarien bei steigenden Brennstoffpreisen. Dabei sind die Auswirkungen der Energiepreiserhöhungen auf die spezifischen festen Kosten der einzelnen Techniken nicht berücksichtigt, weil die Energiemen-

[36]Um für die im weiteren vorgenommenen Aufschlüsselung der Kosten nach beweglichen und festen Kosten nicht noch zwei weitere Indizes definieren zu müssen, werden die prozentualen Veränderungen der Kosten in diesem Abschnitt zum Teil aus den Absolutenwerten berechnet und enthalten daher noch den statistischen Fehler.

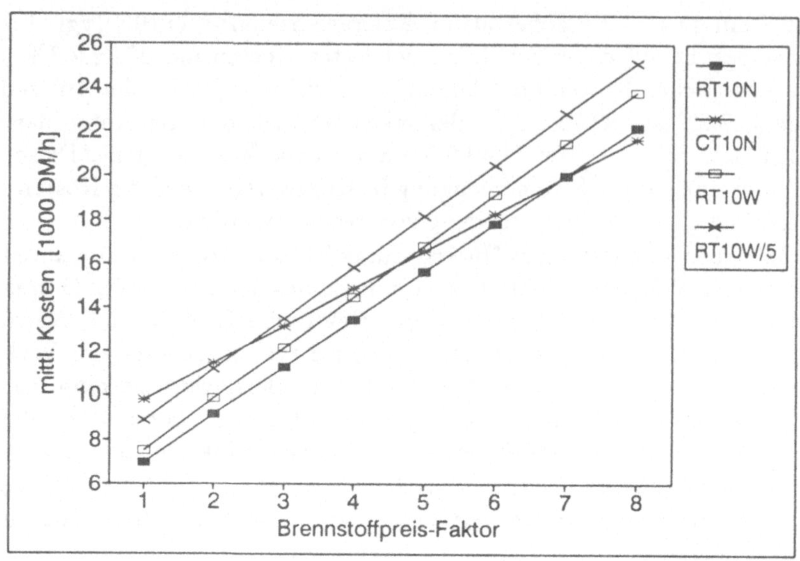

Abb. 2.10: Mittlere Kosten der Energieversorgung in der Modellstadt für verschiedene Referenz- und Kosten-Szenarien bei steigenden Brennstoffpreisen. Der Brennstoffpreis-Faktor 1 entspricht den in Tab. D.9 angegebenen Energiepreisen von 1987. Zur Bezeichnung der Szenarien vgl. Tab. 2.1 und 2.2. Im Szenario RT10W/5 wird für die CO_2-Rückhaltung eine Verfünffachung der Investitionskosten für Kraftwerke angenommen (statt einer Verdoppelung in RT10W).

gen, die zur Herstellung der Techniken notwendig sind, in *ECCO* vernachlässigt werden (vgl. Kap. 2.1.2).

In Abb. 2.10 ist zu erkennen, daß die Wärmerückgewinnung (Szenario CT10N) erst bei Energiepreisen, die um mindestens den Faktor 6.9 über den in Tab. D.9 verzeichneten Preisen von 1987 liegen, billiger wird als das Referenz-Szenario RT10N. Die Gesamtkosten der Energieversorgung sind dann um 184% höher als im Referenzszenario RT10N mit Preisen von 1987. Bei der Bewertung dieses Ergebnisses ist zu bedenken, daß die zugrunde gelegten Energiepreise von 1987 sehr niedrig sind. Im Jahr 1981 war z.B. der Preis für Heizöl (unter Berücksichtigung der Inflationsrate) um 140% höher als 1987. Die schon mehrfach zitierte Prognos-Studie erwartet, daß die Energiepreise bis zum Jahr 2010 das Niveau des Jahres 1981 wieder erreichen werden [3]. Der vorhergesagte Preisanstieg wird hauptsächlich auf eine zunehmende Knappheit von Erdöl zurückgeführt, schließt aber auch die Einführung zusätzlicher, umweltpolitisch bedingter Energiesteuern von bis zu 20% ein.[37] Verursacht werden die sehr hohen Kosten des Szenarios CT10N nicht nur durch die Techniken der Wärmerückgewinnung selbst, sondern auch durch die Tatsache, daß ihr Einsatz durch Backup-Techniken abgesichert werden muß.

[37]Die Prognos-Studie wurde vor der Besetzung Kuwaits durch den Irak erstellt. Zum Zeitpunkt der Fertigstellung dieser Arbeit (Oktober 90) hatte sich der Ölpreis als Folge der Golfkrise vorübergehend von 20 auf 40 Dollar pro Barrel verdoppelt.

Wenn man die Kosten der Wärmerückgewinnung mit denjenigen der CO_2-Rückhaltung vergleicht, dann stellt man fest, daß die Kosten des Szenarios CT10N bei Energiepreisen, die um den Faktor 2.5 höher sind als die Preise von 1987, billiger wird als die CO_2-Rückhaltung im Szenario RT10W/5 (obere Kostengrenze der CO_2-Rückhaltung = fünffache Investitionskosten für Kraftwerke). Die gesamten Kosten der Energieversorgung liegen in diesem Fall um 77% höher als im Referenz-Szenario RT10N mit Preisen von 1987. Die Kosten des Szenarios RT10W (untere Kostengrenze der CO_2-Rückhaltung = zweifache Investitionskosten für Kraftwerke) werden im Szenario CT10N erst bei 4.6-fachen Energiepreisen unterschritten. Die Gesamtkosten sind dann um 128% höher als bei RT10N.

Zum Vergleich: Für die Bundesrepublik erwartet Prognos als Ergebnis der o.a. Preiserhöhung eine 10%-ige Einsparung von Primärenergie und CO_2. Sie resultiert aus Maßnahmen aller Art (Bedarfsreduzierung, effektivere Nutzung usw.), ohne jedoch so umfassende Eingriffe in die Struktur der Energieversorgung zu erfordern, wie dies bei Verwirklichung der hier diskutierten Maßnahmen zur Wärmerückgewinnung und/oder zur CO_2-Rückhaltung notwendig wäre.

2.3.3 Änderungen des Bedarfsprofils: Sinkender Raumwärmebedarf

Wie sich bereits bei der Diskussion der Temperaturabhängigkeit der Optimierungsergebnisse in Kap. 2.3.1 herausgestellt hat, wirken sich Veränderungen des Energiebedarfs unmittelbar auf die Möglichkeiten zur Wärmerückgewinnung aus. Neben den durch Außentemperatur, Wochentag und Tageszeit induzierten, im wesentlichen periodischen Bedarfsschwankungen müssen bei der Planung der Energieversorgung langfristig erwartete oder mögliche strukturelle Veränderungen des Bedarfs berücksichtigt werden. Als Beispiel für die Modellierung solcher Strukturänderungen mit Hilfe von Szenarien wird eine Abnahme des Raumwärmebedarfs angenommen, die auf zusätzliche Isolationsmaßnahmen an Gebäuden zurückgeht.

In Ref. 2 und 29 wird eine Reduzierung des Raumwärmebedarfs um bis zu 80% selbst bei bereits bestehenden Gebäuden für möglich gehalten. Aufgrund dieser Aussage werden Szenarien-Reihen untersucht, in denen der ursprüngliche Raumwärmebedarf der Haushalte und Kleinverbraucher um 1/6, 2/6, 3/6 und 4/6 reduziert wird (vgl. Tab. 2.3). Für die verschiedenen Bedarfssitutationen werden der Primärenergieeinsatz und die CO_2-Emissionen berechnet (Referenz-Szenarien-Reihen RHzAN und RHzAW) bzw. optimiert (Ideal-Szenarien-Reihen SHzAN und SHzAW). In zwei zusätzlichen Ideal-Szenarien-Reihen, SHzBN und SHzBW, wird angenommen, daß der Restbedarf an Raumwärme nicht durch industrielle Abwärme, Kraft-Wärme-Kopplung oder Umgebungswärmepumpen gedeckt werden kann, weil die Gesamtkosten für die Isolationsmaßnahmen *und* Wärmerückgewinnung zu hoch wären. Die entsprechenden Techniken werden ausgeschlossen, so daß für Haushalte und Kleinverbraucher nur die schon in der Gruppe der Referenz-Szenarien eingesetzten Zentralheizungen zur Verfügung stehen. Für die industriellen Prozesse sind dagegen alle Maßnahmen der Wärmerückgewinnung weiter zugelassen. Die Ergebnisse der in Tab. 2.3 angeführten Szenarien sind in Abb. 2.11 und 2.12 dargestellt. Dabei wird in allen Fällen ein Mittelwert der Außentemperaturverteilung von 10°C angenommen.

Kurzbezeichung	Merkmale
Szenarien-Reihen ... Hz...	Für z≠0 ist der Raumwärmebedarf der Haushalte und Kleinverbraucher um z/6 gegenüber z=0 reduziert. Für alle hier angeführten Szenarien wird ein Mittelwert der Außentemperaturverteilung von 10°C angenommen.
RHzAN = RH0AN, ..., RH4AN	Berechnungen für Referenz-Szenarien-Reihe mit schrittweise reduziertem Raumwärmebedarf; der Strom stammt dabei ausschließlich aus herkömmlichen Kraftwerken; das Szenario RH0AN ist identisch mit RT10N aus Tab. 2.1.
RHzAW = RH0AW, ..., RH4AW	Berechnungen für Referenz-Szenarien-Reihe mit schrittweise reduziertem Raumwärmebedarf; der Strom stammt dabei ausschließlich aus Kraftwerken mit CO_2-Rückhaltung; das Szenario RH0AW ist identisch mit RT10W aus Tab. 2.1.
SHzAN = SH0AN, ..., SH4AN	Energieoptimierung für Ideal-Szenarien-Reihe mit schrittweise reduziertem Raumwärmebedarf; SH0AN ist identisch mit ST10N aus Tab. 2.1.
SHzAW = SH0AW, ..., SH4AW	CO_2-Optimierung für Ideal-Szenarien-Reihe mit schrittweise reduziertem Raumwärmebedarf; SH0AW ist identisch mit ST10W aus Tab. 2.1.
SHzBN = SH0BN, ..., SH4BN	wie SHzAN; Unterschied: für die Raumwärmeversorgung der Haushalte und Kleinverbraucher sind nur lokale Techniken zugelassen (für HH1, KV1: Gaszentralheizung, für HH2, KV2: Ölzentralheizung, für HH3, KV3: Ölzentralheizung und Wärmepumpen); der Wärmebedarf in SHzBN ist identisch mit demjenigen in SHzAN.
SHzBW = SH0BW, ..., SH4BW	wie SHzAW; Unterschiede wie zwischen SHzBN und SHzAN; der Wärmebedarf in SHzBW ist identisch mit demjenigen in SHzAN und SHzAW.

Tab. 2.3: Zusammenstellung der Szenarien aus Kap. 2.3.3. Zur Systematik der Kurzbezeichnungen vgl. Tab. 2.1.

Primärenergieeinsatz

Die Reduzierung des Raumwärmebedarfs der Haushalte und Kleinverbraucher um 4/6 (=67%) führt zu einer Abnahme des mittleren Wärmebedarfs der Modellstadt um 37.0±1.4%.[38] Der Primärenergieeinsatz in der Referenz-Szenarien-Reihe RHzAN sinkt von 107±3 MWh/h (RH0AN in Abb. 2.11a) auf 80.4±2.6 MWh/h (RH4AN), also um 24.9±3.4%.[39] Für die Ideal-Szenarien-Reihe SHzAN findet man einen Rückgang von 77.2±2.5 MWh/h (SH0AN) auf 56.6±1.8 MWh/h (SH4AN), das entspricht 26.7±3.3%. Die relativen Reduktionspotentiale für den Primärenergieeinsatz, die auf die Absenkung des Wärmebedarfs in beiden Szenarien-Reihen zurückgehen, unterscheiden sich demnach nicht signifikant. Allerdings ist der absolute Rückgang des Primärenergieeinsatzes im Ver-

[38]Der angegebene Mittelwert des Bedarfs wurde auf der Grundlage von 4000 Zeitintervallen gewonnen, alle anderen Ergebnisse basieren weiterhin auf 1000 Intervallen.

[39]An dieser Stelle kann der Unterschied der Indizes, ΔI_N, nicht zur Angabe des relativen Rückgangs des Primärenergieeinsatzes verwendet werden, weil die Szenarien RH0AN und RH4AN eine unterschiedlichen Nutzenergiebedarf aufweisen.

a)

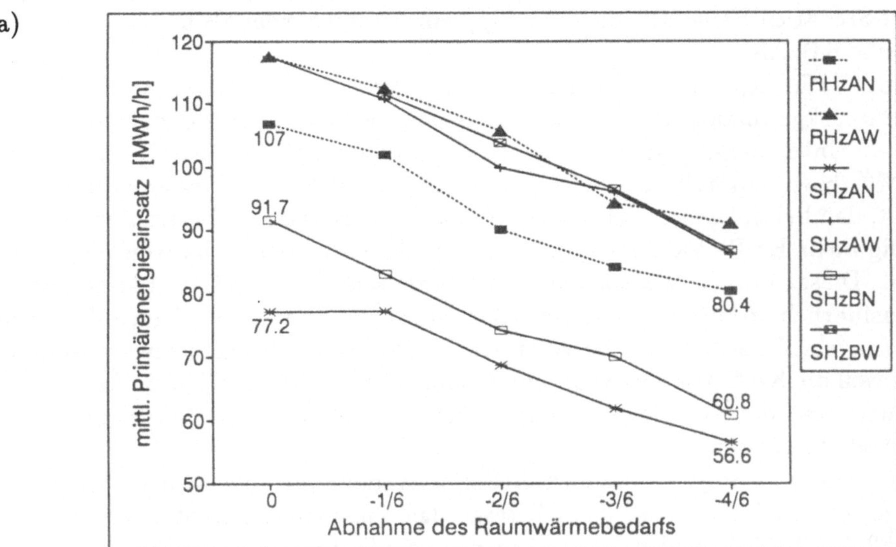

b)

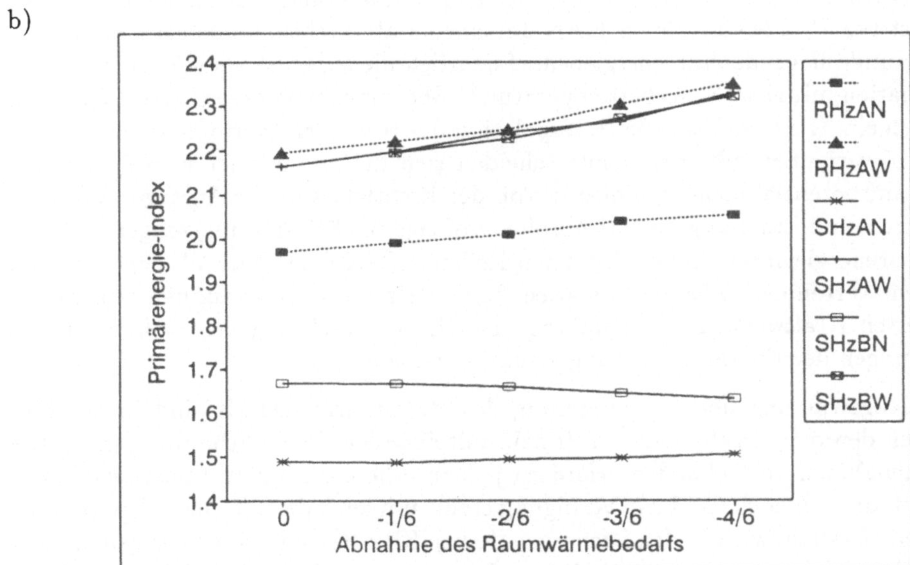

Abb. 2.11: Primärenergieeinsatz in der Modellstadt für verschiedene Referenz- und Ideal-Szenarien-Reihen mit abnehmendem Raumwärmebedarf:
a) als Stundenmittelwert $<N(t)>$
b) als Primärenergie-Index I_N gem. Gl. (2.54).
Zur Bezeichnung der Szenarien vgl. Tab. 2.3 und 2.1.

lauf der Ideal-Szenarien-Reihe SHzAN um knapp ein Viertel kleiner als bei der Referenz-Szenarien-Reihe RHzAN.

Die Ursache dafür liegt in der Tatsache, daß sich die relativen Einsparpotentiale, die aus der Wärmerückgewinnung resultieren, bei vollem und reduziertem Bedarf nur wenig unterscheiden. Unter Benutzung des Primärenergie-Index [vgl. Gl. (2.54)] ergeben sie sich zu 24.5%[40] bzw. 26.7%.[41] Der leichte Anstieg des relativen Energiesparpotentials beruht darauf, daß bei sinkendem Raumwärmebedarf und gleichzeitig konstantem Strombedarf anteilig mehr Kraft-Wärme-Kopplung und mehr industrielle Abwärme eingesetzt werden kann. Dieses für die Modellstadt charakteristische Phänomen wurde bereits in Kap. 2.3.1 ausführlich diskutiert. Es reicht jedoch nicht aus, um den Rückgang der absoluten Einsparungen, die sich durch die Wärmerückgewinnung erzielen lassen, vollständig aufzufangen, weil die Kraft-Wärme-Kopplung absolut weniger Energie liefert. Andere wesentliche Änderungen der Energieversorgungsstruktur treten durch die Verringerung des Raumwärmebedarfs nicht auf.

Wenn die beiden Strategien, nämlich Bedarfsverminderung und Wärmerückgewinnung, gleichzeitig verfolgt werden, dann beträgt das Einsparungspotential für Primärenergie 50.2±2.3 MWh/h.[42] Es ist damit kleiner als die Summe der Einzelpotentiale, die 56.0±3.6 MWh/h beträgt.[43] Ein Blick auf Abb. 2.11 läßt allerdings vermuten, daß es sich bei dem Wert von 77.2 MWh/h für SH0AN um einen statistischen Ausreißer handelt, bei dem der zugrunde liegende Nutzenergiebedarf deutlich niedriger ist als der Durchschnitt anderer Szenarien mit gleicher Außertemperatur.[44] Setzt man stattdessen einen Wert von ca. 83 MWh/h ein, wie er sich aus der Interpolation der restlichen Werte in der Szenarien-Reihe SHzAN vermuten läßt, dann unterscheiden sich die Summe der Einzelpotentiale und das Gesamtpotential nicht signifikant. Von der Richtigkeit dieser Aussage kann man sich auch durch eine Erhöhung des Stichprobenumfangs für SH0AN überzeugen.

Der Primärenergieeinsatz in den Szenarien-Reihen RHzAW und SHzAW liegt um rund 10% über den Werten der Referenz-Szenarien-Reihe RHzAN. Dies ist auf den Einsatz der CO_2-reduzierten Kraftwerke zurückzuführen. Durch den Rückgang des Bedarfs werden keine Änderungen der Energieversorgungsstruktur induziert.

Wärmerückgewinnung und Verminderung des Raumwärmebedarfs sind in der Modellstadt nach den o.a. Ergebnissen im Prinzip miteinander verträgliche Strategien. Die Isolationsmaßnahmen an Gebäuden erfordern jedoch erhebliche Investitionen, so daß es fraglich ist, ob danach noch Geld zur Verfügung steht, um auch die Wärmerückgewinnung zu finanzieren. Deshalb wird in den Szenarien-Reihen SHzBN und SHzBW angenommen, daß der Restbedarf der Haushalte und Kleinverbraucher mittels derjenigen lokalen Techniken (Zentralheizungen) gedeckt wird, die auch in der Gruppe der Referenz-Szenarien für sie vorgesehen sind. Die Wärmerückgewinnung in der Industrie ist dagegen weiter zugelassen. Die Ergebnisse dieser Sensitivitätsanalyse sind in Abb. 2.11 ebenfalls eingetragen.

Die Abnahme des Primärenergie-Index gegenüber den Referenz-Szenarien RHzAN, i.e. das Potential zur Einsparung von Primärenergie, ist für SH0BN um 37.6% kleiner als für

---

[40]Differenz zwischen RH0AN und SH0AN in Abb. 2.11b; beide weisen für $\Phi \rightarrow \infty$ den gleichen Nutzenergiebedarf auf.

[41]Differenz zwischen RH4AN und SH4AN in Abb. 2.11b.

[42]Differenz zwischen den Punkten RH0AN und SH4AN in Abb. 2.11a.

[43]RH0AN→SH0AN + RH0AN→RH4AN.

[44]SH0AN ist identisch mit ST10N; in Tab. E.1 erkennt man durch Vergleich der Szenarien ...T10..., daß ST10N in der Tat einen sehr niedrigen Nutzenergiebedarf aufweist.

SH0AN und bei SH4BN um 23.2% geringer als bei SH4AN. Es beträgt noch 15.3% bzw. 20.5% (Abb. 2.11b). Der Unterschied zwischen SHzAN und SHzBN nimmt mit sinkendem Raumwärmebedarf ab, weil sich die beiden Szenarien-Reihen nur hinsichtlich der Deckung dieses Bedarfs unterscheiden. Die Bedeutung der industriellen Wärmerückgewinnung, die für die verbleibenden Einsparpotentiale verantwortlich ist, nimmt gleichzeitig zu. Da der größte Teil der Wärme aus Heizkraftwerken in den Szenarien SHzAN zur Raumheizung eingesetzt wird und gerade dieser Bereich in SHzBn nicht mehr beliefert werden kann, wird der Einsatz der Kraft-Wärme-Kopplung in den letztgenannten Szenarien zunehmend durch mangelnden Wärmebedarf beschränkt. Statt in 143 Zeitintervallen muß deshalb das Kraftwerk in den Szenarien SHzBN in rund 350 Intervallen eingesetzt werden. Das gemeinsame Einsparungspotential von Bedarfsverminderung und Wärmerückgewinnung beträgt nur noch 46.0±2.1 MWh/h.[45] Die Tatsache, daß die Summe der Einzelpotentiale hier mit 41.5±2.5 MWh/h kleiner als das Gesamtpotential ist, resultiert wiederum aus der zufälligen Summierung statistischer Fehler. Wenn der Stichprobenumfang durch zusätzliche Optimierungsläufe erhöht wird, dann lassen sich keine signifikanten Unterschiede zwischen den beiden Werten mehr feststellen. Dies muß der Fall sein, weil in der Szenarien-Reihe SHzBN die Wärmerückgewinnung nur in der Industrie und die Bedarfsverminderung nur bei Haushalten und Kleinverbrauchern auftritt, also beide Strategien entkoppelt sind.

Da die Techniken der Wärmerückgewinnung, die in den Szenarien SHzBN ausgeschlossen wurden, bei der CO_2-Optimierung ohnehin nicht eingesetzt werden, sind die Ergebnisse für die Szenarien SHzBW mit denjenigen für SHzAW identisch.

CO_2-Emissionen

Die CO_2-Emissionen sinken in der Referenz-Szenarien-Reihe RHzAN von 30.9±0.9 t/h (RH0AN in Abb. 2.12a) auf 23.6±0.7 t/h (RH4AN), d.h. um 23.7±3.4%. Für die Ideal-Szenarien-Reihe SHzAN erhält man einen Rückgang von 20.6±0.6 t/h (SH0AN) auf 14.8±0.4 t/h (SH4AN), das entspricht 28.5±3.2%. Die absolute Abnahme des CO_2-Ausstoßes im Verlauf der Szenarien-Reihe SHzAN ist also um ein Fünftel kleiner als bei der Szenarien-Reihe RHzAN. Ein ähnlicher Sachverhalt wurde auch schon für den Primärenergieeinsatz festgestellt.

Der CO_2-Index [vgl. Gl. (2.55)] steigt in der Referenz-Szenarien-Reihe RHzN mit abnehmendem Raumwärmebedarf an, weil der Anteil des Stroms am Energiebedarf zunimmt (vgl. Abb. 2.12b). Dieser wird jedoch in den Kraftwerken nur mit einem relativ schlechten Wirkungsgrad erzeugt. Der Anstieg des CO_2-Index ist mit 5% sogar etwas größer als derjenige des Primärenergie-Index (4%) in Abb. 2.11b, weil in Kraftwerken Steinkohle eingesetzt wird, deren Verbrennung überproportional viel CO_2 freisetzt. Für die Ideal-Szenarien-Reihe SHzN sind dagegen beide Indizes nahezu konstant, weil der meiste Strom in Heizkraftwerken erzeugt wird. Der unterschiedliche Verlauf der Kurven führt dazu, daß die CO_2-Emissionen durch den Einsatz der Wärmerückgewinnung bei vollem Bedarfsprofil (RH0AN→SH0AN in Abb. 2.12b) um 30.4%, bei maximal reduziertem Raumwärmebedarf (RH4AN→SH4AN) jedoch um 34.9% vermindert werden kann.

Durch den gemeinsamen Einsatz der beiden Strategien (Bedarfsminderung und Wärmerückgewinnung: RH0AN→SH4AN) können die CO_2-Emissionen um 16.2±0.7 t/h

[45] Differenz zwischen den Punkten RH0AN und SH4BN in Abb. 2.11a.

a)

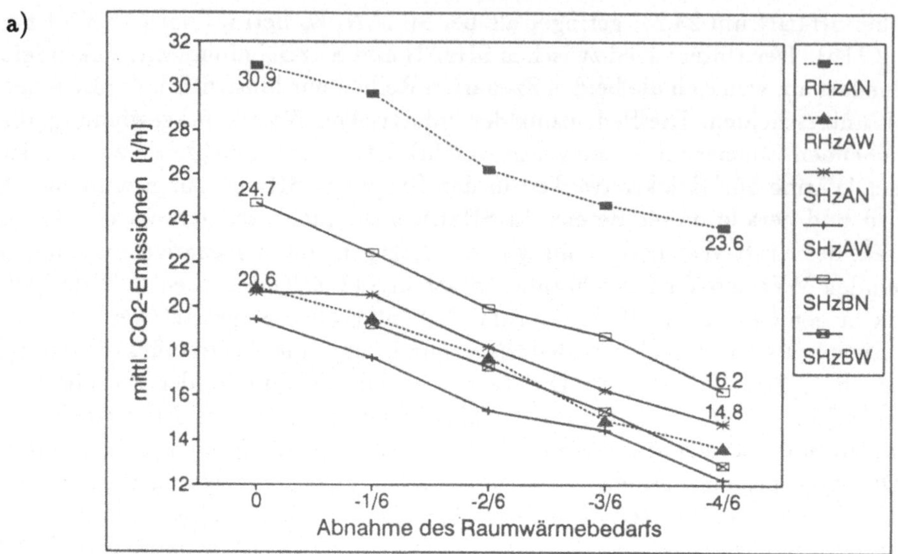

b)

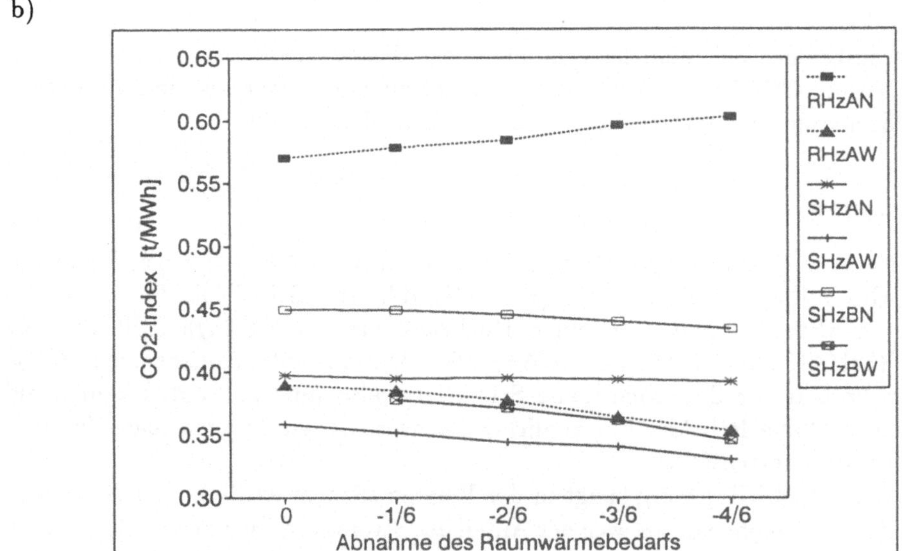

Abb. 2.12: CO_2-Emissionen in der Modellstadt für verschiedene Referenz- und Ideal-Szenarien-Reihen mit abnehmendem Raumwärmebedarf:
a) als Stundenmittelwert $<W(t)>$
b) als CO_2-Index I_W gem. Gl. (2.55).
Zur Bezeichnung der Szenarien vgl. Tab. 2.3 und 2.1.

vermindert werden. Die Summe der Einzelpotentiale beträgt 17.6±1.1 t/h. Da sich die Fehlerbereiche der beiden Werte überlappen, kann hinsichtlich des CO_2-Ausstoßes keine signifikante Konkurrenz der beiden Strategien festgestellt werden.

Bei Einsatz von CO_2-Rückhaltetechniken in Kraftwerken sinkt der CO_2-Index mit abnehmendem Raumwärmebedarf ab, weil der steigende Anteil des Stroms am Energiebedarf unter Rückhaltung des CO_2 erzeugt werden kann (RHzAW in Abb. 2.12b). Die daraus resultierende Abnahme der CO_2-Emissionen wächst von 31.7% (RH0AN→RH0AW) auf 41.4% (RH4AN→RH4AW) an. Wenn zusätzlich Abwärme genutzt wird (SHzAW), dann betragen die Einsparungen 37.3% (RH0AN→SH0AW) bzw. 45.2%. (RH4AN→SH4AW).[46]

Wird die Wärmerückgewinnung zur Versorgung der Haushalte und Kleinverbraucher mit Raumwärme unterbunden (SHzBN), dann ergibt die Energieoptimierung Potentiale zur Verringerung der CO_2-Emissionen von 21.2% im Szenario SH0BN bis zu 27.9% bei SH4BN, bezogen auf die zugehörigen Referenz-Szenarien RH0AN bzw. RH4AN. Sie sind damit um 30.3% bzw. 20.1% kleiner als für die entsprechenden Szenarien SH0AN und SH4AN. Das gemeinsame CO_2-Reduktionspotential von Bedarfsminderung und Wärmerückgewinnung (RH0AN→SH4BN) beläuft sich auf 14.7±0.7 t/h und unterscheidet sich damit nicht signifikant von der Summe der Einzelpotentiale, die 13.5±0.8 t/h beträgt. Die Ergebnisse für die Szenarien SHzBW sind mit denjenigen für SHzAW identisch.

Kosten

Ein Vergleich der Kosten von Bedarfsminderung und Wärmerückhaltung kann mit *ECCO* derzeit noch nicht durchgeführt werden, weil mir die dafür erforderlichen Angaben zu den Kosten der Isolationsmaßnahmen am Gebäudebestand und zu den Änderungen der Kosten bei den dann kleineren Zentralheizungen fehlen.

2.3.4 Änderungen des Bedarfsprofils: Steigender Strombedarf

Bei einem angenommenen Temperaturmittelwert von 10°C beträgt der Anteil der elektrischen Energie am Gesamtenergiebedarf der Modellstadt 20.1%. Dieser Wert ist nahezu identisch mit dem Anteil des Stroms von 22.7% am Endenergiebedarf der Verbrauchergruppen Haushalte, Industrie und Sonstige in der Bundesrepublik (vgl. Abb. 1.3).

Da in den bisher diskutierten Szenarien häufig der Fall auftrat, daß der Einsatz der Kraft-Wärme-Kopplung durch den Strombedarf und nicht durch den Wärmebedarf begrenzt wurde, wird in einer neuen Szenarien-Reihe SAyN untersucht, wie sich eine Erhöhung des Strombedarfs um 5–25 MWh/h auf die Energieversorgung der Modellstadt auswirkt (vgl. Tab. 2.4). Der zusätzlich Strombedarf könnte sich beispielsweise aus dem bisher unberücksichtigten öffentlichen Bedarf (Straßenbeleuchtung etc.), einem stromintensiven Industriebetrieb (z.B. einem Aluminiumwerk) oder dem Export von Strom aus der Modellstadt in ein überregionales Verbundnetz ergeben. Es wird angenommen, daß der Strombedarf ständig anfällt.

---

[46]Bei CO_2-Optimierung mit den Pfaden der Ideal-Szenarien-Gruppe wird die Kraft-Wärme-Kopplung nicht eingesetzt (vgl. Kap. 2.3.1).

Kurzbezeichung	Merkmale
Szenarien-Reihen ... Ay...	Für y≠0 wird ein ständiger zusätzlicher Strombedarf von y MWh/h angenommen. Für alle hier angeführten Szenarien wird ein Mittelwert der Außentemperaturverteilung von 10°C angenommen.
RAyN = RA0N, ..., RA25N	Berechnungen für Referenz-Szenarien-Reihe mit schrittweise erhöhtem Strombedarf; der Strom stammt dabei ausschließlich aus herkömmlichen Kraftwerken; das Szenario RA0N ist identisch mit RT10N aus Tab. 2.1.
RAyW = RA0W, ..., RA25W	Berechnungen für Referenz-Szenarien-Reihe, mit schrittweise erhöhtem Strombedarf; der Strom stammt dabei ausschließlich aus Kraftwerken mit CO_2-Rückhaltung; das Szenario RA0W ist identisch mit RT10W aus Tab. 2.1.
SAyN = SA0N , ..., SA25N	Energieoptimierung für Ideal-Szenarien-Reihe mit schrittweise erhöhtem Strombedarf; das Szenario SA0N ist identisch mit ST10N aus Tab. 2.1.

Tab. 2.4: Zusammenstellung der Szenarien aus Kap. 2.3.4. Zur Systematik der Kurzbezeichnungen vgl. Tab. 2.1.

Mit der Zunahme des zusätzlichen Strombedarfs von 0 auf 25 MWh/h steigt der Primärenergieeinsatz in der zum Vergleich betrachteten Referenz-Szenarien-Reihe RAyN um 71.5±3.2 MWh/h oder 66.9±7.5% an (vgl. Abb. 2.13a). Für die Ideal-Szenarien-Reihe SAyN beträgt der Anstieg dagegen nur 50.5±2.3 MWh/h oder 65.4±7.4%. Durch einen verstärkten Einsatz der Kraft-Wärme-Kopplung läßt sich also ein Viertel des zusätzlichen Primärenergieeinsatzes vermeiden. Das Potential zur Einsparung von Primärenergie steigt von 24.5% (RA0N→SA0N in Abb. 2.13b) auf 28.3% (RA25N→SA25N) an. Eine genauere Betrachtung des Verlaufs der Primärenergie-Indizes in den beiden Szenarien-Reihen zeigt, daß das Einsparungspotential zunächst sogar auf 29.3% (RA15N→SA15N) anwächst, dann aber wieder leicht zurückgeht.

Der Primärenergie-Index steigt in den Referenz-Szenarien-Reihen RAyN und RAyW an, weil der Anteil der elektrischen Energie am Gesamtenergiebedarf wächst und diese nur mit relativ schlechtem Wirkungsgrad erzeugt werden kann. Der Verlauf dieses Index in der Ideal-Szenarien-Reihe SAyN läßt sich in 3 Abschnitte einteilen: Bei einer Erhöhung des Strombedarfs um 5 MWh/h ändert er sich überhaupt nicht. Der zusätzlich Strombedarf wird (fast) vollständig über Kraft-Wärme-Kopplung gedeckt. Durch die vermehrte Nutzung der Gasturbine für den Rostbandofen im Gipswerk erhöht sich auch die dort verfügbare Abwärmemenge, die zur Deckung des Raumwärmebedarf herangezogen werden kann und so Primärenergie einspart. Zwischen 5 und 15 MWh/h zusätzlichem Strombedarf steigt die Abwärmemenge aus dem Gipswerk nicht mehr an. Der Anteil der Kraft-Wärme-Kopplung wächst dennoch weiter, weil verstärkt dezentrale Kleinheizkraftwerke und zentrale Blockheizkraftwerke eingesetzt werden. Gleichzeitig muß aber in immer mehr Intervallen ein Teil des Stromes im Kraftwerk erzeugt werden, weil der Wärmebedarf den Einsatz der Heizkraftwerke begrenzt. Im Ergebnis zeigt sich ein Anstieg des Primärenergie-Index, der jedoch langsamer verläuft als in der Referenz-Szenarien-Reihe RAyN. Bei noch stärkerem Anwachsen des Strombedarfs nimmt der Index in der Ideal-Szenarien-Reihe SAyN in gleichem Maße zu wie in der Referenz-Szenarien-Reihe

a)

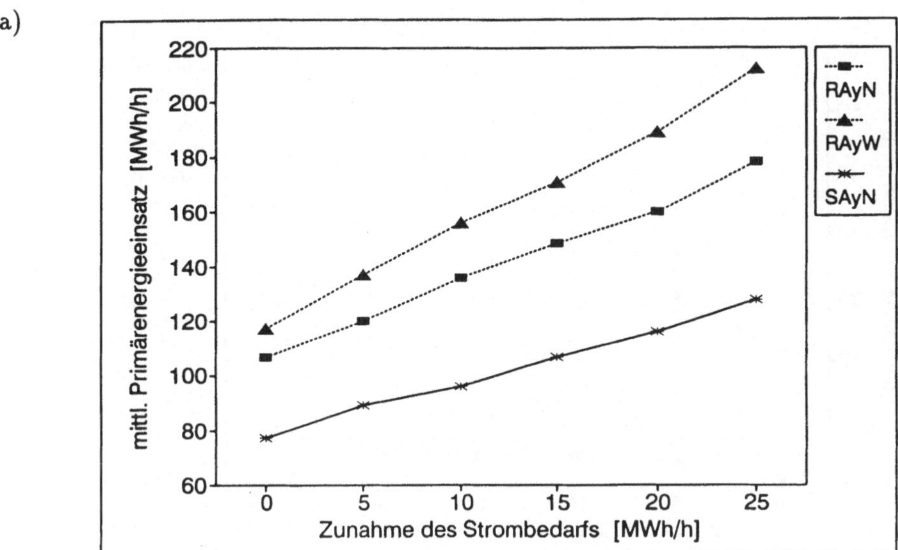

b)

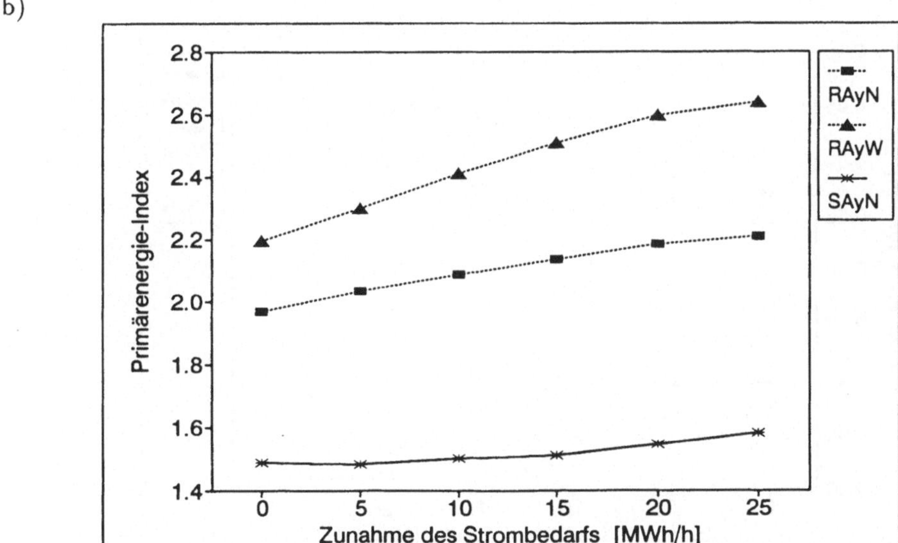

Abb. 2.13: Primärenergieeinsatz in der Modellstadt für verschiedene Referenz- und Ideal-Szenarien-Reihen mit zunehmendem Strombedarf:
a) als Stundenmittelwert $<N(t)>$
b) als Primärenergie-Index I_N gem. Gl. (2.54).
Zur Bezeichnung der Szenarien vgl. Tab. 2.4 und 2.1.

a)

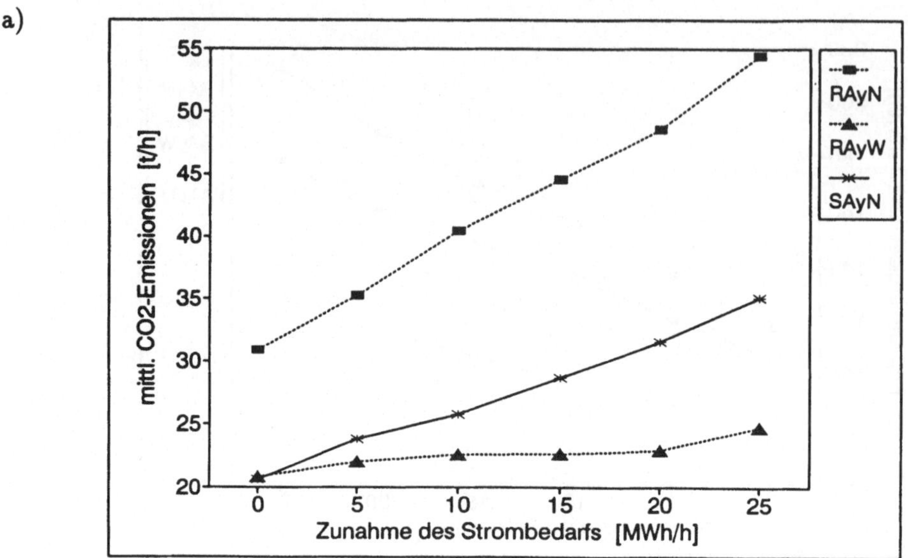

b)

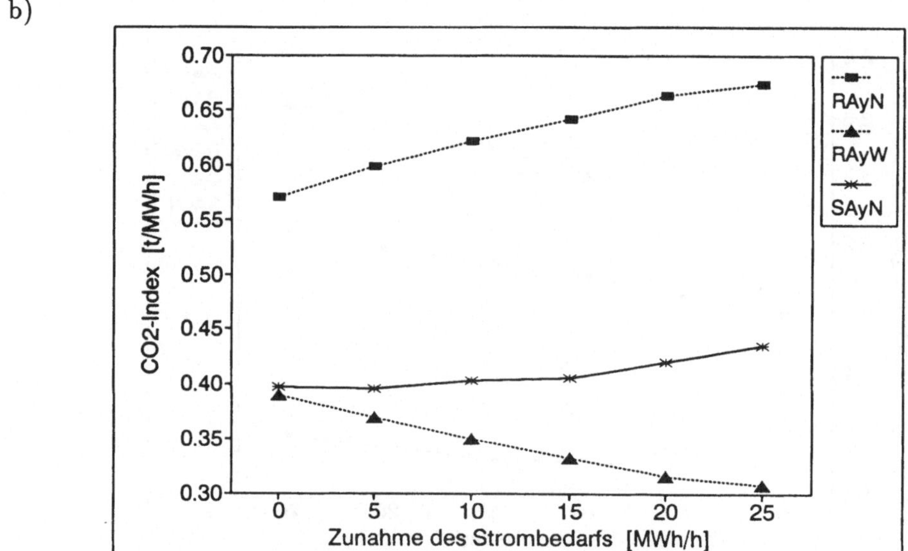

Abb. 2.14: CO_2-Emissionen in der Modellstadt für verschiedene Referenz- und Ideal-Szenarien-Reihen mit zunehmendem Strombedarf:
a) als Stundenmittelwert $<W(t)>$
b) als CO_2-Index I_W gem. Gl. (2.55).
Zur Bezeichnung der Szenarien vgl. Tab. 2.4 und 2.1.

RAyN, weil der zusätzliche Strom dann in beiden Fällen ausschließlich in Kraftwerken produziert werden muß. Da eine Verringerung des Strombedarfs unter den Wert des Szenarios SA0N den Primärenergie-Index ebenfalls ansteigen läßt, existiert für den Index ein minimaler Wert, dem ein optimales Verhältnis von Wärme- und Strombedarf entspricht.

Die Unterschiede zwischen den Szenarien RAyN und SAyN gelten sinngemäß auch für die CO_2-Emissionen, die in Abb. 2.14 dargestellt sind. Im Vergleich mit der CO_2-Rückhaltung schneidet die Wärmerückgewinnung jedoch mit zunehmendem Strombedarf immer schlechter ab. In den Szenarien RA0W und SA0N sind die CO_2-Minderungspotentiale gegenüber RA0N mit 31.7% und 30.4% nahezu gleich groß. Bei einem zusätzlichen Strombedarf von 25 MWh/h betragen die Einsparmöglichkeiten jedoch 54.4% (RA25W→RA25N) bzw. 35.5% (RA25N→SA25N). Allerdings verursacht die Rückhaltung eine Zunahme des Primärenergieeinsatzes um 19.5%, wohingegen die Wärmerückgewinnung Energieeinsparungen von 28.3% ermöglicht.

2.4 Zusammenfassung und Kritik des Modells *ECCO*

Das Modell *ECCO* ist ein lineares stochastisches Optimierungsmodell, das entwickelt wurde, um Potentiale zur Primärenergieeinsparung und zur Minderung der CO_2-Emissionen aufzuzeigen, die sich in regionalen Energiesystemen durch Wärmerückgewinnung ergeben, wenn zeitliche Schwankungen des Energiebedarfs berücksichtigt werden. Darüber hinaus sollten die Kosten abgeschätzt werden, die mit der Realisierung der ermittelten Potentiale verbunden sind.

Die mit *ECCO* betrachteten Energiesysteme bestehen aus Prozessen, die Energie nachfragen, und aus Techniken, die Energie der gewünschten Form und Qualität, i.e. Arbeitsfähigkeit, zur Verfügung stellen, sowie aus Versorgungspfaden, die Prozesse und Techniken miteinander verbinden. An Brennstoffen werden Kohle, schweres und leichtes Heizöl sowie Erdgas zugelassen. Für jeden Prozeß werden Menge, Qualität und zeitliche Fluktuationen seines Nutzenergiebedarfs erfaßt. Zur Befriedigung dieses Bedarfs stehen lokale, zentrale und vernetzende (d.h. einzelne Prozesse zum Zwecke der Abwärmenutzung verbindende) Techniken zur Verfügung. Neben herkömmlichen Techniken wie Zentralheizungen und Feuerungen sind Techniken der Wärmerückgewinnung verfügbar, nämlich Wärmetauschernetzwerke, Kraft-Wärme-Kopplung und Wärmepumpen. Zur Verminderung des CO_2-Ausstoßes ist daneben auch die aktive Rückhaltung von CO_2 bei der Stromerzeugung in Kraftwerken möglich. Zielfunktionen von *ECCO* sind der Primärenergieeinsatz und die CO_2-Emissionen, Optimierungsvariablen sind die Anteile der Versorgungspfade an der Deckung des Energiebedarfs der Prozesse sowie der Primärenergieeinsatz in Kraftwerken. Außerdem können die Kosten des Energiesystems durch interaktive Eingriffe in die Energie- und CO_2-Optimierung gesenkt werden.

Im Rahmen der stochastischen Optimierung wird eine repräsentative Stichprobe von Zeitintervallen betrachtet, in denen unterschiedliche Bedarfssituationen herrschen, die sich aus der Simulation periodischer und zufälliger Fluktuationen des Energiebedarfs der Prozesse ergeben. Der Raumwärmebedarf der privaten Haushalte und der Kleinverbraucher wird dabei durch die Außentemperatur und den Tagesablauf bestimmt, ihr Strombedarf durch Jahreszeit, Wochentag und Tageszeit. Der industrielle Prozeßwärme- und Strombedarf – und damit auch der Anfall nutzbarer industrieller Abwärme – hängt ab von den betrieblichen Arbeitszeiten am Tag und in der Woche sowie von zufälligen Entscheidungsvorgängen in den einzelnen Betrieben.

Da es nicht möglich war, alle erforderlichen Daten für den Einsatz von *ECCO* aus einer (realen) Region zu bekommen, mußte anhand von Einzelerhebungen und Literaturstudien eine Modellstadt konstruiert werden. Diese besteht aus drei Stadtteilen mit knapp 20000 Einwohnern, in denen die privaten Haushalte und die Kleinverbraucher angesiedelt sind, sowie 4 Betrieben mit insgesamt 11 industriellen Prozessen. Für die Modellstadt umfaßt das Optimierungsproblem bis zu 92 Optimierungsvariablen und 23 Nebenbedingungen, mit *ECCO* lassen sich jedoch auch wesentlich größere Systeme betrachten. Um die Einsparmöglichkeiten beurteilen zu können wurden Referenz-Szenarien aufgestellt, die den Status quo der Modellstadt beschreiben, in dem Wärmerückgewinnung und CO_2-Rückhaltung nicht eingesetzt werden.

Durch Betrachtung verschiedener Szenarien lassen sich u.a. folgende Ergebnisse erzielen:

- Bei einem Mittelwert der Außentemperaturverteilung von 10°C kann der Primärenergieeinsatz in der Modellstadt durch Wärmerückgewinnung um 25% reduziert werden. Gleichzeitig gehen die CO_2-Emissionen um 31% zurück.[47]
- Die genannten relativen Potentiale werden durch eine Absenkung des Mittelwertes der Außentemperaturverteilung auf 0°C bzw. eine Anhebung auf 20°C um weniger als ein Zehntel verändert, obwohl der jeweilige Nutzenergiebedarf um 50% über bzw. 30% unter dem Wert für 10°C liegt.
- Unter den im ersten Punkt genannten äußeren Bedingungen können die CO_2-Emissionen der Modellstadt durch aktive Rückhaltung des bei der Stromerzeugung anfallenden CO_2 um 32% reduziert werden. Allerdings steigt der Primärenergieeinsatz in diesem Fall um 11%, weil zur CO_2-Rückhaltung selbst Energie erforderlich ist.
- Die CO_2-Rückhaltung kann ausschließlich in Großkraftwerken eingesetzt werden. In dezentralen Heizkraftwerken ist sie wegen des hohen Aufwands nicht möglich, bei zentraler Kraft-Wärme-Kopplung wird der elektrische Wirkungsgrad durch diese Maßnahme zu weit reduziert. Weil in der Modellstadt nur wenig industrielle Abwärme zur Verfügung steht und deshalb die dezentrale Kraft-Wärme-Kopplung den größten Anteil an der Abwärmenutzung hat, sind Wärmerückgewinnung und CO_2-Rückhaltung in diesem Fall nicht kompatibel.

  Wenn der Anteil des Strombedarfs am gesamten Energiebedarf der Modellstadt wächst, dann können die CO_2-Emissionen mit Hilfe der CO_2-Rückhaltung zunehmend stärker reduziert werden als durch die Wärmerückgewinnung.
- Die Verminderung des Raumwärmebedarf der privaten Haushalte und der Kleinverbraucher um 2/3 (z.B. durch bessere Gebäudeisolation) reduziert den Primärenergieeinsatz und den CO_2-Ausstoß um knapp ein Viertel. Die absoluten Einsparungen bei Primärenergie und CO_2-Emissionen, die sich durch die Wärmerückgewinnung erzielen lassen, sind für ein derart reduziertes Bedarfsprofil um etwa ein Viertel kleiner als für das ursprüngliche Bedarfsprofil. Die im ersten Punkt angeführten relativen Einsparpotentiale verändern sich aber kaum.

[47]Der überproportionale Rückgang der CO_2-Emissionen ist darauf zurückzuführen, daß elektrische Energie überwiegend in Heizkraftwerken unter Einsatz von Erdgas statt in kohle-befeuerten Kraftwerken erzeugt wird. Bei der Verbrennung von Kohle wird je Enthalpieeinheit deutlich mehr CO_2 emittiert als bei der Verbrennung von Gas (vgl. Tab. D.9).

- Es wurde gezeigt, daß Wärmerückgewinnung und CO_2-Rückhaltung in Konkurrenz zueinander stehen können. Die Frage, ob bestimmte Strategien zur Energieeinsparung und/oder Emissionsminderung miteinander verträglich sind, kann demnach nur für den Einzelfall unter Berücksichtigung der im betrachteten Energiesystem herrschenden Bedingungen beantwortet werden.
- Die Kosten des Energiesystems der Modellstadt würden bei Einführung der Wärmerückgewinnung um mindestens 41% über denen des Status quo liegen. Ursache der hohen Kosten ist in erster Linie die Notwendigkeit zur Installierung von Backup-Techniken, die die Energieversorgung sicherstellen, wenn die Kraft-Wärme-Kopplung wegen mangelnden Strom- oder Wärmebedarfs nicht eingesetzt werden kann. Erst eine Versiebenfachung der zugrunde gelegten Brennstoffpreise von 1987 macht die Wärmerückgewinnung billiger als die herkömmliche Energieversorgung, die Gesamtkosten sind dann um 184% höher als im Status quo.
  Bei Einsatz der CO_2-Rückhaltung beträgt der Kostenanstieg dagegen nur 11% (29%) gegenüber dem Status quo, wenn die Rückhaltung eine Verdopplung (Verfünffachung) der Kraftwerkskosten mit sich bringt und die Brennstoffpreise von 1987 Gültigkeit haben.

Modellkritik

Bei der Anwendung jeglicher Computermodelle ist es erforderlich, die dabei auftretenden Unsicherheiten und Fehlerquellen zu berücksichtigen und diese bei der Interpretation der Modellergebnisse im Auge zu behalten [64]. Die Fehlermöglichkeiten lassen sich in Anlehnung an Ref. 107 und 108 einteilen in:

1. Fehler aufgrund der Wahl falscher bzw. zu stark vereinfachender Modelle (methodische Fehler);
2. Beobachtungs- und Bestimmungsfehler bei den Werten einzelner Konstanten;
3. Fehler aufgrund rechentechnisch notwendiger Vereinfachungen bei Berechnungsvorgängen;
4. Rundungsfehler beim Einsatz von Computern.

ad 1) Computermodelle können zwangläufig immer nur einen Teil der Realität abbilden. Bei der Modellierung ist darauf zu achten, daß alle für die gewünschte Aussage maßgeblichen Einflußfaktoren berücksichtigt werden. Ziel der Entwicklung von *ECCO* war es, die Auswirkungen der Wärmerückgewinnung und der CO_2-Rückhaltung auf den Primärenergieeinsatz und den CO_2-Ausstoß zu untersuchen. Im Rahmen dieser Vorgabe war es zunächst notwendig, das betrachtete Energiesystem auf ortsfeste Prozesse zu beschränken, d.h. den Verkehr, der immerhin rund ein Viertel des Endenergiebedarfs in der Bundesrepublik verursacht (vgl. Abb. 1.3), unberücksichtigt zu lassen. Das System Verkehr ist derzeit weitgehend unabhängig von den mit *ECCO* betrachteten Energiesystemen. Erst eine massive Verlagerung vom Individualverkehr zum Transport auf der Schiene würde aufgrund des dann steigenden Strombedarfs zu einer Vernetzung der beiden Systeme führen. Gleiches könnte auch durch die Einführung einer großen Zahl von Elektroautos geschehen.

Entscheidendes Kriterium bei der Modellierung der Wärmerückgewinnung ist die Berücksichtigung der Fluktuationen des Bedarfs und damit auch des Abwärmeangebots. Deren Einbeziehung hat zur Folge, daß bei *ECCO* langfristige Änderungen des Bedarf nicht direkt abgebildet werden können.[48] Allerdings ist es möglich, den Einfluß dieser Vereinfachung durch die Betrachtung von gezielt konstruierten Szenarien, wie z.B. die Abnahme des Raumwärmebedarfs in Kap. 2.3.3, zu untersuchen. Es wurde angenommen, daß die Optimierungen in einzelnen Zeitintervallen unabhängig voneinander durchgeführt werden können. Die damit verbundene Vernachlässigung der Transportzeiten der Abwärme stellt einen potentiellen Fehler dar. Bei einer Transportgeschwindigkeit von 1 m/s [93] und einer Entfernung von 3600 m liegen zwischen der Entstehung und Nutzung von Abwärme 60 Minuten, d.h. daß die Nutzung eigentlich nicht mehr im selben, sondern erst im nächsten Intervall erfolgen kann. Unterstellt man eine Arbeitszeit des Abwärmelieferanten von 7 bis 23 Uhr, dann steht die Abwärme beim Nutzer von 8 bis 24 Uhr zur Verfügung. Beide Zeiträume überlappen zu 94%. Die stillschweigende Annahme, daß jeweils die Abwärme desselben und nicht die des vorigen Zeitintervalls genutzt wird, ist nur in der Zeit von 7 bis 8 Uhr völlig falsch. Von 8 bis 23 Uhr treten lediglich noch quantitative Abweichungen der Abwärmelieferung auf. Unterstellt man zusätzlich, daß die industrielle Produktion an einem Tag in der Regel kontinuierlich verläuft, dann ist der verbleibende Fehler im Abwärmeangebot klein; ich schätze ihn auf unter 20%. Die bei *ECCO* implizierte Annahme, daß auch um 7 Uhr bereits Abwärme zur Verfügung steht, ist dann nicht falsch, wenn Wärmespeicher vorhanden sind, die die überschüssige Abwärme aus der Zeit von 23 bis 24 Uhr aufnehmen. Solche Speicher sind technisch kein Problem und sie werden durch die Entwicklung neuer Isolationsmaterialien zunehmend kostengünstiger.[49] Unsicherheiten bei der Modellierung von Primärenergieeinsatz und CO_2-Ausstoß ergeben sich aus den genannten Gründen eher durch die weiter unten diskutierten Fehler der verwendeten Konstanten als aus methodischen Fehlern. Im Gegensatz dazu ist die Berechnung der Kosten des Energiesystems auch mit methodischen Problemen verbunden.

Die für die Energieoptimierung notwendige Annahme, daß die einzelnen Zeitintervalle unabhängig voneinander behandelt werden können, verhindert von vornherein eine mathematische Kostenoptimierung (vgl. Kap. 2.1.7). Bei der immerhin möglichen Kostenberechnung verfälschen wirtschaftlich unsinnige Mehrfachinstallationen das Ergebnis. Durch eine nachgeschaltete interakitve Kostenreduzierung kann hier Abhilfe geschaffen werden, allerdings sind die dann gefundenen Lösungen nicht mehr funktional-effizient in Bezug auf das ursprüngliche Problem. Für die Modellstadt weichen die Werte der Zielfunktionen Primärenergie und CO_2-Emissionen nach Kostenreduzierung jedoch nur wenig von den zuvor ermittelten funktional-effizienten Werten ab. Deshalb können auch die im streng mathematischen Sinne nicht optimalen, aber kostengünstigen Lösungen als brauchbar eingestuft werden. Ein weiteres Problem stellt die Tatsache dar, daß sich die Kosten gemeinsam genutzter Einrichtung unterschiedlicher Pfade nur schwer modellieren lassen. Eine Fernwärmeversorgung, die sich auf industrielle Abwärme, Fernheizwerke und Heizkraftwerke stützt, wird sinnvollerweise nicht jeden Energieanbieter mit jedem -nachfrager einzeln verbinden, sondern ein gemeinsames Netz umfassen. Durch interaktive Anpassung der spezifischen Kosten der einzelnen Pfade lassen sich die entsprechenden Fehler verringern. Bei der Kostenreduzierung für die Modellstadt in Kap. 2.3.2 war es nicht notwendig, darauf zurückzugreifen, weil die Nutzung industrieller Abwärme wegen des zu geringen Angebots und den daraus resultierenden zu hohen Kosten ausgeschlossen werden mußte.

[48]Vgl. dazu den Ausblick in Kap. 4.3.

[49]Die Quelle dieser Information ist mir bekannt. Wegen schwebender Patent-Anmeldungen sind jedoch noch keine Veröffentlichungen erfolgt.

Bei *ECCO* werden in allen Intervallen einheitliche bewegliche Kosten unterstellt, die ausschließlich von der eingesetzten Primärenergiemenge abhängen. In der Realität wird Energie über mehrere Umwandlungsstufen hinweg weiterverkauft, wobei eine Tarifstruktur existiert, die Energie in Spitzenlastzeiten teurer und in Zeiten geringen Bedarfs billiger als im Durchschnitt macht. Letzteres gilt weniger für den privaten Endverbraucher, der lediglich die Möglichkeit zum Bezug von günstigem Nachtstrom hat, als für die Energieversorgungsunternehmen untereinander. Beispielsweise beziehen die Stadtwerke Rottweil trotz ihrer Blockheizkraftwerke immer noch den größten Teil ihres Stromes aus den zentralen Kraftwerken der Energieversorgung Schwaben (EVS) und verkaufen ihn dann an ihre Kunden weiter. Die volkswirtschaftlichen Kosten ändern sich dadurch nur wenig, aber die betriebswirtschaftlichen Überlegungen der einzelnen Unternehmen werden erheblich beeinflußt. Der Erfolg der Kraft-Wärme-Kopplung in Rottweil basiert nicht darauf, daß die Anlage bei mittleren Strompreisen kosteneffizient ist, sondern gründet sich auf die Reduzierung der (teuren) Lastspitzen bei dem von der EVS bezogenen Strom.

ad 2) Entscheidenden Einfluß auf das Ergebnis der Optimierung haben die technischen und wirtschaftlichen Konstanten der Modelltechniken sowie der im Rahmen der stochastischen Optimierung variable Energiebedarf der Prozesse. Auch bei sorgfältiger Bestimmung sind Ungenauigkeiten nicht zu vermeiden. Dies gilt in besonderem Maße für die Bedarfswerte, aber auch für diejenigen Konstanten, deren tatsächliche Werte ebenfalls erst in der Zukunft festgelegt werden und die daher geschätzt werden müssen, wie beispielsweise die Wirkungsgrade und Kosten der CO_2-Rückhaltung. Die anderen Konstanten wurden anhand von repräsentativen Beispielen realer Anlagen und aus der Literatur ermittelt. Diese Angaben unterliegen jedoch einem schnellen Wandel, der durch den technischen Fortschritt und die wirtschaftliche Entwicklung bedingt wird. Bei einer zukünftigen Nutzung von *ECCO* ist daher eine ständige Aktualisierung dieser Daten erforderlich.

Die Auswirkungen, die sich durch eine Änderung von Konstanten und Bedarfsvariablen ergeben, wurden mit Hilfe von Szenarien und Sensitivitätsanalysen in den Kap. 2.3.1–2.3.4 untersucht. Wird der Wirkungsgrad einer Technik verändert, so kann der Einsatz dieser Technik durch das Modell entscheidend beeinflußt werden. Aufgrund der vielfältigen Substitutionsmöglichkeiten zwischen verschiedenen Versorgungspfaden wirkt sich die Veränderung einzelner Konstanten aber oft nur geringfügig auf die errechneten Sparpotentiale aus. Die Variation des Energiebedarfs führt zu erheblichen Veränderungen der absolut eingesparten Primärenergie- und CO_2-Mengen, die relativen Potentiale erweisen sich jedoch als stabil. Insgesamt kann man davon ausgehen, daß die Unsicherheit der o.a. relativen Potentiale zur Einsparung von Primärenergie und zur Minderung der CO_2-Emissionen, die sich aus der Bestimmung der technischen Konstanten und des Energiebedarfs ergibt, $\pm(3–5)\%$-Punkte beträgt.

Zusätzlich zu der unter Punkt 1) diskutierten Überlegenheit der Energie- und der CO_2-Optimierung gegenüber der interaktiven Kostenreduzierung sind die technischen Daten als wesentlich genauer einzustufen als die Kostenangaben, weil sich die Ermittlung letzterer in den einzelnen Verbrauchergruppen erheblich unterscheidet. Für die Raumwärmeversorgung ist eine detaillierte Unterscheidung zwischen den Kosten der Energieumwandlungsanlage (z.B. Kessel der Zentralheizung), der Verteilung im Haus, der eventuellen Anbindung an eine zentrale Technik und sonstigen Baumaßnahmen wie z.B. der Errichtung eines Schornsteins möglich. Bei industriellen Prozessen ist es dagegen in manchen Fällen außerordentlich schwierig, den Anteil der Energieversorgungsanlage an den Gesamtkosten einer Maschine zu ermitteln. Als Beispiel kann hier ein Schmelztiegel mit Induktionsheizung dienen. Einerseits gehören die Kosten des Tiegels selbst sicher nicht zu den Energiekosten, andererseits ergeben sich Änderungen bei Beschaffenheit und Kosten des Tiegels, wenn statt der elektrischen Heizung eine Ölfeuerung benutzt werden soll.

ad 3) Rechentechnisch bedingte Fehler entstehen durch die stochastische Optimierung. Sie muß nach einer endlichen Zahl von Zeitintervallen beendet werden. Hier wurden jeweils 1000 Intervalle betrachtet, was sich als ausreichend erwiesen hat, zumal der statistische Fehler in Höhe von ±3.2% bei der Berechnung von Einsparpotentialen durch Indexbildung eliminiert werden konnte (vgl. Kap. 2.3.1). Die Genauigkeit kann jederzeit um den Preis längerer Rechenzeiten erhöht werden.

ad 4) Durch die beschränkte Rechengenauigkeit jedes Computers verursachte Rundungsfehler bewirken, daß Operationen, die das Ergebnis 'Null' haben sollten, zu kleinen aber endlichen Werte führen. Dies läßt den Simplex-Algorithmus in die Irre laufen. Die Vermeidung dieses Phänomens ist leicht möglich, indem alle kritischen Operationen kontrolliert und Ergebnisse unterhalb einer festgelegten Genauigkeitsschwelle (*ECCO:* 10^{-6}; bei Einsatz eines mathematischen Koprozessors: 10^{-10}) zu Null gesetzt werden. Eine Aufsummierung von Rundungsfehlern wird außerdem durch den Einsatz des sog. revidierten Simplex-Algorithmus vermieden. Für einen Iterationsschritt wird dabei nicht das gesamte Gleichungssystem neu berechnet, sondern nur derjenige Teil, der sich tatsächlich verändert hat [88].

3 Statische Optimierung der Wärmerückgewinnung in nationalen Energiesystemen

Wie in Kap. 2.3 gezeigt, hängen die Resultate der Optimierung mit *ECCO* entscheidend von der Bedarfssituation in der betrachteten Modellstadt und den dort verfügbaren Techniken ab. Eine einzelne Region ist jedoch in aller Regel nicht repräsentativ für die gesamte Volkswirtschaft, in die sie eingebettet ist. Eine Datenerhebung, wie sie für die Modellstadt durchgeführt wurde, konnte für das gesamte Bundesgebiet im Zeitrahmen dieser Arbeit nicht durchgeführt werden. Um dennoch einen Eindruck von den Möglichkeiten der Energie-, Kosten- und CO_2-Optimierung in nationalen Energiesystemen gewinnen zu können, mußte auf Energiebedarfsprofile aus der Literatur zurückgegriffen werden, die viel weniger differenziert sind als die für die Modellstadt erhobenen (vgl. Abb. 1.4 und 1.5). Solche nationalen Bedarfsprofile weisen den mittleren jährlichen Energiebedarf verschiedener Prozesse, die Energie gleicher Qualität nachfragen, gemeinsam aus und werden daher als *aggregierte* Profile bezeichnet. Sie enthalten keine Informationen über den Bedarf der einzelnen Prozesse und über dessen zeitliche Schwankungen. Aus diesem Grund müssen die Mittelwertbildung über verschiedene Zeitintervalle und die damit verbundenen Modellkomponenten der stochastischen Optimierung entfallen. Außerdem können keine detaillierten Versorgungspfade im Sinne von Kap. 2.1.1 definiert werden. Man muß vielmehr damit vorliebnehmen, pauschal die Deckung des Energiebedarfs auf den einzelnen Qualitätsniveaus zu optimieren.

Für die Energieoptimierung nationaler Bedarfsprofile kann das in der Einleitung bereits kurz umrissene Modell *LEO* benutzt werden, an dessen Entwicklung ich im Rahmen meiner Diplomarbeit mitgearbeitet habe [52,54]. Es wird in Kap. 3.1 zusammenfassend dargestellt, weil es die Grundlage bildet für die Entwicklung des Vektoroptimierungsmodells *LEO-II*, das neben der Energieoptimierung auch die Minimierung der Kosten des Energiesystems (Kap. 3.2, Ref. 53) und die Minimierung der CO_2-Emissionen (Kap. 3.3, Ref. 109) zuläßt.

Weitere wesentliche Unterschiede zwischen *LEO* und *LEO-II* auf der einen und *ECCO* auf der anderen Seite sind:

1. Anstelle der repräsentativen Stichprobe aus Φ einstündigen Zeitintervallen bei *ECCO* wird bei *LEO* und *LEO-II* nur *ein* Intervall von der Länge eines Jahres betrachtet. Deshalb handelt es sich bei letzteren um statische Modelle.
2. Die verfügbaren Abwärmemengen werden – analog zum Energiebedarf – nicht anhand der einzelnen Prozesse berechnet, bei denen sie anfallen, sondern aggregiert, d.h. alle Abwärmemengen gleicher Qualität werden auf einem Abwärmeniveau zusammengefaßt.
3. Anstelle der differenzierten, detailliert beschriebenen Techniken stehen nur typische Vertreter der drei prinzipiellen Techniken der Wärmerückgewinnung (Wärmetauscher,

Wärmepumpen und Kraft-Wärme-Kopplung) zur Verfügung (vgl. Kap. 3.1.2). Optimierungsvariablen sind die Anteile der auf den einzelnen Qualitätsniveaus verfügbaren Abwärmemengen, die auf den verschiedenen Bedarfsniveaus genutzt werden sowie die Menge Umgebungswärme, die durch Wärmepumpen nutzbar gemacht wird.
Den Techniken der Energieversorgung, die nicht auf Wärmerückgewinnung beruhen, also dem direkten Heizen und der Stromproduktion in Kraftwerken, werden keine eigenen Optimierungsvariablen zugeordnet, sie werden vielmehr durch die Schlupfvariablen[1] der Nebenbedingungen (3.18) und (3.19) repräsentiert. Allen Techniken werden repräsentative Wirkungsgrade zugeordnet (vgl. Anhang F).

4. Es wird nur ein Brennstoff F der Qualität $q = 10$ verwendet. In den technischen Wirkungsgraden ist bei *ECCO* die gesamte Kette der Energiebereitstellung 'bis zum Bohrloch' berücksichtigt. Bei *LEO* und *LEO-II* beziehen sich diese Wirkungsgrade dagegen auf eine Einheit Brennstoff, lassen also dessen Gewinnung und Transport außer acht.
5. Es werden pauschale Transportentfernungen angenommen, die für alle transportierten Wärmemengen gleich sind. Anhand der Entfernungen werden die Wärmetransportverluste berechnet (vgl. Anhang F).
6. Die auf den einzelnen Qualitätsniveaus anfallende Abwärme kann durch Wärmetauscher *allen* niedrigeren Niveaus zur Verfügung gestellt werden. Außerdem kann die Abwärme auf höheren Niveaus eingesetzt werden, wenn ihre Qualität mit Hilfe von Wärmepumpen entsprechend erhöht wird. Damit sind alle physikalisch erlaubten Versorgungsmöglichkeiten auch im Modell zugelassen. Es ist nicht erforderlich, verschiedene Gruppen von Versorgungspfaden wie bei *ECCO* zu betrachteten, weil sich der Status quo automatisch ergibt, wenn alle Optimierungsvariablen in den Modellen *LEO* und *LEO-II* gleich Null gesetzt werden.
7. Da die allgemeinen Modellgleichungen (3.4) und (3.5) infolge der Bedarfsaggregierung nicht-linear sind, werden sie durch Vereinfachungen linearisiert.

3.1 Statische Energieoptimierung

3.1.1 Die allgemeinen nicht-linearen Modellgleichungen

Zur Beschreibung von Energiesystemen, deren Bedarfsprofil in der in Abb. 1.5 verdeutlichten, aggregierten Form vorliegt, wurden in Ref. 52 und 54 folgende Definitionen getroffen:

Das Energiebedarfsprofil sei durch den Bedarfsvektor $|n(q)\rangle = |n(1), n(2), \ldots, n(10)\rangle$ gegeben, mit

$n(q) =$ Menge der jährlich nachgefragten Enthalpieeinheiten der Qualitätsstufe q (gemessen z.B. in PJ/a).

Abkürzend wird anstelle von 'Enthalpieeinheiten der Qualitätsstufe q' im weiteren 'Enthalpie q' bzw. 'Energie q' verwendet. Im gleichen Sinne werden unter einer Brennstoffmenge die im Brennstoff enthaltenen Enthalpieeinheiten verstanden. Die Energiemengen im System werden durch folgende Variable beschrieben:

$N(F) =$ Gesamtmenge der Enthalpieeinheiten des Brennstoffs F (q=10), die zur Befriedigung des Bedarfs $|n(q)\rangle$ pro Jahr eingesetzt werden. Ziel der Energieoptimierung ist es, den Brennstoffeinsatz $N(F)$ zu minimieren.

[1] Vgl. Kap. C.1

$N(q, F) =$ Menge des Brennstoffs F, die pro Jahr zur Versorgung des Bedarfsniveaus q eingesetzt wird.

$S(q') =$ jährliche Abwärmemenge q' = Menge der Enthalpieeinheiten in der Abwärme der Qualität q', die bei der Versorgung aller Bedarfsniveaus q mit Brennstoff F und/oder Abwärmemengen $S(q'')$ pro Jahr anfallen.

$x(q, q')S(q') =$ Anteil der jährlichen Abwärmemenge $S(q')$, der zur Versorgung des Bedarfsniveaus q eingesetzt wird. Die $x(q, q')$ sind die Optimierungsvariablen. Während bei *ECCO* die Anteile *aller* Techniken an der Energieversorgung als Optimierungsvariablen behandelt wurden, werden hier nur den Techniken der Wärmerückgewinnung Optimierungsvariablen zugeordnet. Andere Techniken tauchen lediglich als Schlupfvariablen auf (s.u.).

Um die Optimierung durchführen zu können, müssen folgende technische Größen bekannt sein:

1. Wirkungsgrade der Energieumwandlung

   $\eta(q, F) =$ Bruchteil einer Enthalpieeinheit q, der aus einer Enthalpieeinheit des Brennstoffs F entsteht.

   $\eta'(q, q') =$ Bruchteil einer Enthalpieeinheit q, der aus einer Einheit der Abwärme q' gewonnen werden kann.

2. Entstehungsraten der (nutzbaren) Abwärme

   $\nu(q', q, F) =$ Bruchteil einer Einheit Abwärme q', der entsteht, wenn das Bedarfsniveau q mit einer Enthalpieeinheit des Brennstoffs F beliefert wird.

   $\nu'(q', q, q'') =$ Bruchteil einer Einheit Abwärme q', der entsteht, wenn das Bedarfsniveau q mit einer Einheit der Abwärme q'' beliefert wird.

   $\mu(q', q)n(q) =$ jährliche Abwärmemenge der Qualität q', die vom Niveau q zurückgewonnen werden kann, nachdem der Bedarf $n(q)$ durch den Brennstoff F und/oder Abwärme von anderen Qualitätsniveaus vollständig befriedigt wurde.

In einer Glasfabrik wird beispielsweise jährlich die Menge $N(q, F)$ des Brennstoffs F benutzt, um die zur Verarbeitung des Glases nötige Wärme $n(q)$ zu erzeugen. Der Anteil $\eta(q, F)N(q, F)$ schmilzt das Glas und erhöht dabei seine Innere Energie. Der Rest, $\nu(q', q, F)N(q, F)$, wird über die heißen Abgase an die Umwelt abgegeben oder kann an anderer Stelle genutzt werden. Wenn anstelle von F pro Jahr die Abwärmemenge $x(q, q'')S(q'')$ eingesetzt wird, um das Glas zu erhitzen, beträgt dieser Anteil $\nu'(q', q, q'')x(q, q'')S(q'')$. Beim Erkalten des Glases nimmt seine Innere Energie wieder ab. $\mu(q', q)n(q)$ beschreibt die frei werdende Energiemenge pro Jahr, die erneut genutzt werden kann. Dieser Anteil hängt nicht von der Art und Weise ab, wie das Glas erwärmt wurde. Wenn $q'=0$ ist, dann ist eine weitere Verwendung nicht mehr möglich. Selbstverständlich darf die Summe aller Anteile der Energiemengen $n(q)$, $N(q, F)$ und $S(q')$ die jeweilige Menge selbst nicht übersteigen (1. Hauptsatz):

$$\forall\, q \; : \qquad \eta(q, F) + \sum_{q' \neq 0} \nu(q', q, F) + \nu(0, q, F) = 1 \,, \tag{3.1}$$

$$\forall\, q, q' \; : \qquad \eta'(q, q') + \sum_{q'' \neq 0} \nu'(q'', q, q') + \nu'(0, q, q') = 1 \,, \tag{3.2}$$

$$\forall\, q \; : \qquad \sum_{q' \neq 0} \mu(q', q) + \mu(0, q) \leq 1 \,. \tag{3.3}$$

Die Beziehung (3.3) ist eine Ungleichung, da im Produkt selbst auch Energie verbleiben kann, z.B. als chemische Bindungsenergie.

Die Gesamtmenge $N(F)$ des Brennstoff F, die zur Versorgung des Energiesystems pro Jahr notwendig ist, ergibt sich als

$$\begin{aligned} N(F) &= \sum_q N(q,F) \\ &= \sum_q \frac{1}{\eta(q,F)} \left\{ n(q) - \sum_{q'} \eta'(q,q')\, x(q,q')\, S(q') \right\} . \end{aligned} \tag{3.4}$$

In der geschweiften Klammern auf der rechte Seite von Gl. (3.4) wird vom Energiebedarf $n(q)$ diejenige Energiemenge abgezogen, die durch Abwärme verschiedener Qualitätsstufen q' beigesteuert werden kann. Um den gesamten Brennstoffeinsatz zu berechnen, muß die Differenz mit dem Kehrwert des Wirkungsgrades $\eta(q,F)$ multipliziert werden, der die Umwandlung der Brennstoffenthalpie in nutzbare Wärme der Qualität q beschreibt. Anschließend ist über alle Bedarfsniveaus q zu summieren. Die Abwärmemenge $S(q')$, die in diesem Energiesystem produziert wird, ist gegeben durch

$$\begin{aligned} S(q') = \sum_q \Bigg\{ &\left[\mu(q',q) + \frac{\nu(q',q,F)}{\eta(q,F)}\right] n(q) \\ &- \sum_{q''} \left[\frac{\nu(q',q,F)\ \eta'(q,q'')}{\eta(q,F)} - \nu'(q',q,q'')\right] x(q,q'')S(q'') \Bigg\} . \end{aligned} \tag{3.5}$$

Gleichung (3.5) ist eine Integralgleichung, die aus vier Termen besteht. Der erste, $\mu(q',q)n(q)$, beschreibt die Abwärmemenge, die während der *Nutzung* von Wärme entsteht. Der zweite und dritte Term ergeben zusammen die Abwärme, die während der *Verbrennung* des Brennstoffs F zurückgewonnen werden kann. Der letzte Term steht für die Abwärme q', die erzeugt wird während das Bedarfsniveau q mit Abwärme q'' versorgt wird, die zuvor an anderer Stelle entstanden ist.

Die Gln. (3.4) und (3.5) bilden die fundamentalen Versorgungsgleichungen. Ziel der Optimierung ist es, die pro Jahr eingesetzte Brennstoffmenge $N(F)$ zu minimieren. Dabei ist zu beachten, daß nicht mehr Abwärme verteilt werden kann, als vorher erzeugt wurde:

$$\forall\, q': \qquad \sum_q x(q,q')\, S(q') \leq S(q') . \tag{3.6}$$

Im Gegensatz zu den linearen Modellgleichungen für *ECCO* liegt hier ein System von nicht-linearen Integralgleichungen vor, deren Entstehung auf die Aggregierung des Energiebedarfs und die sich daraus ergebenden Summen über alle Bedarfsniveaus q und alle Abwärmeniveaus q' zurückzuführen ist. Eine exakte Lösung ist nicht mehr möglich. Wenn man versucht, das Problem mit Iterationsmethoden, wie sie in der Physik üblich sind, zu lösen, so explodiert die Zahl der notwendigen Fallunterscheidungen bereits nach wenigen Schritten.

3.1.2 Das Modell der linearen Energieoptimierung *LEO*

Um Gl. (3.5) zu vereinfachen und damit der linearen Programmierung zugänglich zu machen, werden einige idealisierende Annahmen eingeführt [52,54]:

- Abwärme, die während der Energiezufuhr durch Brennstoff oder Abwärme entsteht, wird vernachläßigt, i.e.

$$\nu(q', q, F) \equiv \nu'(q', q, q'') \equiv 0 . \tag{3.7}$$

Das bedeutet in der Praxis, daß z.B. Wärme in Abgasen oder Reibungswärme nicht wiedergewonnen werden kann, sondern verloren geht. Ihr Anteil beträgt allerdings weniger als 15% der eingesetzten Energie [36]. Die pro Jahr verfügbare Abwärmemenge $S(q')$ hängt dann nur noch von bekannten Größen ab und ist nicht mehr Gegenstand der Optimierung. Gleichung (3.5) wird zu

$$S(q') = \sum_q \mu(q, q') \, n(q) . \tag{3.8}$$

- Die Entstehungsraten $\mu(q', q)$ der Abwärme können bei der Verwendung aggregierter Bedarfsprofile nicht angegeben werden, weil die dazu benötigten Informationen über die beteiligten Prozesse durch die Aggregierung verloren gegangen sind. Deshalb wird angenommen, daß alle Enthalpie, die an ein Niveau q geliefert wird, mit gleicher Qualität $q' = q$ als Abwärme zur Verfügung steht. Mit Hilfe des Kroneckersymbols läßt sich dies schreiben als

$$\mu(q', q) \rightarrow \delta_{qq'} . \tag{3.9}$$

Damit ist das Abwärmeangebot durch das Nachfrageprofil gegeben:

$$S(q') = n(q') . \tag{3.10}$$

Qualitätsverluste, die infolge des 2. Hauptsatzes unvermeidlich sind, werden dadurch simuliert, daß die Wiederverwendung der Abwärme auf demselben Niveau verboten wird:

$$\eta'(q, q' = q) = 0 . \tag{3.11}$$

Die Gln. (3.4) und (3.5) enthalten den Bedarf an elektrischer Energie implizit über das Qualitätsniveau $q = 10$. Wegen der besonderen Bedeutung der elektrischen Energie wird diese wie bei *ECCO* explizit ausgewiesen:

$n(10) =$ Bedarf des Energiesystems an Einheiten elektrischer Energie ($q = 10$), der vor Beginn der Optimierung feststeht.

$\eta(10, F) =$ Bruchteil einer Einheit elektrischer Energie, der durch den Einsatz einer Enthalpieeinheit des Brennstoffs F in Kraftwerken, d.h. ohne Auskoppelung von Wärme, gewonnen werden kann.

Mit Hilfe dieser Definitionen läßt sich der Brennstoffeinsatz $N_0(F)$ ohne Wärmerückgewinnung angeben als

$$N_0(F) := \sum_{q=1}^{9} \frac{n(q)}{\eta(q, F)} + \frac{n(10)}{\eta(10, F)} . \tag{3.12}$$

Im folgenden werden Variablen und Parameter, die sich auf eine bestimmte Technik beziehen, mit dem Index ex für Wärmetauscher, p für Wärmepumpen oder c für Kraft-Wärme-Kopplung gekennzeichnet. Die weitere Darstellung der Energieoptimierung mit *LEO* weicht in einigen Punkten von Ref. 52 ab, um die strukturelle Ähnlichkeit mit der Kosten- und der CO_2-Optimierung deutlicher herauszustreichen.

Wärmetauscher werden eingesetzt, um die bei industriellen Prozessen anfallende Abwärme der Qualität q' auf einem *niedrigeren* Niveau $q < q'$ erneut zu nutzen. Dabei bedeuten

$\eta_{ex}(q, q', d_{qq'})$ = Bruchteil einer Enthalpieeinheit q, der aus einer Einheit der Abwärme q' mittels Wärmetauscher gewonnen werden kann, wenn zwischen dem Ort der Entstehung der Abwärme q' und dem Ort des Bedarfs q die Entfernung $d_{qq'}$ liegt. In modernen Transportsystemen ist der Qualitätsverlust auch bei einem Transport über 100–200 km kleiner als eine Qualitätsstufe [54].

$\lambda_{ex}(q, q', d_{qq'})$ = die Menge elektrischer Energie, die benötigt wird, um die Enthalpiemenge q, die aus einer Einheit der Abwärme q' gewonnen wurde, über die Entfernung $d_{qq'}$ zu transportieren.

Die Entfernungsabhängigkeit von η_{ex} und λ_{ex} ist im Anhang F dargestellt. Alle technischen Parameter, die den Einsatz der Wärmetauscher bestimmen, werden in der spezifischen Energiefunktion ρ_{ex} zusammengefaßt:

$$\rho_{ex}(q, q', d_{qq'}) := \frac{\eta_{ex}(q, q', d_{qq'})}{\eta(q, F)} - \frac{\lambda_{ex}(q, q', d_{qq'})}{\eta(10, F)} . \tag{3.13}$$

Multipliziert man Gl. (3.13) mit $x_{ex}(q, q')n(q')$,[2] dann enthält der erste Term der rechten Seite die bei der Versorgung des Niveaus q mit Abwärme q' pro Jahr eingesparte Brennstoffmenge. Der zweite Term gibt die Brennstoffmenge an, die jährlich benötigt wird, um die elektrische Energie für die Transportpumpen zu erzeugen. ρ_{ex} stellt ein Maß für die eingesparte Brennstoffmenge dar. Der Einsatz eines Wärmetauschers ist nur sinnvoll, wenn die zugehörige Funktion ρ_{ex} positiv ist.

Die **Kraft-Wärme-Kopplung** ist eigentlich nur eine Form des Wärmetausches. Weil die auf diese Weise erzeugte Wärmemenge aber nicht durch das Abwärmeangebot, sondern durch die Nachfrage nach Strom und Wärme begrenzt wird, ist es sinnvoll, die Kraft-Wärme-Kopplung als eigenständige Technik in das Modell aufzunehmen.

$\eta_c(10, F)$ = Bruchteil einer Einheit elektrischer Energie, der durch den Einsatz einer Enthalpieeinheit des Brennstoffs F in Heizkraftwerken, d.h. unter gleichzeitiger Auskoppelung von Wärme, gewonnen werden kann.

$\eta_c(q, F, d_{cq})$ = Bruchteil einer Einheit Bedarfsenthalpie q, der aus dem Einsatz einer Enthalpieeinheit des Brennstoffs F in einem Heizkraftwerk gewonnen werden kann, wenn diese über die Entfernung d_{cq} transportiert werden muß. Damit der Wirkungsgrad für die Produktion elektrischer Energie nicht zu klein wird, kann Wärme nur bis zu einer Qualität von $q = 6$ entzogen werden, d.h. $\rho_c(q, d_{cq}) = 0$ für $q > 6$ in Gl. (3.14).

$n_c(10)$ = Gesamtmenge elektrischer Energie, die pro Jahr in Heizkraftwerken erzeugt wird. $n_c(10)$ ist variabel und wird lediglich durch die Nebenbedingungen (3.18) und (3.19) der Optimierung beschränkt, die sicherstellen, daß nicht mehr elektrische Energie und Wärme produziert als nachgefragt wird.

$x_c(q)n_c(10)$ = diejenige Menge elektrischer Energie, die pro Jahr gekoppelt mit der Lieferung von Wärme an das Niveau q produziert wird. Die Produkte $x_c(q)n_c(10)$ $(q = 1, \ldots, 6)$ sind Optimierungsvariablen. Die jährliche Gesamtmenge elektrischer Energie aus Heizkraftwerken wird nachträglich bestimmt: $n_c(10) = \sum_q x_c(q)n_c(10)$.

[2] Vgl. Gl. (3.10) und die allgemeine Definition der Optimierungsvariablen $x(q, q')$.

$\lambda_c(q, F, d_{cq}) =$ die Menge elektrischer Energie, die benötigt wird, um die Enthalpiemenge q, die in einem Heizkraftwerk aus einer Enthalpieeinheit des Brennstoffs F gewonnen wurde, über die Entfernung d_{cq} zu transportieren.

Die Entfernungsabhängigkeit von $\eta_c(q, F, d_{cq})$ und $\lambda_c(q, F, d_{cq})$ wird analog zum Vorgehen bei den Wärmetauschern bestimmt (vgl. Anhang F). Die spezifische Energiefunktion ρ_c für die Kraft-Wärme-Kopplung lautet

$$\rho_c(q, d_{cq}) := \frac{\eta_c(q, F, d_{cq})}{\eta(q, F)\, \eta_c(10, F)} - \frac{\lambda_c(q, F, d_{cq})}{\eta(10, F)\, \eta_c(10, F)} + \frac{1}{\eta(10, F)} - \frac{1}{\eta_c(10, F)} . \quad (3.14)$$

Nach Multiplikation mit $x_c n_c(10)$ gibt der erste Term der rechten Seite von Gl. (3.14) die Brennstoffmenge an, die durch den Einsatz der Kraft-Wärme-Kopplung bei der Versorgung des Bedarfsniveaus q im Jahr eingespart wird. Der zweite Term deckt den zusätzlichen Brennstoffeinsatz ab, der benötigt wird, um den Strom zum Betrieb der elektrischen Transportpumpen zu erzeugen. Der dritte und vierte Term enthalten schließlich den in Kraftwerken eingesparten und den in Heizkraftwerken eingesetzten Brennstoff.

Abwärme der Qualität q' kann trotz des zweiten Hauptsatzes auch auf höheren Niveaus $q > q'$ eingesetzt werden, wenn zusätzliche Exergie zur Verfügung gestellt wird. Als typische Vertreter solcher Techniken werden im Modell *LEO* elektrische **Wärmepumpen** berücksichtigt. Stattdessen könnten auch Gaswärmepumpen oder Wärmetransformatoren verwendet werden.

$\eta_p(q, q') =$ Bruchteil einer Bedarfsenthalpieeinheit q, der aus einer Einheit der Abwärme q' mit Hilfe von Wärmepumpen gewonnen werden kann. Es wird angenommen, daß beim Einsatz von Wärmepumpen kein Wärmetransport notwendig ist, weil sonst der technische Aufwand und damit die Kosten zu hoch werden.

$\lambda_p(q, q') =$ Menge elektrischer Energie, die benötigt wird, um eine Einheit Abwärme q' auf das Niveau q zu pumpen.

Zur Bestimmung von η_p und λ_p vgl. Anhang F. Die spezifische Energiefunktion ρ_p für Wärmepumpen ist gegeben als

$$\rho_p(q, q') := \frac{\eta_p(q, q')}{\eta(q, F)} - \frac{\lambda_p(q, q')}{\eta(10, F)} . \quad (3.15)$$

Nach Multiplikation mit $x_p(q, q')n(q')$ enthält die rechte Seite der Gl. (3.15) die Bilanz aus eingespartem und zusätzlich aufgewandtem Brennstoff, wenn das Bedarfsniveau q mit Abwärme geringerer Qualität $q' < q$ versorgt wird.

Die Produkte $\rho_{ex} x_{ex}(q, q')n(q')$, $\rho_c x_c(q) n_c(10)$ und $\rho_p x_p(q, q')n(q')$ geben die Brennstoffbilanzen bei der Versorgung eines Bedarfsniveaus q mit Hilfe der beschriebenen Techniken zur Wärmerückgewinnung an. Die Werte der Konstanten, die zu ihrer Berechnung benötigt werden, sind in Anhang F zusammengestellt. Solange die zugehörige spezifische Energiefunktion positiv ist, kann mit den genannten Techniken Brennstoff (und damit auch Primärenergie) eingespart werden. Um die gesamten Einsparungen zu erhalten, muß über alle Bedarfsniveaus q und bei Wärmetauschern und Wärmepumpen zusätzlich über alle Abwärmeniveaus q' summiert werden. Die pro Jahr zur Deckung des Energiebedarfs eingesetzte Brennstoffmenge ist dann gegeben durch

$$N(F) = N_0(F) - \sum_{q=1}^{9} \left\{ \sum_{q'=q+1}^{9} \rho_{ex}(q, q', d_{qq'}) \, x_{ex}(q, q') \, n(q') + \rho_c(q, d_{cq}) \, x_c(q) n_c(10) + \sum_{q'=0}^{q-1} \rho_p(q, q') \, x_p(q, q') \, n(q') \right\} . \tag{3.16}$$

Da das Ziel eine Minimierung von $N(F)$ ist, können diejenigen Techniken von vornherein ausgeschlossen werden, für die ρ_i keinen positiven Wert hat. Die Optimierung unterliegt einer Reihe von Nebenbedingungen, die sich aus dem 1. Hauptsatz ergeben und die alle in Form von Ungleichungen vorliegen [54]:

1. Die Abwärmemenge, die einer Qualitätstufe q' entnommen wird, darf nicht größer sein als $n(q')$:

$$\forall \, 1 \leq q' \leq 9 \; : \quad \sum_{q=1}^{q'-1} x_{ex}(q, q') + \sum_{q=q'+1}^{9} x_p(q, q') \leq 1 . \tag{3.17}$$

   Es handelt sich um 9 Nebenbedingungen, da Wärme mit Umgebungstemperatur ($q' = 0$) in beliebiger Menge zur Verfügung steht und die Verwendung der Abwärme der Qualität $q' = 10$ ausgeschlossen wird. Letzteres geschieht zum einen, weil die bei der Produktion elektrischer Energie anfallende Abwärme durch die Kraft-Wärme-Kopplung berücksichtigt wird und zum anderen die beim Einsatz elektrischer Energie anfallende Abwärme (z.B. Reibungswärme) von geringer Qualität ist. Eine Bewertung mit $q' = 10$ entsprechend der oben getroffenen idealisierenden Annahme ist in diesem Fall nicht sinnvoll.

2. Durch die Wärmerückgewinnung darf insgesamt nicht mehr Energie an ein Bedarfsniveau q geliefert werden, als durch $n(q)$ nachgefragt wird:

$$\forall \, 1 \leq q \leq 9 \; : \quad \sum_{q'=q+1}^{9} \eta_{ex}(q, q', d_{qq'}) \, x_{ex}(q, q') \, n(q') + \eta_c(q, F, d_{cq}) / \eta_c(10, F) \, x_c(q) n_c(10) + \sum_{q'=0}^{q-1} \eta_p(q, q') \, x_p(q, q') \, n(q') \leq n(q) . \tag{3.18}$$

   Dies ergibt 9 weitere Nebenbedingungen.

3. Zur Vereinfachung der mathematischen Struktur und nicht aus physikalischer Notwendigkeit wird angenommen, daß die elektrische Energie, die zum Betrieb der Wärmerückgewinnungstechniken benötigt wird, stets aus Kraftwerken, nicht jedoch aus Heizkraftwerken stammt:

$$\sum_{q=1}^{6} x_c(q) \, n_c(10) \leq n(10) . \tag{3.19}$$

Das Optimierungsproblem umfaßt bis zu 96 Optimierungsvariablen, nämlich 45 $x_{ex}(q, q')$, 45 $x_p(q, q')$ und 6 $x_c(q) n_c(10)$ sowie 19 Nebenbedingungen. Da der Bedarf $n(q)$ für alle Niveaus fixiert ist und nur das (feste) Bedarfsprofil eines Zeitraums optimiert wird, handelt es sich bei *LEO* um ein *statisches* Modell. Veränderungen des Bedarfsprofils können jedoch durch Szenarien berücksichtigt werden.

Das Optimierungsproblem (3.16) kann wieder mit Hilfe des Simplex-Algorithmus gelöst werden. Der mathematische Aufwand ist dabei niedriger als bei *ECCO*, weil als Nebenbedingungen nur '$\leq$'-Ungleichungen auftreten (vgl. Kap. C.1). Im Gegensatz zu *ECCO* haben die Schlupfvariablen bei *LEO* eine physikalische Bedeutung: Für die Nebenbedingungen (3.17) geben sie die Mengen nicht genutzter Abwärme auf den Niveaus $q' = 1, \ldots, 9$ an. Bei den Nebenbedingungen (3.18) stehen sie für das direkte Heizen mit dem Brennstoff F zur Versorgung der Bedarfsniveaus $q = 1, \ldots, 9$ und im letzten Fall, Ungl. (3.19), für die Menge elektrischer Energie, die in Kraftwerken erzeugt wird.

Aufgrund der Struktur des Problems kann weder der Fall eintreten, daß keine Lösung gefunden wird, denn notfalls kann immer auf den direkten Einsatz von Brennstoff zurückgegriffen werden, noch kann $N(F)$ gleich null sein, denn die Verwendung von Abwärme hat immer den Einsatz von Brennstoff zur Voraussetzung [vgl. Gl. (3.5)]. Die Minimierung der Zielfunktion 'Brennstoffeinsatz $N(F)$' aus Gl. (3.16) führt also immer auf einen von Null verschiedenen, eindeutigen Wert für $N(F)$. Allerdings ist es möglich, daß verschiedene Techniken zur Wärmerückgewinnung untereinander ausgetauscht werden können, ohne daß sich $N(F)$ ändert. Dafür infrage kommende Variable lassen sich leicht feststellen, die weitere Auswahl kann dann anhand anderer Kriterien wie z.B. Kosten und Umweltverträglichkeit getroffen werden.

Statische Energieoptimierung in der Modellstadt

Die Ergebnisse der Energieoptimierung für die vier Staaten Bundesrepublik Deutschland, Niederlande, USA und Japan wurden bereits in der Einleitung, Kap. 1.3.2, zusammengefaßt. An dieser Stelle soll anhand von Modellvergleichen die Aussagekraft von statischen Modellen im allgemeinen und von *LEO* im besonderen untersucht werden.

Aus dem für *ECCO* erhobenen Energiebedarf der Modellstadt kann durch zeitliche Mittelung und Aggregierung ein Energiebedarfsprofil abgeleitet werden, wie es für die Optimierung mit *LEO* benötigt wird (vgl. Abb. F.1). Das anhand dieses Profils mit *LEO* ermittelte Energiesparpotential beträgt 30% und ist damit um ein Fünftel höher als das mit *ECCO* ermittelte Potential von 25% (vgl. Kap. 2.3.1).

Um herauszufinden, ob der Unterschied zwischen den mit *ECCO* und *LEO* für dasselbe System ermittelten Potentialen allein durch die Berücksichtigung der Bedarfsschwankungen bei *ECCO* erklärt werden kann oder auch andere Gründe hat, wird mit *ECCO* folgende *statische* Optimierung durchgeführt: Der Energiebedarf der einzelnen Prozesse wird nicht stochastisch variiert, sondern vor Beginn der Optimierung zeitlich gemittelt. Dann wird der Einsatz der Energieversorgungstechniken unter Verwendung der mittleren Bedarfswerte für ein einziges Zeitintervall optimiert. Man erhält auf diese Weise ein Energiesparpotential von 26%. Die Berücksichtigung der Bedarfsschwankungen im Rahmen der stochastischen Optimierung führt also in der Modellstadt nur zu einem geringen Rückgang der berechneten Einsparpotentiale gegenüber der statischen Optimierung mit *ECCO*. Der Anteil der vernetzenden Techniken an der Energieversorgung ist bei statischer Optimierung etwas höher, weil es nicht passieren kann, daß einem Abwärmeangebot keine Nachfrage gegenübersteht. Die Berücksichtigung dieses Phänomens verringert jedoch bei der stochastischen Optimierung die Potentiale nicht wesentlich, weil die vernetzenden Techniken durch andere Techniken der Wärmerückgewinnung, vor allem die Kraft-Wärme-Kopplung, substituiert werden können. Eine Verallgemeinerung dieses Ergebnisses über die Modellstadt hinaus ist nicht zulässig.

Aus dem eben Gesagten folgt, daß der Unterschied zwischen den zu Beginn dieses Abschnitts angeführten Optimierungsergebnissen mit *LEO* und *ECCO* noch andere Gründe außer der Berücksichtigung der Bedarfsschwankungen haben muß:

1. Während bei *ECCO* für die einzelnen Prozesse realistische Abwärmemengen angenommen werden, steht bei *LEO* – aufgrund der idealisierenden Annahmen – der gesamte Wärmebedarf mit gleicher Qualität wieder als Abwärme zur Verfügung. Bei der Optimierung mit *LEO* werden 40% des Raumwärmebedarfs durch industrielle Abwärme gedeckt, bei *ECCO* sind es dagegen nur wenige Prozent (vgl. Kap. 2.3.1).
2. Das in Kap. 2.3.1 diskutierte Zusammenspiel zwischen elektrischen Wärmepumpen und Kraft-Wärme-Kopplung tritt bei *LEO* nicht auf, weil der Strom für die Pumpen nur in Kraftwerken erzeugt werden darf [Nebenbed. (3.19)].
3. Mit Hilfe der Gasturbinen kann bei *ECCO* auch Wärme hoher Qualität (q=7.5) gekoppelt erzeugt werden, während bei *LEO* die Kraft-Wärme-Kopplung nur bis q=6 möglich ist. Eine Angleichung läßt sich nicht vornehmen, weil die Gasturbinen nur bei einigen Prozessen eingesetzt werden können, diese jedoch bei *LEO* aufgrund der Aggregierung nicht mehr separat erscheinen.
4. Bei *LEO* werden die Transportverluste allein aus den physikalischen Eigenschaften der vakuum-isolierten Rohrleitungen berechnet [54] und betragen daher nur wenige Prozent [vgl. Gl. (F.1)]. Dagegen wird bei *ECCO* für die Verluste ein Erfahrungswert in Höhe von 10% benutzt [95].[3]

Wegen der strukturellen Unterschiede zwischen *ECCO* und *LEO* ist es nicht möglich in beiden Modellen vollständig gleiche Bedingungen herzustellen. Die zum Teil gegenläufigen Beiträge der Punkte 1.–4. zu den Unterschieden zwischen den ermittelten Energiesparpotentialen lassen sich deshalb nicht quantifizieren. Bei der Anwendung von *LEO* auf die Modellstadt führt die geringe Zahl der Prozesse dazu, daß bei der Aggregierung weniger Information verloren geht als bei den nationalen Bedarfsprofilen. *LEO* kann daher für die Modellstadt näherungsweise als disaggregiertes Modell angesehen werden, wenn man von dem unter Punkt 3. beschriebenen Effekt einmal absieht.

Insgesamt untermauern diese Ergebnisse die in der Einleitung angeführte Begründung für die Entwicklung eines Modells, das die zeitliche Variation der Energienachfrage berücksichtigt. Da aber die statische Optimierung die Größenordnung der Einsparung durchaus richtig wiedergibt, kann als Regel gelten, daß sich mit ihrer Hilfe Obergrenzen der Einsparungspotentiale ermitteln lassen. Die Möglichkeiten zu deren Verwirklichung müssen dann genauer untersucht werden.

[3]Die spezifischen Verluste sind demnach bei den in der Einleitung zitierten Ergebnissen von *LEO* unterschätzt worden. Andererseits wurden dort sehr große mittlere Transportentfernungen von 25–50 km angenommen. Aus wirtschaftlicher Sicht ist es realistischer, davon auszugehen, daß Abwärme in der unmittelbaren Umgebung ihres Entstehungsortes genutzt wird. Die beiden Effekte zusammen kompensieren sich in etwa, so daß die früheren Ergebnisse Gültigkeit behalten.

3.2 Die Kosten der Wärmerückgewinnung im statischen Vektoroptimierungsmodell *LEO-II*

3.2.1 Aufstellung der Kostenfunktion

Die Erweiterung des Modells *LEO* zu einem Vektoroptimierungsmodell mit einer Kosten- und einer CO_2-Funktion wird im folgenden *LEO-II* genannt. Um die Kostenfunktion für *LEO-II* aufstellen zu können, sind weitere Definitionen notwendig [53]:

$C =$ Gesamte jährliche Kosten, die erforderlich sind, um den Energiebedarf des betrachteten Systems zu decken.

$C_0 =$ Gesamte jährliche Kosten des Energiesystems, wenn keine Maßnahmen zur Wärmerückgewinnung getroffen werden.

$b(F) =$ Preis einer Enthalpieeinheit des Brennstoffs F am Ort seiner Nutzung, einschließlich Kaufpreis, Transportkosten usw.

Die folgenden Kostenfaktoren enthalten Investitions- und Kapitalkosten sowie die Betriebskosten, soweit es sich nicht um Brennstoffkosten handelt (z.B. Wartungskosten):

$c(q, F) =$ Kosten, um dem Bedarfsniveau q eine Enthalpieeinheit zu liefern, die aus dem Brennstoff F gewonnen wird.

$c_i(q, q') =$ Kosten, um dem Bedarfsniveau q eine Enthalpieeinheit zu liefern, die mit Hilfe der Technologie i ($i = ex, p$) aus der Abwärme q' gewonnen wird.

$c(10, F) =$ Kosten, um eine Einheit elektrischer Energie in einem Kraftwerk zu erzeugen.

$c_c(10) =$ Kosten, um eine Einheit elektrischer Energie in einem Heizkraftwerk zu erzeugen. Im Gegensatz zu *ECCO* werden die gesamten Kosten der Heizkraftwerke der Stromproduktion zugeschlagen, so daß für die Wärme lediglich noch die Transportkosten anfallen. Dieses Vorgehen hat keinen Einfluß auf das Ergebnis der Optimierung, da in Gl. (3.24) nur die Summe der Kosten für Heizkraftwerke eine Rolle spielt.

$c_T =$ Kosten, um eine Wärmeeinheit über eine Entfernungseinheit von ihrem Entstehungsort zum Ort des Bedarfs zu transportieren.

Die mit diesen Faktoren bestimmten Kosten gelten für den Neuaufbau des Energiesystems und nicht für den Umbau eines bereits existierenden Systems. Wie bereits in Kap. 2.1.2 begründet, ist ein solches Vorgehen unbedenklich, wenn die Betriebsdauer des Energiesystems wesentlich länger ist als die Übergangsphase.

Wenn keine Techniken zur Wärmerückgewinnung eingesetzt werden, dann betragen die jährlichen Kosten C_0 der Versorgung des Energiesystems mit Prozeßwärme und elektrischer Energie

$$C_0 = \sum_{q=1}^{9} \left[c(q, F) + \frac{b(F)}{\eta(q, F)} \right] n(q) + \left[c(10, F) + \frac{b(F)}{\eta(10, F)} \right] n(10) \,. \tag{3.20}$$

Der erste Term auf der rechten Seite enthält die Kosten der Prozeßwärmeproduktion auf den verschiedenen Bedarfsniveaus $q = 1, \ldots, 9$. Dabei wird der Wärmebedarf $n(q)$ mit den spezifischen Kosten multipliziert, die sich zusammensetzen aus dem Kostenfaktor $c(q, F)$ für Investitions-, Kapital- und Betriebskosten sowie dem Brennstoffpreis $b(F)$. Während $c(q, F)$ auf eine Enthalpieeinheit der Qualität q bezogen ist, basiert $b(F)$ auf einer Enthalpieeinheit im Brennstoff F und muß daher durch den Wirkungsgrad $\eta(q, F)$ dividiert werden. Der zweite Term in Gl. (3.20) gibt auf gleiche Weise die Kosten der Produktion elektrischer Energie in Kraftwerken an.

Durch den Einsatz von Wärmerückgewinnungstechniken können die Kosten der konventionellen Heizungstechniken und die damit verbundenen Brennstoffkosten eingespart werden. Gleichzeitig muß der Aufbau der neuen Technik und deren Brennstoffbedarf finanziert werden. Die Bilanz der eingesparten und zusätzlichen Kosten wird durch die spezifische Kostenfunktion ω_i ausgedrückt, die für jede der Technologien $i{=}ex, c, p$ definiert wird. Die ω_i spielen bei der Berechnung der Kosten die gleiche Rolle, die den spezifischen Energiefunktionen ρ_i für die Ermittelung des Brennstoffeinsatzes zukam. Sie enthalten alle Konstanten, die zur Kostenbestimmung erforderlich sind. Für Wärmetauscher gilt

$$\begin{aligned}\omega_{ex}(q,q',d_{qq'}) &= \left[c(q,F)+\frac{b(F)}{\eta(q,F)}\right]\,\eta_{ex}(q,q',d_{qq'}) \\ &- \left[c_{ex}(q,q')+c_T\,d_{qq'}\right]\,\eta_{ex}(q,q',0) \\ &- \left[c(10,F)+\frac{b(F)}{\eta(10,F)}\right]\,\lambda_{ex}(q,q',d_{qq'})\,.\end{aligned} \tag{3.21}$$

Die erste Zeile der Gl. (3.21) enthält die eingesparten Kosten, wenn eine Einheit der Abwärme q' über Wärmetauscher an das Bedarfsniveau q geliefert wird. Die zweite Zeile gibt die spezifischen Investitionskosten für die Wärmetauscher und die Einrichtungen zum Wärmetransport an. An dieser Stelle wird $\eta_{ex}(q,q',0)$ anstelle von $\eta_{ex}(q,q',d_{qq'})$ verwendet, da die Kosten der Wärmetauscher auf eine Energieeinheit, die das Niveau q' verläßt, bezogen werden. Im Gegensatz dazu werden die eingesparten Kosten anhand der Energiemenge, die das Bedarfsniveau q erreicht, ermittelt. Die letzte Zeile der Gl. (3.21) steht für die spezifischen Kosten der elektrischen Energie, die benötigt wird, um das Wärmetransportmedium durch die Pipeline zu pumpen.

$$\begin{aligned}\omega_c(q,d_{cq}) &= \left[c(q,F)+\frac{b(F)}{\eta(q,F)}\right]\,\frac{\eta_c(q,F,d_{cq})}{\eta_c(10,F)} \\ &- c_c(10) - \frac{b(F)}{\eta_c(10,F)} - c_T\,d_{cq}\,\frac{\eta_c(q,F,0)}{\eta_c(10,F)} \\ &+ \left[c(10,F)+\frac{b(F)}{\eta(10,F)}\right]\left[1-\frac{\lambda_c(q,F,d_{cq})}{\eta_c(10,F)}\right]\,.\end{aligned} \tag{3.22}$$

Die spezifische Kostenfunktion für Kraft-Wärme-Kopplung ω_c in Gl. (3.22) setzt sich zusammen aus den Kosten, die durch Lieferung gekoppelt erzeugter Wärme an das Niveau q eingespart werden (1. Zeile), den Kosten für die Heizkraftwerke und den Transport der Wärme (2. Zeile), den Kosten, die durch die reduzierte Stromproduktion in Kraftwerken eingespart werden (positive Terme der 3. Zeile) sowie den Kosten für den Pumpenstrom, der in Kraftwerken erzeugt werden muß (negative Terme der 3. Zeile). Die einzelnen Kostenanteile sind auf eine Energieeinheit zu beziehen, die an das Bedarfsniveau q geliefert wird. Eine Ausnahme bilden lediglich die Transportkosten, die wie bei den Wärmetauschern auf eine Energieeinheit bezogen werden, die das Heizkraftwerk verläßt. Die spezifische Kostenfunktion für die Wärmepumpen ω_p wird analog zu Gl. (3.21) definiert und hat die Form

$$\begin{aligned}\omega_p(q,q') = & \left[c(q,F) + \frac{b(F)}{\eta(q,F)}\right] \eta_p(q,q') \\ - & \ c_p(q,q')\ \eta_p(q,q') \\ - & \left[c(10,F) + \frac{b(F)}{\eta(10,F)}\right] \lambda_p(q,q') \,.\end{aligned} \tag{3.23}$$

Die gesamten jährlichen Kosten C des Energiesystems sind dann gegeben durch

$$\begin{aligned}C = C_0 - \sum_{q=1}^{9} \Bigg\{ & \sum_{q'=q+1}^{9} \omega_{ex}(q,q',d_{qq'})\ x_{ex}(q,q')\ n(q') \\ + & \quad \omega_c(q,d_{cq})\ x_c(q)\ n_c(10) \\ + & \sum_{q'=0}^{q-1} \omega_p(q,q')\ x_p(q,q')\ n(q') \Bigg\} \,.\end{aligned} \tag{3.24}$$

Die Kostenfunktion (3.24) hat den gleichen formalen Aufbau wie die Energiefunktion (3.16). Beide unterscheiden sich lediglich in der Bedeutung der spezifischen Funktionen ρ_i bzw. ω_i. Während die ρ_i die physikalischen Konstanten des Optimierungsproblems erfassen, bilden die ω_i den ökonomischen Rahmen. Die Kosten C hängen wie der Brennstoffeinsatz $N(F)$ linear von den Optimierungsvariablen ab. Das Problem ist deshalb weiterhin der linearen Programmierung zugänglich.

Gl. (3.24) kann nur Terme für solche Techniken enthalten, die in der Energiefunktion (3.16) nicht wegen mangelnder Effizienz ausgeschlossen wurden. Im Gegensatz zu den spezifischen Energiefunktionen ρ_i können die Kostenfunktionen ω_i durchaus negative Werte annehmen. Dieser Fall tritt ein, wenn der Einsatz der Wärmerückgewinnungstechniken zu Kostensteigerungen führt.

W. van Gool und R. Kümmel haben bereits in Ref. 36 versucht, die bei einer Realisierung der Wärmerückgewinnung anfallenden Kosten zu bestimmen. Allerdings waren diese nicht Teil der Optimierung, sondern wurden nachträglich berechnet. Die Kostenfaktoren, die sie für ihre Untersuchungen aus der ingenieurwissenschaftlichen Literatur gewonnen haben, bilden auch die Grundlage für die spezifischen Kostenfunktionen ω_i. Sie sind im Anhang in Tab. F.2 wiedergegeben. Während sie in Ref. 36 in US-Dollar angegeben wurden, wird hier die künstliche Währungseinheit ACU (= **a**rbitrary **c**urrency **u**nit) benutzt. Dies geschieht zum einen, um Probleme mit Inflationsraten und Wechselkursen zu umgehen, und zum anderen, um zu betonen, daß die Veränderung der Kosten und nicht deren absolute Höhe im Mittelpunkt der Untersuchung steht. Der Brennstoffpreis von 4 ACU/GJ entspricht ungefähr einem Ölpreis von 24$ pro Barrel im Jahr 1986.

Erste Aussagen über die Kosten der Wärmerückgewinnung lassen sich bereits ohne Optimierung aus der Betrachtung der spezifischen Kostenfunktionen ω_i $(i{=}ex,c,p)$ gewinnen. Eine Technologie i wird als *kosteneffizient* bezeichnet, wenn ihre Anwendung weniger Kosten verursacht als der direkte Einsatz von Brennstoff. Dies ist genau dann der Fall, wenn die entsprechende Kostenfunktion ω_i bei gegebenen Brennstoffpreis einen positiven Wert annimmt. In Abb. 3.1 sind die ω_i für ein repräsentatives Paar von Bedarfs- und Abwärmeniveaus in Abhängigkeit vom Brennstoffpreis aufgetragen. Es ist sofort zu erkennen, daß bei den in Kap. 2.1.7 zugrunde gelegten Brennstoffpreisen von 1987, die noch unterhalb von 4 ACU/GJ liegen, keine der betrachteten Techniken kosteneffizient

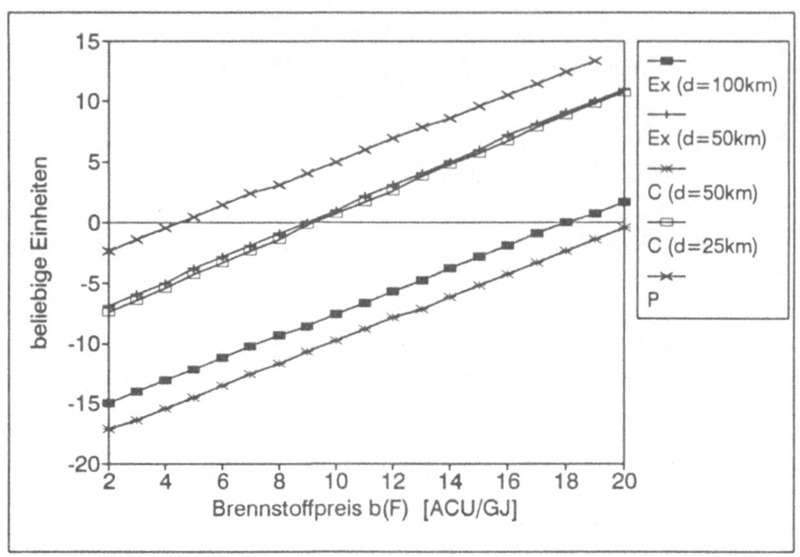

Abb. 3.1: Kostenfunktionen ω_{ex}, ω_c und ω_p in Abhängigkeit vom Brennstoffpreis $b(F)$ für ein repräsentatives Paar von Bedarfs- und Abwärmeniveaus sowie für verschiedene Transportentfernungen.

eingesetzt werden kann. Bei steigenden Energiepreisen würden die Wärmepumpen als erste die Schwelle zur Rentabilität bei etwa 5 ACU/GJ erreichen.[4] Allerdings sind damit noch nicht alle Wärmepumpen kosteneffizient, denn ω_p hängt von den Niveaus q' und q ab, zwischen denen gepumpt werden muß [vgl. Gl. (3.23)]. Je größer die Differenz zwischen beiden Niveaus ist und je höher das untere Niveau liegt, desto höher ist der Bedarf an elektrischer Energie [vgl. λ_p in Gl. (F.4)] und desto geringer sind die eingesparte Brennstoffmenge und somit letztlich auch die eingesparten Kosten.

Der Wärmetausch über eine Entfernung von $d_{qq'}$=50 km und die Kraft-Wärme-Kopplung über d_{cq}=25 km sind erst ab einem Preisniveau von 9 ACU/GJ kosteneffizient. Eine Verdoppelung der Transportentfernungen verdoppelt den für einen wirtschaftlichen Einsatz dieser Techniken erforderlichen Brennstoffpreis noch einmal auf 18 ACU/GJ für Wärmetauscher und auf mehr als 20 ACU/GJ für die Kraft-Wärme-Kopplung.

3.2.2 Vektoroptimierung des Brennstoffeinsatzes und der Kosten des Energiesystems

Bei *ECCO* war es nicht möglich, die Kosten mit Hilfe der linearen Programmierung zu minimieren, weil die zu installierenden Kapazitäten der Techniken nicht nur vom unmittelbar optimierten Zeitintervall t^φ, sondern auch vom Optimierungsergebnis in anderen Intervallen $t^{\varphi'}$ abhängen. Da *LEO-II* ein statisches Modell ist, bei dem von vornherein nur *ein* Zeitintervall betrachtet wird, müssen sich die Kapazitäten an den in diesem Intervall gelieferten Energiemengen orientieren (vgl. dazu auch Kap. 2.1.7). Weil die Berücksichtigung von Bedarfsspitzen die benötigten Kapazitäten vergrößern würde, sind

[4] Dies deckt sich mit den Erfahrungen von H. Schaefer von der Forschungsstelle f. Energiewirtschaft [35].

die mit *LEO-II* berechneten Kosten als untere Grenze der tatsächlich anfallenden Kosten zu verstehen.

Das mathematische Optimierungsproblem besteht aus zwei Zielfunktionen, nämlich dem Brennstoffeinsatz $N(F)$ aus Gl. (3.16) und den jährlichen Kosten des Energiesystems C aus Gl. (3.24). Mit Hilfe von zwei der im Anhang C.2 genannte quantitativen Methoden der Vektoroptimierung soll untersucht werden, unter welchen Bedingungen die beiden Ziele miteinander konkurrieren und wann sie parallel sind. Die bei der Vektoroptimierung stets notwendige Reduktion des eigentlichen Optimierungsproblems auf ein skalares Kompromißmodell geschieht zum einen durch die Parametrisierung der Kostenfunktion und zum anderen mit Hilfe der linearen Zielgewichtung.

Einführung einer Kostenobergrenze

Da die effiziente Nutzung von Energie hier im Vordergrund steht, wird die Kostenfunktion parametrisiert. Dazu wird eine obere Grenze für die Kosten des Energiesystems einführt, die in Abhängigkeit von den Kosten C_0 angegeben wird, d.h.

$$C \leq L \cdot C_0\,, \qquad\qquad L \geq 1 \qquad (3.25)$$

wobei L der Kostenbegrenzungsfaktor ist. Er stellt einen externen Parameter dar, dessen Wert vom Entscheidungsträger festzulegen ist. Für L werden nur Werte größer oder gleich 1 zugelassen, da eine Reduzierung der Kosten unter den Wert C_0 hier nicht als Nebenbedingung betrachtet wird. Nichtsdestoweniger kann ein solcher Fall eintreten, wenn der Optimierungsvorgang nicht durch die Kostengrenze, sondern eine der physikalischen Nebenbedingungen beendet wird.

In Abb. 3.2 sind die Optimierungsergebnisse für die industriellen Bedarfsprofile der Bundesrepublik und der Niederlande bei Brennstoffpreisen von 2 bis 12 ACU/GJ dargestellt. Dabei wurden Transportentfernungen von 50 km für Wärmetauscher und 25 km für Kraft-Wärme-Kopplung angenommen, während Wärmepumpen mit 60% des Carnot-Wirkungsgrades arbeiten. Diese Parameter gelten für alle weiteren Ergebnisse.

Das erste Szenario (durchgezogene Kurven) läßt keine zusätzlichen Kosten zu, d.h. L=1. Wie erwartet beginnen die Energieeinsparungen in der **Bundesrepublik** erst bei einem Brennstoffpreis von 5 ACU/GJ mit dem Einsatz der ersten Wärmepumpen. Der Brennstoffeinsatz $N(F)$ nimmt mit weiter steigendem Brennstoffpreis $b(F)$ kontinuierlich ab, weil weitere Wärmepumpen hinzukommen. Ab $b(F)$= 8 ACU/GJ werden erstmals Wärmetauscher eingesetzt, obwohl sie noch nicht kosteneffizient sind. Die mit Hilfe der kosteneffizienten Wärmepumpen erzielten Kosteneinsparungen werden in die teureren, aber noch energie-sparsameren Wärmetauscher investiert, so daß der erlaubte Kostenrahmen vollständig ausgenutzt wird. Um das gesamte Energiesparpotential ausgeschöpfen zu können, müssen die Wärmepumpen jedoch vollständig durch Wärmetauscher ersetzt werden [54]. Deshalb wird das Minimum von $N(F)$ bei 2.32 EJ/a – das sind 74% der Brennstoffmenge $N_0(F)$, die ohne Wärmerückgewinnungstechniken pro Jahr benötigt wird – erst erreicht, nachdem die Wärmetauscher kosteneffizient sind. Dieser Fall tritt für Brennstoffpreise oberhalb von 10 ACU/GJ ein. Das Energie-Minimum ist identisch mit dem Wert, den man für die Optimierung ohne Kostenobergrenze erhält.

Die Kosten C_0 aus Gl. (3.20) steigen linear mit dem Brennstoffpreis an. Infolge der gewählten Kostenobergrenze dürfen die Kosten C nicht größer sein als C_0. Bis

a)

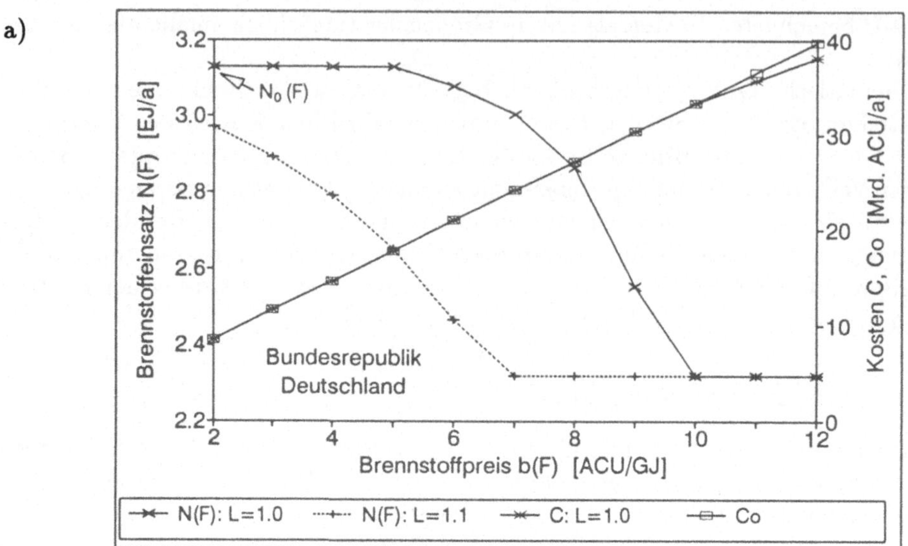

b)

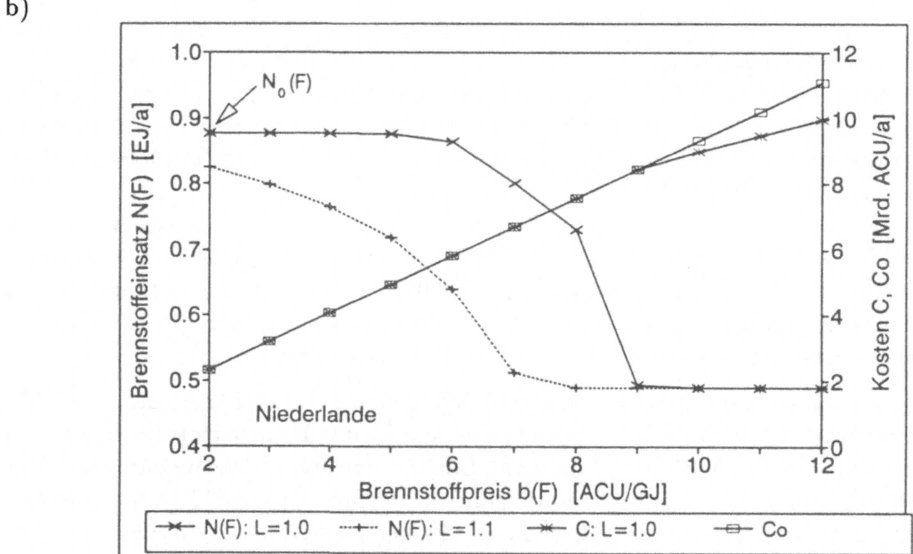

Abb. 3.2: Ergebnisse der statischen Optimierung nationaler industrieller Bedarfsprofile mit Kostenobergrenzen bei $1.0{\cdot}C_0$ und $1.1{\cdot}C_0$;
a) für die Bundesrepublik [110] und
b) für die Niederlande.
Aufgetragen sind der Brennstoffeinsatz $N(F)$ (für L=1.0 und L=1.1) sowie (für L=0) die Kosten mit (C) und ohne (C_0) Wärmerückgewinnungstechniken in Abhängigkeit vom Brennstoffpreis $b(F)$. Man beachte den unterdrückten Nullpunkt der $N(F)$-Achse auf der linken Seite.

zum Brennstoffpreis von 10 ACU/GJ wird der zulässige Kostenrahmen voll ausgeschöpft, die Kurven C und C_0 sind identisch. Bei weiter steigenden Preisen sind dagegen die Wärmerückgewinnungstechniken zunehmend billiger: die Kurve C verläuft unterhalb von C_0. Für die spezielle Wahl L=1 hätten die Brennstoffpreise, bei denen die Energieeinsparungen beginnen und enden, auch ohne Optimierung aus Abb. 3.1 bestimmt werden können. *LEO-II* ermöglicht jedoch darüberhinaus, die Höhe der Einsparungen zwischen diesen Preisgrenzen zu bestimmen (vgl. Abb. 3.2).

In einem zweiten Szenario wird eine Erhöhung der Kosten des Energiesystems um 10% zugelassen, d.h. L=1.1 . Das ebenfalls in Abb. 3.2 (gestrichtelte Kurve) dargestellte Ergebnis der Optimierung zeigt, daß bereits beim niedrigsten betrachteten Brennstoffpreis von 2 ACU/GJ Energieeinsparungen möglich sind. Die maximalen Einsparungen werden schon bei 7 ACU/GJ erreicht. Bis zu diesem Energiepreis wird der Kostenrahmen $L \cdot C_0$ voll augeschöpft, oberhalb dessen ist die Kostenobergrenze nicht mehr für die Begrenzung des Energiesparpotentials verantwortlich. Es muß jedoch wiederum ein Brennstoffpreis von 10 ACU/GJ erreicht werden, damit C kleiner als C_0 wird.

Trotz des völlig verschiedenen Bedarfsprofils (vgl. Abb. 1.5) sind die Ergebnisse der Energieoptimierung mit Kostenobergrenze in den **Niederlanden** denen in der Bundesrepublik sehr ähnlich (vgl. Abb. 3.2), weil die Kosten – im Gegensatz zum Brennstoffeinsatz – hauptsächlich von den ω_i und nicht von der Form der Bedarfsprofile abhängen. Der einzige wesentliche Unterschied besteht darin, daß bei L=1 die (nahezu) vollständige Ausschöpfung des Energiesparpotentials in den Niederlanden schon für $b(F)$= 9 ACU/GJ anstatt erst bei 10 ACU/GJ erreicht wird. Der Grund liegt darin, daß in den Niederlanden die maximalen Einsparungen von 56% nicht nur durch Wärmetauscher, sondern auch mit Hilfe von Wärmepumpen und der Kraft-Wärme-Kopplung erreicht werden [54]. Bei einem Brennstoffpreis von $b(F)$= 9 ACU/GJ sind die Wärmetauscher und die Kraft-Wärme-Kopplung schon nahezu kosteneffizient, andererseits werden durch die schon ab $b(F)$= 5 ACU/GJ kosteneffizienten Wärmepumpen erhebliche Kosten eingespart. Letztere tragen dann zur Finanzierung der beiden anderen Techniken bei.

Für L= 1 hängen der Anfangs- und Endpunkt der Energieeinsparungen nicht von der Optimierung ab, sondern können aus den Kostenfaktoren der Techniken bestimmt werden. Die Einsparungen beginnen stets bei dem Brennstoffpreis, für den die erste Technik kosteneffizient wird und enden spätestens, wenn auch der Einsatz der letzte Wärmerückgewinnungstechnik nicht mehr teurer ist, als direkt zu heizen. Der Verlauf der Kurven zwischen diesen beiden Punkten hängt allerdings von den Techniken ab, die *LEO-II* einsetzt. Die Bestimmung der Anteile der einzelnen Techniken ist aber, wie in Kap. 1.3.2 gezeigt, in einem statischen Modell mit großen Unsicherheiten behaftet. Einen Anhaltspunkt für den Fehler der Kurven zwischen den beiden ausgezeichneten Punkten erhält man aus der Tatsache, daß die Wärmepumpen allein bei einem Brennstoffpreis von 10 ACU/GJ in der Bundesrepublik nur Brennstoffeinsparungen von 8% (statt 26%) ermöglichen. Der Fehler der Werte von $N(F)$ zwischen Anfangs- und Endpunkt der Einsparungen beträgt somit ca. 30% der Differenz zu $N_0(F)$.

Im Modell *LEO-II* ist eine Erhöhung der Energiepreise von 1987 auf rund das Drei- bis Vierfache erforderlich, damit die Wärmerückgewinnung kosteneffizient wird. Bei *ECCO* ist dafür in der Modellstadt eine Energiepreiserhöhung um fast 600% erforderlich. Der große Unterschied hat im wesentlichen zwei Gründe:

- Da die Bedarfsschwankungen bei *LEO-II* nicht berücktsichtigt werden und somit Bedarfsspitzen, die die zu installierenden Kapazitäten erhöhen, unberücksichtigt bleiben, werden die Kosten bei der Benutzung von *LEO-II* unterschätzt. Sie können aber als untere Grenze interpretiert werden.
- Außer größeren Kapazitäten einzelner Techniken sind bei *ECCO* in vielen Fällen auch Backup-Techniken erforderlich, die einspringen, wenn eine Abwärmequelle nicht zur Verfügung steht. Dieser Fall kann bei statischer Optimierung gar nicht auftreten.

Zusätzliche Unterschiede rühren daher,

- daß in der Modellstadt auch der Energiebedarf der Haushalte berücksichtigt wird, während den hier diskutierten Ergebnissen von *LEO-II* nur das industrielle Bedarfsprofil zugrunde liegt,
- daß die Kostendaten für *LEO* aus verschiedenen Ländern stammen und daher auch die zugrundegelegten Wechselkurse einen Einfluß haben und
- daß die mit *ECCO* für eine einzelne Region ermittelten Kosten nicht unbedingt repräsentativ sind für die Bundesrepublik.

Lineare Zielgewichtung

Die Analyse im vorigen Abschnitt hat bereits gezeigt, daß Energieeinsparung und Kostenminimierung bis zu einem Brennstoffpreis von 10 ACU/GJ konkurrierende Ziele sind. Die Parametrisierung einer Zielfunktion bietet aber nur beschränkte Möglichkeiten, um den *Trade-off* zwischen einzelnen Zielen zu bestimmen. Darunter wird der Anstieg einer Zielfunktion verstanden, der eintritt, wenn die konkurrierende Funktion durch die Optimierung um eine Einheit verringert wird. Die Methode der linearen Zielgewichtung ist zur Bestimmung des Trade-off besser geeignet. Um sie anwenden zu können, wird eine neue Zielfunktion Z definiert:

$$Z = \beta \cdot [N(F)/N_0(F)] + (1-\beta) \cdot [C/C_0] , \tag{3.26}$$

wobei β der Gewichtsfaktor ist. Die Energiefunktion $N(F)$ und die Kostenfunktion C werden vor der Addition dimensionslos gemacht, indem sie durch die jeweiligen Werte ohne Optimierung, $N_0(F)$ bzw. C_0, dividiert werden. Damit ist sichergestellt, daß keine Funktionen mit verschiedenen physikalischen Einheiten addiert werden. Dies wird in wirtschaftswissenschaftlichen Arbeiten nicht immer beachtet [71], wobei als Begründung angeführt wird, daß Z ohnehin eine inhaltlich sinnlose Größe ist und daß erst die mit ihrer Hilfe ermittelten Werte der Optimierungsvariablen die eigentliche Lösung darstellen. Dennoch ist die Normierung sinnvoll, denn sie erleichtert die Wahl der Gewichtsfaktoren. Ein Faktor β=0.5 stellt mit Normierung eine Gleichverteilung der Gewichte dar, während bei nicht normierten Summanden in Gl. (3.26) der größere von beiden zusätzliches Gewicht hat.

Für $\beta = 1$ erhält man eine reine Energieoptimierung, die die in der Einleitung geschilderten Ergebnisse reproduziert. Reduziert man β nur geringfügig (z.B. β=0.95), so wählt *LEO-II* unter den energieoptimalen Lösungen die kostengünstigste aus. Dies entspricht dann im Prinzip der im Anhang C.2 angesprochenen Optimierung mit wechselnden Zielfunktionen in der Reihenfolge ihrer Gewichtung. Da die Zielfunktion Z selbst keine reale Bedeutung hat, werden für jeden Wert von β die Ergebnisse der Einzelfunktionen $N(F)$

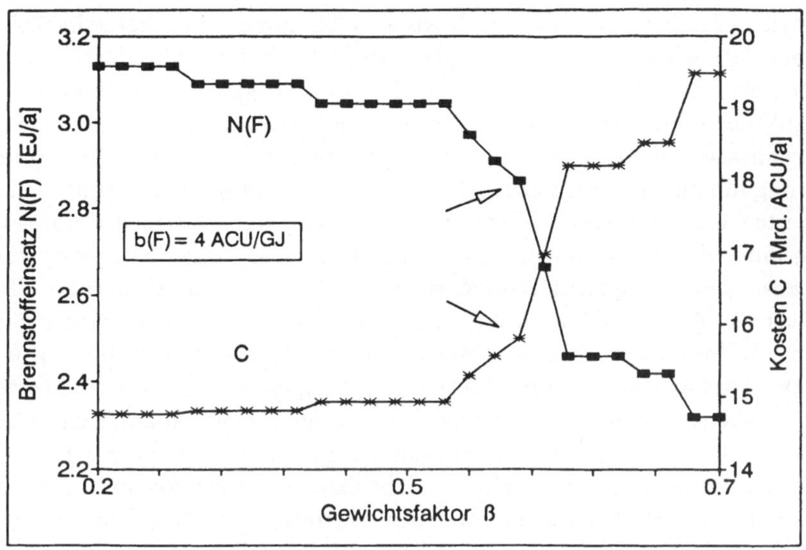

Abb. 3.3: Ergebnis der Optimierung mit linearer Zielgewichtung für die Bundesrepublik [111]; aufgetragen sind der Brennstoffeinsatz $N(F)$ und die Kosten des Energiesystems C in Abhängigkeit vom Gewichtsfaktor β. Man beachte die unterdrückten Nullpunkte beider Ordinaten-Achsen.

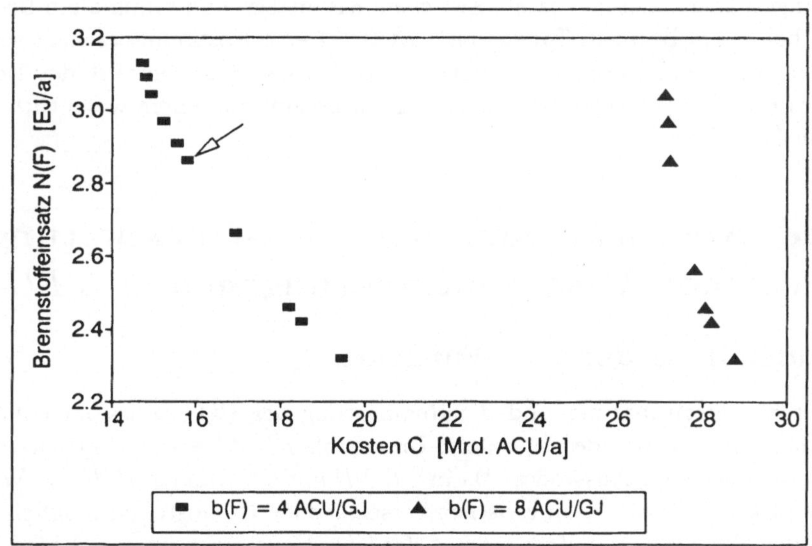

Abb. 3.4: Trade-off zwischen Brennstoffeinsatz $N(F)$ und den jährlichen Kosten C des Energiesystems in der Bundesrepublik bei Brennstoffpreisen von 4 und 8 ACU/GJ [111].

und C ermittelt. Für Gewichtsfaktoren β zwischen 0.2 und 0.7 sind beide in Abb. 3.3 dargestellt. Dabei liegt wiederum das industrielle Bedarfsprofil der Bundesrepublik und ein Brennstoffpreis von 4 ACU/GJ zugrunde. Außerhalb des genannten Bereichs verändern sich beide Funktionen nicht mehr. Die schrittweise Reduzierung von β bei niedrigen Energiepreisen, wenn also Energie- und Kosteneinsparung konkurrierende Ziele sind, steuert die Optimierung hin zu einer geringeren Ausnutzung der Energiesparpotentiale bei gleichzeitig reduzierten Gesamtkosten. Wenn β beinahe den Wert 0 erreicht, dann wählt die Optimierung unter den kostenoptimalen Lösungen diejenige mit dem geringsten Brennstoffeinsatz aus. β=0 entspricht schließlich der reinen Kostenoptimierung. Bei einem Brennstoffpreis von 4 ACU/GJ gewinnt für $\beta > 0.5$ die Energieoptimierung zunehmend an Bedeutung, während bei kleineren Werten von β die Kostenoptimierung überwiegt. Dieser Grenzwert verschiebt sich mit steigendem Energiepreis zu kleineren Werten von β.

Der Gewichtsfaktor ist weder eine physikalische noch eine ökonomische Größe, sondern ein externer Parameter, der vom Entscheidungsträger festzulegen ist. Dieser kann seine Präferenzen in der Regel nur schwer quantifizieren. Hinzu kommt, daß der gleiche Gewichtsfaktor bei unterschiedlicher Wahl der Normierungsfaktoren zu völlig verschiedenen Ergebnissen führt. Deshalb ist eine frühzeitige Festlegung des Faktors β äußerst schwierig. Wesentlich sinnvoller ist es, dem Entscheidungsträger die Auswirkungen seiner Entscheidung vor Augen zu führen. Zu diesem Zweck werden korrespondierende Werte von $N(F)$ und C aus Abb. 3.3 gegeneinander aufgetragen. Sie bilden dann die Tradeoff-Funktion, die in Abb. 3.4 dargestellt ist. Zur Verdeutlichung der Vorgehensweise sind in Abb. 3.3 zwei Werte durch Pfeile gekennzeichnet, die den ebenfalls markierten Punkt in Abb. 3.4 ergeben. Damit kann nun sofort abgelesen werden, wieviel jede zusätzliche Einheit an eingesparter Energie kostet. Zwischen maximalem und minimalem Brennstoffeinsatz liegt bei einem Brennstoffpreis von 4 ACU/GJ eine Kostenunterschied von 30%.[5] Wählt man dagegen einen doppelt so hohen Energiepreis, dann beträgt der Kostenanstieg nur noch 6%. Die Kurve verläuft allerdings insgesamt auf einem wesentlich höheren Kostenniveau (vgl. Abb. 3.4).

3.3 Die Auswirkungen der CO_2-Rückhaltung im statischen Vektoroptimierungsmodell *LEO-II*

3.3.1 Aufstellung der CO_2-Funktion

Bisher waren Energieeinsparung und die Reduzierung der CO_2-Emissionen im Modell *LEO-II* parallele Ziele, denn jede eingesparte Brennstoffeinheit bedeutete gleichzeitig auch eine Verringerung des CO_2-Ausstoßes. Da in *LEO-II* nur ein Brennstoff F zur Verfügung steht und somit keine Substitution zwischen verschiedenen Brennstoffen möglich ist, sind die prozentualen Potentiale zur Reduzierung der CO_2-Emissionen zunächst identisch mit

[5] Bezieht man den geschätzten Bedarf der Haushalte (Abb. 1.5) in die Optimierung mit ein, so ergeben sich Kostensteigerungen von 44% (vgl. Kap. 3.3.2).

Neben der Wärmerückgewinnung existieren durchaus andere Energiespartechnologien, die bereits heute kosteneffizient sind, z.B. moderne Leuchtstofflampen mit niederiger Wattzahl [29]. G.N. Hatsopoulos et al. gehen davon aus, daß 25% des für 1985 vorhergesagten Energieverbrauches im produzierenden Gewerbe durch *kosteneffiziente* Energiesparmaßnahen hätten vermieden werden können [112]. Solche Effekte können in *LEO-II* durch eine Veränderung der Bedarfsprofile berücksichtigt werden [52,54].

den Energiesparpotentialen. Durch die Möglichkeit der aktiven CO_2-Rückhaltung ändert sich dies grundlegend: Da die Rückhaltung Energie erfordert, treten die beiden Ziele in Konkurrenz zueinander (vgl. Kap. 2.1.6). Wie bei *ECCO* ist es daher erforderlich, die CO_2-Emissionen als eigene Zielfunktion in die Vektoroptimierung mit *LEO-II* aufzunehmen [109]:

W = CO_2-Emissionen = emittierte Gesamtmenge an Kohlendioxid pro Zeiteinheit, d.h. hier pro Jahr.

W_0 = CO_2-Emissionen, wenn weder Maßnahmen zur Wärmerückgewinnung noch zur CO_2-Rückhaltung getroffen werden.

Die verschiedenen spezifischen CO_2-Emissionsfaktoren sind

$w(q, F)$ = CO_2-Menge, die freigesetzt wird, wenn eine Einheit des Brennstoffs F verbrannt wird, um Wärme der Qualität q zu erzeugen.

$w(10, F)$ = CO_2-Menge, die freigesetzt wird, wenn eine Einheit des Brennstoffs F in einem Kraftwerk verbrannt wird, um elektrische Energie zu erzeugen.

$w_c(10, F)$ = CO_2-Menge, die freigesetzt wird, wenn eine Einheit des Brennstoffs F in einem Heizkraftwerk verbrannt wird, um elektrische Energie zu erzeugen. Analog zum Vorgehen bei den Kosten wird der Stromproduktion der gesamte CO_2-Ausstoß zugerechnet, während die Wärmeproduktion als 'CO_2-frei' angesehen wird. Diese formale Aufteilung hat wiederum keinen Einfluß auf die Ergebnisse, da in der CO_2-Funktion (3.31) ohnehin nur die Summe der Emissionen auftritt.

Die gesamten CO_2-Emissionen W_0 bei der Produktion von Prozeßwärme und elektrischer Energie ohne Wärmerückgewinnung und ohne CO_2-Rückhaltung betragen somit:

$$W_0 = \sum_{q=1}^{9} \left[\frac{w(q, F)}{\eta(q, F)}\right] n(q) + \left[\frac{w(10, F)}{\eta(10, F)}\right] n(10) . \qquad (3.27)$$

Der erste Term auf der rechten Seite von Gl. (3.27) enthält die CO_2-Emissionen bei der Versorgung der Bedarfsniveaus $q = 1, \ldots, 9$ mit Prozeßwärme. Die für das Niveau q pro Jahr benötigte Brennstoffmenge, $n(q)/\eta(q, F)$, wird mit dem spezifischen CO_2-Emissionsfaktor $w(q, F)$ multipliziert. Der zweite Term gibt auf gleiche Weise den CO_2-Ausstoß der Kraftwerke an.

Analog zum Vorgehen bei der Aufstellung der Energie- und der Kostenfunktion wird für den Kohlendioxidausstoß jeder Technik $i{=}ex, c, p$ eine spezifische Emissionsfunktion σ_i aufgestellt. Für die Wärmetauscher erhält man:

$$\sigma_{ex}(q, q') = \frac{w(q, F)}{\eta(q, F)} \eta_{ex}(q, q', d_{qq'}) - \frac{w(10, F)}{\eta(10, F)} \lambda_{ex}(q, q', d_{qq'}) . \qquad (3.28)$$

Dabei bestimmt der erste Term die CO_2-Emissionen, die vermieden werden, wenn mittels Wärmetauscher an das Bedarfsniveau q eine Enthalpieeinheit geliefert wird, die vom Abwärmeniveau q' stammt. Diese Einsparungen resultieren aus der Tatsache, daß für eine durch Abwärme befriedigte Bedarfseinheit kein fossiler Brennstoff mehr benötigt wird und die damit verbundenen CO_2-Emissionen entfallen. Der zweite Term beschreibt den CO_2-Ausstoß aus Kraftwerken, wenn dort die elektrische Energie zum Antrieb der Pumpen erzeugt wird, die das Wärmetransportmedium durch die Rohrleitungen treiben.

Die spezifische CO_2-Emissionsfunktion σ_c für die Kraft-Wärme-Kopplung in Gl. (3.29) steht erstens für das CO_2, das durch die Versorgung des Bedarfsniveaus q mit gekoppelt erzeugter Wärme eingespart wird und zweitens für den CO_2-Ausstoß der Heizkraftwerke. Drittens schließlich trägt σ_c der Tatsache Rechnung, daß der in Heizkraftwerken produzierte Strom nicht mehr in den Kraftwerken produziert werden muß, daß dort aber der Pumpstrom für die gekoppelt erzeugte Wärme erzeugt wird.

$$\sigma_c(q) = \frac{\mathrm{w}(q,F)}{\eta(q,F)} \frac{\eta_c(q,F,d_{cq})}{\eta_c(10,F)} - \frac{\mathrm{w}_c(10,F)}{\eta_c(10,F)} + \frac{\mathrm{w}(10,F)}{\eta(10,F)} \left[1 - \frac{\lambda_c(q,F,d_{cq})}{\eta_c(10,F)}\right] . \quad (3.29)$$

Die spezifische CO_2-Emissionsfunktion σ_p für Wärmepumpen in Gl. (3.30) ist analog zu Gl. (3.28) aufgebaut:

$$\sigma_p(q,q') = \frac{\mathrm{w}(q,F)}{\eta(q,F)} \eta_p(q,q') - \frac{\mathrm{w}(10,F)}{\eta(10,F)} \lambda_p(q,q') . \quad (3.30)$$

Wenn man nun die CO_2-Bilanzen, die in den Gl. (3.28)–(3.30) für die einzelnen Wärmerückgewinnungstechniken aufgestellt wurden, von W_0 aus Gl. (3.27) abzieht, so erhält man die gesamten CO_2-Emissionen W:

$$\begin{aligned} W = W_0 - \sum_{q=1}^{9} \Bigg\{ & \sum_{q'=q+1}^{9} \sigma_{ex}(q,q')\, x_{ex}(q,q')\, n(q') \\ + & \ \sigma_c(q)\, x_c(q)\, n_c(10) \\ + & \sum_{q'=0}^{q-1} \sigma_p(q,q')\, x_p(q,q')\, n(q') \Bigg\} . \end{aligned} \quad (3.31)$$

Gleichung (3.31) hat wiederum die gleiche Struktur wie die Energiefunktion (3.16) und die Kostenfunktion (3.24). So wie C die finanziellen Lasten des Energiesystems beschreibt, kann W als Darstellung eines Teils der Umweltbelastung aufgefaßt werden, die durch das Energiesystem verursacht wird.

3.3.2 Vektoroptimierung von Brennstoffeinsatz, Kosten und CO_2-Emissionen

Für die spezifischen CO_2-Emissionen, die mit dem Brennstoff F in *LEO-II* assoziiert sind, werden die Werte für Steinkohle eingesetzt, die von Fricke, Schüßler und Kümmel in Ref. 14 angegeben wurden (vgl. Tab. F.3). Es wird angenommen, daß die CO_2-Emissionen mit einem der in Kap. 2.1.6 beschriebenen Rückhalteverfahren um 90% reduziert werden. Folgende drei Szenarien werden untersucht:

1. Im Standardszenario wird nur die Wärmerückgewinnung, nicht aber die CO_2-Rückhaltung zugelassen.
2. Im zweiten Szenario wird in Kraftwerken, nicht aber in Heizkraftwerken, 90% des CO_2 zurückgehalten.
3. Im dritten Szenario ist die CO_2-Rückhaltung in Kraftwerken und Heizkraftwerken vorgesehen.

Die Rückhaltung des CO_2 führt zu einer Reduktion der Wirkungsgrade $\eta(10,F)$ in Kraftwerken und $\eta_c(10,F)$ in Heizkraftwerken [80]. Die Parameterwerte für die verschiedenen Szenarien sind in Tab. F.3 zusammengefaßt.

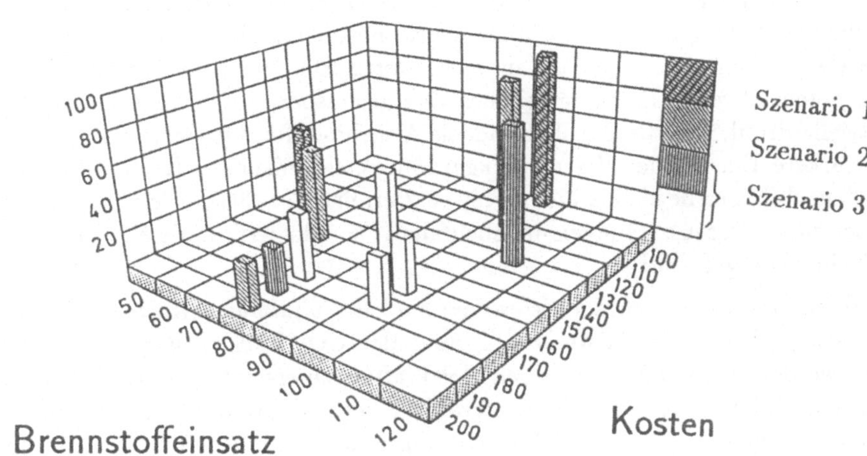

Abb. 3.5: Ergebnis der Optimierung für die Bundesrepublik (Industrie-plus-Haushalte) bei einem Brennstoffpreis von 4 ACU/GJ [109]. Alle Ergebnisse sind auf die Ausgangslage normiert, in der weder Wärmerückgewinnungstechniken noch CO_2-Rückhaltemaßnahmen eingesetzt werden. Dieser Fall wird durch den Wert 100 auf jeder Achse beschrieben. Für die dreidimensionale Darstellung war es notwendig, alle Werte für Brennstoffeinsatz und Kosten zu runden und in äquidistante Intervalle einzusortieren.

Die Kosten der CO_2-Rückhaltung wurden bereits in Kap. 2.1.6 diskutiert. Als untere Grenze wurde dabei ein Verdoppelung der Investitionskosten für Kraftwerke angenommen, als obere Grenze eine Verfünffachung. Für die weiteren Berechnungen wird zunächst der obere Grenzwert verwendet, der bei den Energiepreisen von 1987 einem Anstieg der Abgabepreise für Strom um 125% entspricht. Für Heizkraftwerke werden die gleichen zusätzlichen Kosten pro Energieeinheit angesetzt wie für Kraftwerke.

Die Optimierung wird für das Bedarfsprofil 'Industrie-plus-Haushalte' der Bundesrepublik aus Abb. 1.5 vorgenommen, wobei der Bedarf der Haushalte nur grob geschätzt werden konnte.

LEO-II verfügt nun über eine dritte Zielfunktion, die mit Hilfe der linearen Zielgewichtung in die Optimierung einbezogen werden soll. Zu diesem Zweck wird die Zielfunktion Z aus Gl. (3.26) um die normierten CO_2-Emissionen W/W_0 erweitert:

$$Z' = \beta \cdot [N(F)/N_0(F)] + \gamma \cdot [C/C_0] + (1-\beta-\gamma) \cdot [W/W_0] , \qquad (3.32)$$

wobei β und γ die Gewichtsfaktoren sind. Jede Kombination von β und γ führt zu einer funktional-effizienten Lösung.

Abbildung 3.5 enthält zunächst die Ergebnisse der alleinigen Optimierung von Brennstoffeinsatz $N(F)$, Kosten C bzw. CO_2-Emissionen W für alle drei Szenarien. Dazu wird in der Zielfunktion (3.32) der entsprechende Gewichtsfaktor auf den Wert 1 gesetzt.[6] Das

[6]Den Gewichtsfaktor 1 für die CO_2-Optimierung erhält man mit $\alpha = \beta = 0$.

kostenoptimale Ergebnis im **ersten Szenario** (doppelte Schraffur) stellt gleichzeitig den Referenzpunkt dar, für den allen Zielfunktionen der Wert 100 zugewiesen wird. Alle anderen Ergebnisse in Abb. 3.5 sind auf diese Werte normiert, alle im weiteren gemachten Prozentangaben beziehen sich ebenfalls auf diese Werte. Die *Energieoptimierung* liefert ein Energiesparpotential von 41%. Die möglichen Energieeinsparungen sind größer als für das rein industrielle Profil, weil die Haushalte ideale Abnehmer für Abwärme sind. Allerdings führt der stärkere Einsatz der Wärmerückgewinnungstechniken zu Kostensteigerungen, die mit 44% noch höher liegen als die in Kap. 3.2 ermittelten 30%. Die CO_2-Emissionen werden unter diesen Voraussetzungen um ebenfalls 41% reduziert, da sie eine direkte Folge der Energieeinsparungen sind.

Im **zweiten Szenario** (schräge Schraffur) sind die *minimalen Kosten* höher als im ersten Szenario. Weil die Kraftwerke aufgrund der CO_2-Rückhaltung nun wesentlich teurer sind, werden alle Kraftwerke durch Heizkraftwerke ersetzt, die preislich zwischen herkömmlichen und CO_2-reduzierten Kraftwerken liegen. Die dadurch erzielten Energieeinsparungen von 9% werden in Abb. 3.5 aufgrund der vorgenommenen Rundungen nicht sichtbar. Die *Energieoptimierung* ruft die gleiche Substitution hervor, diesmal allerdings verursacht durch die höhere Energieeffizienz der Heizkraftwerke. Zusätzlich werden Wärmetauscher und Wärmepumpen eingesetzt. Dennoch liegen die Energieeinsparungen mit 38% etwas niederiger als im ersten Szenario, weil ein Rest elektrischer Energie in den Kraftwerken produziert werden muß, deren Wirkungsgrad durch die CO_2-Rückhaltung reduziert ist. Weil diese Kraftwerke auch teurer sind als herkömmliche Kraftwerke fallen auch die Kostensteigerungen mit 54% noch höher aus, während die Reduzierung der CO_2-Emissionen nur geringfügig auf 44% anwächst. Wird dagegen ein *minimaler CO_2-Ausstoß* angestrebt, so werden die Kraftwerke gegenüber den Heizkraftwerke bevorzugt. Die CO_2-Emissionen können dann um 73% reduziert werden. Wegen der hohen Kosten und des geringen Wirkungsgrades der CO_2-reduzierten Kraftwerke betragen die Brennstoffeinsparungen nur noch 27% und die Kosten steigen sogar um 101%.

Bei der *Kostenoptimierung* im **dritten Szenario** (vertikale Schraffur) werden die Kraftwerke nicht länger durch Heizkraftwerke ersetzt, weil beide den gleichen Kostensteigerungen unterliegen. Die minimalen Kosten, die dennoch 35% höher sind als im Standardszenario, werden erreicht, wenn keine Wärmerückgewinnungstechniken eingesetzt werden. Die energieintensiven CO_2-reduzierten Kraftwerke ermöglichen eine Verringerung des CO_2-Ausstoßes um 20%, gleichzeitig steigt jedoch der Brennstoffeinsatz um 5%. Die Ergebnisse der *Energie- und der Kostenoptimierung* sind in diesem Szenario (nahezu) identisch, weil Kraftwerke und Heizkraftwerke die gleichen Effizienzverluste aufweisen. Der gemeinsame Einsatz von Wärmerückgewinnung und CO_2-Rückhaltung macht wie im zweiten Szenario eine Reduzierung der Emissionen um mehr als 70% möglich. Die Energieeinsparungen sind mit 29% geringer als bei der Energieoptimierung im zweiten Szenario, aber – aufgrund der Kraft-Wärme-Kopplung – etwas höher als bei der dortigen CO_2-Optimierung. Letzeres ist in Abb. 3.5 wegen der notwendigen Rundungen nicht zu erkennen. Die Kostensteigerungen betragen 88% statt 101% bei der CO_2-Optimierung im zweiten Szenario.

Der gleichzeitige Einsatz von Wärmerückgewinnung und CO_2-Rückhaltung, der im zweiten und dritten Szenario zu einem großen Reduktionspotential bei den CO_2-Emissionen führt, ist in Kap. 2.3.1 für die untersuchte Modellstadt ausgeschlossen worden, weil die dazu benötigten Energieversorgungsstrukturen unvereinbar wären. Allerdings lag die Ursache darin, daß die Wärmerückgewinnung weniger auf der Nutzung von industrieller Abwärme durch Wärmetauschernetzwerke als auf dem Einsatz der Kraft-Wärme-Kopplung beruhte. In Regionen, in denen sehr viel industrielle Abwärme zur Verfügung steht, ist auch eine Kombination beider Strategien denkbar. Die mit *LEO-II* betrachtete Situation stellt dabei den Extremfall dar, denn es wird angenommen, daß die gesamte nachgefragte Prozeßwärme als Abwärme zur Verfügung steht (vgl. Kap. 3.1.2). Weil dies in der Realität nicht zutrifft, müssen die mit *LEO-II* ermittelten Potentiale zur CO_2-Reduzierung als obere Grenzen angesehen werden.

Alle bisher diskutierten Ergebnisse beruhen darauf, daß lediglich eines der drei Ziele, die in der Zielfunktion (3.32) zusammengefaßt sind, optimiert wurde. Als (natürlich unrealistischer) Idealzielpunkt der Vektoroptimierung im Sinne von Anhang C.2 kann somit die gleichzeitige Einsparung von 41% des Brennstoffeinsatzes und 73% der CO_2-Emissionen ohne Kostensteigerungen angesehen werden. Die für das dritte Szenario in Abb. 3.5 (ohne Schraffur) wiedergegebenen Ergebnisse der Vektoroptimierung mit verschiedenen Gewichtsfaktoren ($\neq 1$) stellen funktional-effiziente Kompromisse zwischen den drei Zielen dar, die durch Vergleich mit dem Idealzielpunkt bewertet werden können. Besonders interessant ist die Tatsache, daß eine 45%-ige Verminderung der CO_2-Emissionen bei einem Kostenanstieg von 60% erreicht werden kann, während die Verwirklichung des vollen Reduktionspotentials von 73% eine Kostensteigerung von mindestens 90% verursacht.

Wenn die Investitionskosten der CO_2-reduzierten Kraftwerke nur um 100% über den heutigen Kosten für Standardkraftwerke liegen (statt der bisher angenommenen 400%), so bleiben die bisherigen Ergebnisse für den Brennstoffeinsatz und den CO_2-Ausstoß weiter gültig. Die Kosten reduzieren sich jedoch erheblich, z.B. beträgt der größte auftretende Kostenanstieg dann nur noch 60% anstelle von 100%.

Wie ein einfaches Beispiel zeigt, können die einzelnen Strategien zur Minderung der CO_2-Emissionen miteinander wechselwirken: Wie schon in Kap. 2.3.3 kann die die Isolation von privaten Häusern und Bürogebäuden als Beispiel einer mit der Wärmerückgewinnung konkurrierenden Strategie dienen. Nimmt man in diesem Sinne das bisher in *LEO-II* verwendete Bedarfsprofil 'Industrie-plus-Haushalte' der Bundesrepublik und verringert den (in Abb. 1.5 schraffierten) Wärmebedarf der Haushalte auf ein Drittel, so lassen sich allein durch diese Maßnahme 25% des eingesetzten Brennstoffs $N_0(F)$ und damit auch 25% der CO_2-Emissionen W_0 einsparen. Es wird angenommen, daß das verbleibende Bedarfsdrittel nicht über Wärmetauscher und Kraft-Wärme-Kopplung befriedigt werden kann, weil die benötigten Verteilungssysteme bei reduziertem Bedarf zu teuer wären. Führt man für diese Ausgangssituation eine CO_2-Optimierung durch, so stellt man fest, daß die CO_2-Emissionen durch den Rückgang des Bedarfs sowie den Einsatz der Wärmerückgewinnung und der CO_2-Rückhaltung zusammen nur um 70% reduziert werden, während ohne die Verringerung des Bedarfs eine 73%-ige Reduzierung möglich war. Dieses überraschende Ergebnis resultiert aus der Tatsache, daß das veränderte Bedarfsprofil weniger Einsatzmöglichkeiten für die Wärmerückgewinnung bietet, weil die Haushalte keine Abwärme mehr aufnehmen können. Während der Energiebedarf um 25% reduziert wurde, beträgt der Unterschied der optimierten Brennstoffmengen $N(F)$ in den beiden Szenarien lediglich 3%. Es spielt hier keine Rolle, ob die Heizkraftwerke mit CO_2-Rückhaltung ausgestattet werden können oder nicht, da sie nach der Reduzierung des Niedertemperaturwärmebedarfs nicht mehr eingesetzt werden.

Das Ergebnis zeigt erneut, daß verschiedenen Strategien zur Energieeinsparung miteinander konkurrieren können und daß die Verwirklichung einer Option andere Möglichkeiten beschneiden kann.

3.4 Zusammenfassung der Vektoroptimierung mit *LEO-II*

Das Modell *LEO-II* dient der Vektoroptimierung von Brennstoffeinsatz, CO_2-Emissionen und Kosten auf der Grundlage aggregierter statischer Bedarfsprofile, die den Energiebedarf nationaler Energiesysteme in Abhängigkeit von der benötigten Qualität ausweisen. Die Vektoroptimierung kann durch Vorgabe einer Kostenobergrenze oder durch Bildung einer neuen Zielfunktion, die aus der gewichteten Addition der drei ursprünglichen Zielfunktionen hervorgeht, durchgeführt werden. Die Ergebnisse der Optimierung mit *LEO-II* sind als Obergrenzen für die Einsparungen von Brennstoff und CO_2 sowie als Untergrenzen für die Kosten zu interpretieren.

Zusammenfassend ist festzustellen, daß bei niedrigen Energiepreisen, wie sie in den Jahren 1987–1989 galten, keine der hier betrachteten Techniken zur Wärmerückgewinnung (Wärmetauschernetze, Wärmepumpen und Kraft-Wärme-Kopplung) kosteneffizient ist. Die vollständige Realisierung des durch die Energieoptimierung für das industrielle Bedarfsprofil der Bundesrepublik aufgezeigten Energiesparpotentials von 26% führt zu Kostensteigerungen von mehr als 30%. Wenn der dabei zugrunde gelegte Brennstoffpreis, der einem Ölpreis von 24$ pro Barrel im Jahr 1986 entspricht, verdoppelt wird, dann verringert sich der relative Kostenanstieg auf 6%. Allerdings liegen dann die Gesamtkosten nach Realisierung des gesamten Energiesparpotentials um 50% höher als bei dem niedrigeren Brennstoffpreis.

Bei gleichzeitigem Einsatz von Wärmerückgewinnung und CO_2-Rückhaltung findet man mit *LEO-II* eine Reduzierung der CO_2-Emissionen um mehr als 70%. Je nach Szenario beträgt der Kostenanstieg, der durch die Vermeidung von CO_2-Emissionen im genannten Umfang verursacht wird, 60–100%. Die Einsparungen beim Brennstoffeinsatz sinken gleichzeitig von 41% bei der Energieoptimierung auf 27–29%. Bei der Bewertung des CO_2-Reduktionspotentials ist zu bedenken, daß es im wesentlichen auf der Kombination aus Wärmetauschernetzwerken zur Abwärmenutzung und der CO_2-reduzierten Stromproduktion in Kraftwerken beruht. Die mit *ECCO* erzielten Ergebnisse lassen eine gleichzeitige Verfolgung der beiden Strategien in der dort untersuchten Modellstadt nicht zu, weil die detaillierte Betrachtung der einzelnen Prozesse ergeben hat, daß sie wesentlich weniger Abwärme liefern können als bei *LEO-II* pauschal angenommen wird. Bei *ECCO* beruht deshalb die Wärmerückgewinnung hauptsächlich auf der Kraft-Wärme-Kopplung, für die eine CO_2-Rückhaltung problematisch ist.

4 Zusammenfassung, Konsequenzen, Ausblick

4.1 Zusammenfassung

Die Methode der Exergieoptimierung wurde benutzt, um anhand zweier mathematischer Modelle regionale und nationale Potentiale zur Primärenergieeinsparung und zur Minderung der CO_2-Emissionen durch Wärmerückgewinnung aufzuzeigen und die Kosten ihrer Verwirklichung abzuschätzen.

Die untersuchten Energiesysteme sind gekennzeichnet durch den industriellen und privaten Bedarf an Prozeßwärme und elektrischer Energie. Alle Energiemengen werden anhand ihrer Qualität bewertet, die ein Maß für den Exergiegehalt und damit die Arbeitsfähigkeit der Energie darstellt und die für Wärmemengen durch den Carnot-Faktor gegeben ist. Grundgedanke der Optimierung ist es, die bei der Deckung des Energiebedarfs anfallende Abwärme – unter Beachtung ihrer Qualitätsverluste in den betrachteten irreversiblen Prozessen – so oft wiederzuverwenden, wie sie den Qualitätsanforderungen der vorgegebenen Bedarfsprofile genügt. Als Techniken der Wärmerückgewinnung tragen Wärmetauscher, Wärmepumpen und die Kraft-Wärme-Kopplung zu einer Verminderung des Primärenergieeinsatzes und damit indirekt auch zur Reduzierung der Umweltbelastung bei. Zusätzlich wird in den Modellen die direkte Reduzierung der CO_2-Emissionen durch Rückhaltung des CO_2 aus den Rauchgasen großer stationärer Quellen (Kraftwerke etc.) betrachtet, um festzustellen, inwieweit diese Maßnahme zusätzlich zur Emissionsminderung beitragen kann. Da zur Rückhaltung des CO_2 Energie erforderlich ist, macht ihre Berücksichtigung die Energieeinsparung und die Reduzierung des CO_2-Ausstoßes zu konkurrierenden Zielen.

Das Modell *ECCO* (**E**nergy, **C**ost and **C**arbondioxide-**O**ptimization) erfaßt Menge und Qualität des Nutzenergiebedarfs und des Abwärmeangebots einzelner Prozesse in einer Region. Da die Verfügbarkeit von Abwärme unmittelbar an den Energiebedarf gekoppelt ist, müssen dessen periodische und zufällige Fluktuationen berücksichtigt werden. Dies geschieht stochastisch, indem eine repräsentative Stichprobe von Zeitintervallen mit verschiedenen Bedarfssituationen betrachtet wird. Für jeden Prozeß steht eine Auswahl an lokalen, zentralen und vernetzenden (d.h. einzelne Prozesse zum Zwecke der Abwärmenutzung verbindenden) Energieversorgungstechniken zur Verfügung. Mit Hilfe von *ECCO* werden die Anteile optimiert, die die mit Hilfe dieser Techniken gebildeten Versorgungspfade an der Befriedigung der Energienachfrage der einzelnen Prozesse haben. Als Ziel kann dabei entweder ein minimaler Primärenergieeinsatz oder ein möglichst geringer CO_2-Ausstoß vorgegeben werden. Durch interaktive Korrekturen können anschließend die Kosten der Energieversorgung gesenkt werden. Da es nicht möglich war, alle für den Einsatz von *ECCO* erforderlichen Daten aus einer (realen) Region zu bekommen, mußte aus den vorhandenen Informationen eine Modellstadt konstruiert werden, die aus drei Stadtteilen mit knapp 20000 Einwohnern sowie 4 Betrieben mit 11 industriellen Prozessen besteht. Für die Modellstadt umfaßt das Optimierungsproblem bis zu 92 Optimierungsvariablen und 23 Nebenbedingungen, mit *ECCO* lassen sich jedoch auch wesentlich größere Systeme betrachten.

Die Primärenergieeinsparungen, die in der Modellstadt gegenüber dem Status quo durch Wärmerückgewinnung erreicht werden können, betragen bei einem Mittelwert der angenommenen Außentemperaturverteilung von 10°C im besten Fall 25%. Gleichzeitig gehen die CO_2-Emissionen um 31% zurück. Durch Sensitivitätsanalysen und die Betrachtung unterschiedlicher Szenarien wurde gezeigt, daß die absoluten Einsparungen und die zu ihrer Realisierung notwendige Versorgungsstruktur stark von der betrachteten Bedarfssituation und den verwendeten technischen Konstanten abhängen. Aufgrund der vielfältigen Substitutionsmöglichkeiten zwischen verschiedenen Versorgungspfaden beträgt die Unsicherheit der genannten relativen Potentiale dagegen nur $\pm$(3–5)%-Punkte. Der durch die stochastische Optimierung bedingte statistische Fehler läßt sich durch die Wahl des Stichprobenumfangs und andere geeignete Maßnahmen so weit reduzieren, daß er keine Rolle mehr spielt.

Der größte Beitrag zu den genannten Potentialen wird in der Modellstadt durch die (dezentrale) Kraft-Wärme-Kopplung geleistet, weil industrielle Abwärme nur in geringem Maße anfällt und daher auch nur wenig zur Energieversorgung beitragen kann. Durch Rückhaltung des CO_2 aus Rauchgasen lassen sich die CO_2-Emissionen im selben Ausmaß reduzieren wie durch die Wärmerückgewinnung. Der Primärenergieeinsatz in der Modellstadt liegt dann jedoch um 11% über dem Niveau des Status quo. Die beiden Strategien zur Minderung des CO_2-Ausstoßes haben sich für die Modellstadt als unvereinbar erwiesen, weil sie zu völlig verschiedenen Strukturen der Energieversorgung führen. Während die Wärmerückgewinnung eine weitgehend dezentrale Wärme- und Stromerzeugung verlangt, ist zur Realisierung der CO_2-Rückhaltung aus technischen Gründen eine zentrale Stromproduktion erforderlich.

Auf der Basis der (niedrigen) Energiepreise des Jahres 1987 erweist sich die Wärmerückgewinnung bei einer CO_2-Minimierung als die teurere Alternative. Sie verursacht Kostenerhöhungen von 41%. Die CO_2-Rückhaltung führt dagegen zu Kostensteigerungen zwischen 11 und 29%, je nachdem ob man eine Verdoppelung oder eine Verfünffachung der Investitionskosten gegenüber herkömmlichen Kraftwerken unterstellt. Allerdings verschieben sich die Relationen mit steigenden Energiepreisen. Die Wärmerückgewinnung wird billiger als die CO_2-Rückhaltung, wenn die Energiepreise um 150–360% gegenüber dem Stand von 1987 steigen. Damit Energiesparen mittels Wärmerückgewinnung auch gegenüber dem Status quo Kostenvorteile erbringt, müssen die Energiepreise um 590% angehoben werden. Die Ursache der hohen Kosten liegt in erster Linie in der Bereithaltung von Backup-Techniken, die die Energieversorgung übernehmen, wenn keine Abwärme zur Verfügung steht.

Grundlage des statischen Vektoroptimierungsmodells *LEO-II* (**L**ineare **E**nergie**o**ptimierung) sind sog. aggregierte Bedarfsprofile, die den gesamten jährlichen Prozeßwärme- und Strombedarf eines Energiesystems in Abhängigkeit von der benötigten Qualität auf zehn Niveaus ausweisen. Nationale Energiestatistiken enthalten solche Profile in der Regel nicht, für den industriellen Prozeßwärmebedarf von vier Volkswirtschaften liegen jedoch Abschätzungen vor. Daraus lassen sich Obergrenzen für die Energie- und CO_2-Sparpotentiale durch Wärmerückgewinnung von ca. 25% in der Bundesrepublik Deutschland, 30% in den USA und rund 45% in den Niederlanden und Japan ermitteln. Die Höhe dieser Potentiale hängt im wesentlichen von der Struktur der Bedarfsprofile ab. Die Verwirklichung des vollen Einsparpotentials von 25% führt in der Bundesrepublik mindestens zu einer 30%-igen Steigerung bei den Kosten der Energieversorgung. Wird der zugrunde gelegte Energiepreis, der einem Ölpreis von 24$ pro Barrel im Jahre 1986 entspricht, verdoppelt, dann beträgt der mindestens zu erwartende Kostenanstieg nur noch 6%, allerdings auf einem mehr als 50% höheren Kostenniveau. Im Unterschied zu den Ergebnissen für die Modellstadt ist eine sinnvolle Kombination von Wärmerückgewinnung und CO_2-Rückhaltung denkbar, wenn in einer Region sehr viel industrielle Abwärme anfällt und nur geringe Einsatzmöglichkeiten für Kraft-Wärme-Kopplung bestehen. In einer solchen Region schränkt eine zentrale Stromproduktion, bei der dann die CO_2-Rückhaltung eingesetzt werden kann, die Wärmerückgewinnung nicht wesentlich ein. Wenn man annimmt, daß die Situation in der Modellstadt nicht repräsentativ ist und daß in der Mehrzahl der realen Regionen Wärmerückgewinnung und CO_2-Rückhaltung gemeinsam eingesetzt werden können, dann beträgt das mit *LEO-II* ermittelte maximale Potential für die Reduzierung des CO_2-Ausstoßes von Industrie und privaten Haushalten in der Bundesrepublik mehr als 70%. Allerdings muß dessen Realisierung mit einer Steigerung der Kosten der Energieversorgung um 100% und einer Halbierung des Energiesparpotentials, das in diesem Fall ohne CO_2-Rückhaltung 41% beträgt, erkauft werden.

4.2 Konsequenzen der Modellergebnisse

In der Bundesrepublik ist derzeit die Stromversorgung weitgehend zentral und die Wärmeversorgung überwiegend dezentral organisiert. Die Realisierung der Wärmerückgewinnung kann, wie am Beispiel einer Modellstadt gezeigt wurde, einschneidende Konsequenzen für die Struktur der Energieversorgung haben. Der Einsatz der Kraft-Wärme-Kopplung führt bei Verwendung von dezentralen Kleinheizkraftwerken oder Blockheizkraftwerken zur Verlagerung eines erheblichen Teils der Stromproduktion aus den Großkraftwerken in die Nähe der Nutzer. Andererseits erfordert sowohl die Nutzung industrieller Abwärme als auch der Einsatz von Blockheizkraftwerken eine zentrale Wärmeversorgung. Einer Veränderung der Energieversorgungstruktur stehen neben den weiter unten diskutierten Kosten auch institutionelle Hindernisse gegenüber. Vertragswerke und gesetzliche Bestimmungen sichern den großen Energieversorgungsunternehmen (EVU) ein Monopol für die Stromproduktion in dem von ihnen versorgten Gebiet. Das führt dazu, daß vielen Kommunen eine eigenständige Stromproduktion und damit der Betrieb von Heizkraftwerken untersagt ist. Selbst die Lieferung von Strom aus einem privaten Kleinheizkraftwerk auf ein benachbartes Grundstück ist verboten. Aufgrund der bestehenden Überkapazitäten wird den EVU's immer wieder vorgeworfen, mehr an einem steigenden Absatz elektrischer Energie als an Maßnahmen zur Energieeinsparung interessiert zu sein. Daß ein Umdenken hier möglich ist, zeigt das Beispiel kalifornischer Unternehmen, die ihren Kunden z.B. sehr energieeffiziente Glühbirnen günstig zur Verfügung stellen und so die Investitionskosten für neue Kraftwerke vermeiden (vgl. z.B. Ref. 113). Weitergehende Vorschläge [114] beinhalten eine Verlagerung des Tätigkeitsbereiches der EVU's von der reinen Lieferung von Energie hin zur Bereitstellung von Energiedienstleistungen. Beispielsweise könnten die EVU's die Heizungskeller privater Gebäude mieten und dort eine von ihnen bevorzugte, aber in jedem Fall sehr energieeffiziente Heizungsanlage installieren, also z.B. eine Zentralheizung mit Brennwertkessel, einen Fernwärmeanschluß oder ein Kleinheizkraftwerk. Diese Vorgehensweise vermeidet einen wesentlichen Nachteil der dezentralen Energieversorgungsstruktur. Ohne die Beteiligung der EVU's würden die Investitionskosten der privaten Haushalte für die Energieversorgung steigen. Für Vermieter ist dies wenig attraktiv, weil die Einsparungen bei den Brennstoffkosten den Mietern zugute kommen. Besitzer selbstgenutzter Häuser und Wohnungen sind oft nicht in der Lage eine Kosten-Nutzen-Analyse durchzuführen und schrecken daher vor hohen Anfangsinvestitionen zurück.

Die Nutzung von industrieller Abwärme und die damit verbundene Vernetzung industrieller und private Prozesse bringt eine erhöhte gegenseitige Abhängigkeit mit sich. Insbesondere sind die Auswirkungen eines kurzfristigen Ausfalls und des langfristigen Wegfalls große Abwärmequellen zu bedenken. Zur Absicherung müssen in jedem Fall Backup-Techniken (Heizwerke) bereitgehalten werden. Außerdem sollten soviele Abwärmequellen wie möglich in das Netz eingebunden werden. Bei der Planung der Abwärmenutzung dürfen allerdings nur solche Quellen berücksichtigt werden, deren Weiterbestehen zumindest mittelfristig gesichert ist. Im Gegenzug wird die Abhängigkeit von Energieimporten und damit von externen Einflüssen geringer.

Für die Modellstadt haben sich Wärmerückgewinnung und CO_2-Rückhaltung als unvereinbar erwiesen, weil sie unterschiedliche Energieversorgungsstrukturen zur Voraussetzung haben. Das heißt aber nicht, daß für die gesamte Bundesrepublik eine Grundsatzentscheidung zwischen beiden Techniken gefällt werden muß. Vielmehr ist es denkbar, daß in getrennten Regionen unterschiedliche Versorgungsstrukturen aufgebaut werden. Da sich die CO_2-Rückhaltung erst in der Konzeptionsphase befindet und die ökologischen Folgen einer CO_2-Deponierung noch nicht untersucht wurden, ist es mit Sicherheit zu früh, endgültige Entscheidungen zu treffen. Deshalb sollte ihre Entwicklung durch den Bau von Prototypanlagen vorangetrieben werden. Gleichzeitig muß die Wärmerückgewinnung in ausgewählten Gebieten gezielt umgesetzt werden, um realistische Vergleichsmöglichkeiten zu schaffen. In diesem Zusammenhang ist aber auch zu bedenken, daß die CO_2-Rückhaltung erst nach Fertigstellung der gesamten Entsorgungskette von der Rückhaltung im Kraftwerk bis zur Deponierung wirksam wird. Die Wärmerückgewinnung kann im Gegensatz dazu schrittweise ausgebaut werden, wobei alle Teilschritte sofort zur Entlastung der Umwelt beitragen. Außerdem führt die CO_2-Rückhaltung zu einer Erhöhung des Primärenergiebedarfs. Die Umweltbelastung wird nur an einer Stelle reduziert, während der Ausstoß anderer Luftschadstoffe wie SO_2 und NO_x ansteigen kann. Gleichzeitig wird auf diese Weise die Knappheit der Energieressourcen verschärft und die Abhängigkeit von Energieimporten vergrößert. Die hier nur angedeuteten sehr komplexen Wechselwirkungen innerhalb eines Energiesystems können und müssen mit Hilfe der Systemanalyse weiter untersucht werden, um eine Basis für die letztlich notwendigen politischen Entscheidungen zu schaffen.

Die Realisierung der Wärmerückgewinnung und der CO_2-Rückhaltung ist in jedem Fall mit steigenden Kosten für die Energieversorgung verbunden. Auf einem insgesamt hohen Kostenniveau, das z.B. durch sehr hohe Energiepreise verursacht wird, kann es jedoch billiger sein, mit hohem Kapitalaufwand Energie zu sparen, statt weiter im bisherigen Umfang fossile Energiequellen zu nutzen.

Bei niedrigen Energiepreisen, wie sie in den Jahren 1987-1989 gültig waren, steht der Verwirklichung der Wärmerückgewinnung das **Ökonomische Prinzip** entgegen, das die

Grundlage unserer heutigen Art zu wirtschaften bildet. Es lautet [115]: Ziel wirtschaftlichen Handelns ist es,

- mit gegebenen Mitteln einen möglichst großen Nutzen zu erzielen, oder
- einen gegebenen Nutzen mit möglichst geringem Einsatz an Mitteln zu erreichen.

Unter dem *Nutzen* wird dabei die Befriedigung jeglicher menschlicher Bedürfnisse von der Sicherung der nackten Existenz bis zum Verlangen nach Unterhaltung verstanden. Die *Mittel* sind die klassischen Produktionsfaktoren *Arbeit, Kapital und Boden.* Manche Autoren rechnen neuerdings auch die benötigte *Energie* und/oder *natürliche Ressourcen* als eigenständige Produktionsfaktoren hinzu [116,117,118].

Nachfrage und Angebot haben in einer Marktwirtschaft entscheidenden Einfluß auf die Preise, die für die genannten Faktoren zu bezahlen sind. Es hat sich jedoch herausgestellt, daß die Regelmechanismen des Marktes an einer entscheidenden Stelle versagen [119]. Sie gestatten es im Prinzip, Güter, an denen wegen ihrer Natur kein Eigentum erworben werden kann, zu nutzen und dabei zu entwerten, ohne daß dafür ein (monetärer) Preis zu zahlen ist. Beispiele für solche sog. *freie Güter* sind Luft und Wasser, wobei unter deren Nutzung auch eine Verunreinigung, die sich bei der Produktion anderer Güter ergibt, zu verstehen ist.[1] Schäden, die durch die Nutzung der freien Güter entstehen, gehen zu Lasten der Gesellschaft als Ganzes. Sie werden daher als *soziale* oder auch *externe Kosten* bezeichnet [85,86]. Damit die marktwirtschaftlichen Kräfte nicht nur die Maximierung des kurzfristigen individuellen, sondern auch des langfristigen gesamtgesellschaftlichen Nutzens (und damit die Erhaltung der Lebensgrundlagen auf der Erde) gewährleisten, müssen diese externen Kosten *internalisiert* werden, d.h. sie müssen Eingang in die Preise der Güter und Dienstleistungen finden, bei deren Herstellung bzw. Erbringung sie anfallen. Dies gilt in besonderem Maße für die Bereitstellung von Energie. Es ist allerdings sehr schwierig, die Höhe der externen Kosten zu ermitteln, wie die Diskussion der Studien von O. Hohmeyer [85] und R. Friedrich et al. [86] zu diesem Thema gezeigt hat.

Es ist unrealistisch anzunehmen, eine Internalisierung der externen Kosten würde von den Anbietern und Nachfragern der Produktionsfaktoren auf dem Markt selbst verwirklicht. Vielmehr handelt es sich um eine Rahmenbedingung der Marktwirtschaft, die vom Staat vorgegeben werden muß. Wenn sie für alle Beteiligten gleichermaßen gilt, dann stellt sie auch keine Verzerrung des Wettbewerbs dar, wie oft behauptet wird. Es sind bereits zahlreiche Versuche unternommen worden, an dieser Stelle anzusetzen, was dazu geführt hat, daß die Nutzung von Luft und Wasser heute nicht mehr gänzlich kostenlos ist. Die meisten Maßnahmen beruhen auf der Einführung technischer Vorschriften, die entweder die Emission oder die Immission von Schadstoffen begrenzen. So gelten bei Großfeuerungsanlagen Grenzwerte für die bereits erwähnten Schadstoffe wie SO_2, NO_x während beim Trinkwasser Grenzen für die Konzentration einer Reihe von Giften festgelegt sind. Alle genannten Maßnahmen verursachen Kosten, die in die Güterpreise eingehen. Es handelt sich jedoch dabei um Einzelmaßnahmen, die sich auf bestimmte, abgrenzbare Gefährdungen oder Gefahrenstoffe beschränken. Auch eine obligatorische Einführung der aktiven CO_2-Rückhaltung würde in diese Kategorie fallen. Ein allgemeiner Rahmen zur Behebung der beschriebenen Schwäche des ökonomischen Prinzips ist bisher nicht geschaffen worden.

[1] Der Preis des Wassers für den privaten Verbraucher ergab sich bis vor kurzem lediglich aus den Kosten für seinen Transport in den Haushalt. Erst in jüngster Zeit sind erhebliche Kosten für seine Aufbereitung hinzugekommen. An manchen Orten übersteigen daher die Abwasserkosten mittlerweile die Frischwasserkosten selbst für warmes Wasser.

Auch ohne die Höhe der externen Kosten genau zu kennen, ist es möglich, Einfluß auf den Markt zu nehmen, indem das Kostenverhältnis zwischen Umweltschädigung und Umweltschutz zu Gunsten des letzteren verschoben wird. Für die Energieversorgung und -anwendung, die aus den in der Einleitung geschilderten Gründen zu den größten Bedrohungen der Lebensgrundlagen auf der Erde zählt, kann dies die Einführung einer hohen Energiesteuer oder die Subventionierung energiesparender Techniken bedeuten.

Die erstgenannte Möglichkeit ist meines Erachtens nach die elegantere, weil sie Energieeinsparung und Kostenminimierung und damit gleichzeitig Umweltschutz und ökonomisches Prinzip zu parallelen Zielen werden läßt. Die Entscheidung, welche der zahlreichen Möglichkeiten zur Energieeinsparung tatsächlich realisiert werden, bleibt dem Markt überlassen. Die zur Umsetzung der Wärmerückgewinnung erforderliche Verteuerung auf mindestens das Dreifache des heutigen Preises hätte jedoch erhebliche soziale Folgen. Deshalb wäre es notwendig, die über die Energiesteuer eingenommene Geldmenge zurückzuerstatten, so daß sich nicht das verfügbare Einkommen des einzelnen Bürgers, sondern lediglich das Preisgefüge in dem von ihm gewöhnlich erworbenen Warenkorb ändert. Wie ein solcher Rückzahlungsmechanismus aussehen könnte, wurde z.B. von B. Hannon, R.A. Herendeen und P. Penner [120] oder von R.A. Herendeen und F. Fazel [121] untersucht. Die so eingeleitete Umstrukturierung erfordert natürlich viel Zeit, weil sich die Lebensgewohnheiten der Bevölkerung nicht von heute auf morgen ändern werden.

Die Einführung von Subventionen wäre wahrscheinlich leichter durchzusetzen, selbst wenn sie über eine geringe Energiesteuer finanziert werden müßte. Subventionen wirken allerdings stets punktuell, d.h. nur in dem technologischen Bereich, für den sie ausgeschrieben werden. Damit besteht die Gefahr einer Fehlsteuerung, weil anderen Techniken das Eindringen in den Markt zusätzlich erschwert wird. Wenn beispielsweise nur die Isolierung von Wohnhäusern gefördert würde, dann hätte die Nutzung von Abwärme keine Chance mehr, verwirklicht zu werden. In Gebieten mit großem Abwärmepotential bleibt damit ein erhebliches Potential zur Energieeinsparung unberücksichtigt: auch die fossile Heizung gut isolierter Häuser benötigt noch Energie und setzt CO_2 frei, während die Nutzung industrieller Abwärme beides fast vollständig vermeidet.

Als Fazit halte ich es für erforderlich, das Ökonomische Prinzip um ein Regelwerk zum Schutz der Umwelt zu ergänzen. Im Sinne der Exergieanalyse und -optimierung könnte eine neues Prinzip wie folgt lauten: Ziel wirtschaftlichen Handelns muß es sein

- einen gegebenen Nutzen mit möglichst geringem Einsatz klassischer ökonomischer Mittel und unter Vernichtung von möglichst wenig Exergie zu erreichen, oder
- mit gegebenen ökonomischen Mitteln und unter Vernichtung einer gegebenen Menge Exergie einen möglichst großen Nutzen zu erzielen.

4.3 Ausblick auf mögliche Weiterentwicklungen des Modells *ECCO*

Während die Möglichkeiten, die das Modell *LEO-II* bietet, weitgehend ausgeschöpft wurden, sind für *ECCO* noch zahlreiche Verbesserungen und Erweiterungen denkbar, die sowohl die Modellierung selbst als auch die Datenbasis betreffen.

Es erscheint mir wichtig, neben der Wärmerückgewinnung auch konkurrierende Strategien zur Einsparung fossiler Energieträger mit in das Modell aufzunehmen und diese nicht nur anhand von Szenarien zu betrachten. In Kap. 2.1.5 wurde bereits die Möglichkeit diskutiert, mit Hilfe von Sonnenenergie erzeugte Wärme zu berücksichtigen. Analog zur Modellierung der stochastischen Schwankungen der Energienachfrage ist auch eine Darstellung fluktuierender Energiequellen im Modell vorstellbar. Dazu muß aber die stochastische Ermittlung des Bedarfs in Abhängigkeit von der Temperatur überarbeitet werden, um die bisher grobe Verknüpfung von Temperatur und Jahreszeit zu verbessern. Dies ist erforderlich, weil das Solarenergieangebot starke saisonale Unterschiede aufweist und die Sonneneinstrahlung mit der Außentemperatur nicht eindeutig korreliert ist. Die Berücksichtigung photovoltaischer und/oder windgetriebener Kraftwerke ist ebenfalls in Betracht zu ziehen.

Neben den genannten Techniken auf der Energieangebotsseite verdient auch die Nachfrageseite Aufmerksamtkeit. Ich halte es für möglich, 'Dummy-Techniken' zu definieren, die im Modell eine Energieversorgung simulieren, die in Wirklichkeit jedoch eine Reduzierung des Bedarfs darstellen. Auf diese Weise können dann beispielsweise Isolierungsmaßnahmen zur Minderung des Raumwärmebedarfs direkt in das Modell eingehen.

Darüberhinaus müssen Anstrengungen unternommen werden, auch die Möglichkeit der Wärmespeicherung explizit im Modell zu erfassen. Dabei ist sowohl an die mittelfristige als auch die langfristige Speicherung zu denken. Allerdings ergeben sich dabei Schwierigkeiten mit der Annahme, daß die Optimierung in den einzelnen Zeitintervallen unabhängig voneinander erfolgen kann.

Die Datenbasis muß bei einer weiteren Benutzung von *ECCO* ständig aktualisiert werden, da vor allem die Kosten der einzelnen Techniken schnellen und großen Änderungen unterworfen sind. Außerdem ist es anzustreben, an Stelle der Modellstadt eine reale Region abzubilden. Anstrengungen hierzu sind bereits unternommen worden. In Kooperation mit der Sektion Energietechnik der TH Leipzig wird zur Zeit geprüft, ob *ECCO* auf Stadtteile oder Vororte von Leipzig angewendet werden kann. Allerdings sind noch keine Aussagen über die Zuverlässigkeit der Datenbasis möglich, da besonders der industrielle Bereich zur Zeit großen Veränderungen unterworfen ist.

Die Firma Fichtel & Sachs plant zur Unterstützung der Markteinführung ihrer dezentralen Kleinheizkraftwerke ein größeres Demonstrationsvorhaben. Im Zusammenhang damit wird angestrebt, die dafür noch auszuwählende Region mit Hilfe von *ECCO* zu untersuchen.

Neben den genannten Planungsvorhaben kann das Konzept von *ECCO* im Prinzip auch zur Steuerung bereits vorhandener Anlagen eingesetzt werden. Der Flughafen München II besitzt eine vorbildliche zentrale Versorgung mit Wärme, Kälte und Strom. Es stehen dort Heizkraftwerke, Spitzenheizkessel, Kompressions- und Absorberwärmepumpen zur Kälteerzeugung sowie externe Fernwärme- und Stromanschlüsse zur Verfügung. Die Flughafen München GmbH hat Interesse daran gezeigt, mit Hilfe einer modifizierten Version von *ECCO* den Einsatz der einzelnen Techniken zu optimieren. Dabei kann auch die Kostenoptimierung in gleicher Weise wie die Energieoptimierung durchgeführt werden, weil die Investitionsentscheidungen bereits getroffen sind und die Kapazitäten der Anlagen daher festliegen. Alle noch beeinflußbaren Kosten können in Abhängigkeit von den gelieferten Energiemengen ausgedrückt werden. Aufgrund spezieller Vorgaben, wie z.B. den Flugsicherheits-Vorschriften, die den Betrieb einzelner Anlagen unter bestimmten Bedingungen festlegen, müßten zusätzliche Nebenbedingungen in die Optimierung aufgenommen werden.

A Ergänzungen zur Exergieanalyse

A.1 Exergieanalyse eines Wärmetauschers

Es soll berechnet werden, wie groß der Exergiestrom durch den Mantel eines Wärmetauschers ist, der von einem stationären Strom eines inkompressiblen Mediums durchflossen wird (vgl. dazu Ref. 37, Kap. 3.3 und 3.4).

Zur Vereinfachung wird angenommen, daß es sich bei dem Wärmetauscher um eine Röhre mit konstantem Durchmesser D und der Länge $L = x_2 - x_1$ handelt, die sich in einem Wärmebad der Temperatur T_0 befindet (vgl. Abb. A.1). An der Stelle x_1, also am Eingang des Wärmetauscher, herrsche im gesamten Strömungsquerschnitt die Temperatur $T_1 > T_0$. $\dot{Q}_1$ sei der Wärmestrom, der mit dem Massenstrom $\dot{m}$ diese Stelle passiert.

Weiter wird angenommen, daß sich im Wärmetauscher selbst keine Wärmequellen und -senken befinden. Kinetische und potentielle Energien des Mediums werden vernachläßigt, d.h. insbesondere auch die Reibung, die zu einem Druckabfall im Wärmetauscher führen würde.

Man denke sich den Wärmetauscher aufgeteilt in Scheiben der infinitesimalen Dicke dx. Das Volumen dieser Scheiben beträgt demnach $dV = \pi(D^2/4)dx$, ihre Oberfläche $d\Omega = \pi D dx$. Da ein stationärer Strom durch den Wärmetauscher angenommen wird, lautet die Energiebilanz eines solchen Volumenelements

$$\dot{Q}(x) \; + \; \dot{Q}(x+dx) \; + \; \delta\dot{Q}^M \; = \; 0 \; . \tag{A.1}$$

Dabei ist $\dot{Q}(x)$ der Wärmestrom, der an der Stelle x durch den Röhrenquerschnitt in das Volumenelement hinein fließt, $-\dot{Q}(x+dx)$ der Wärmestrom, der an der Stelle $x + dx$ aus dem Element hinaus fließt und $-\delta\dot{Q}^M$ der Wärmestrom durch den Mantel des Volumenelements. Für die Entropiebilanz des Elements gilt:

$$\dot{S}(x) \; + \; \dot{S}(x+dx) \; + \; d\dot{S}_Q^M \; + \; d\dot{S}_{irr} \; = \; 0 \; . \tag{A.2}$$

Dabei sind $\dot{S}(x)$, $-\dot{S}(x+dx)$ und $-d\dot{S}_Q^M = -\delta\dot{Q}^M/T^M(x)$ die Entropietransportströme, die mit den Wärmeströmen $\dot{Q}(x)$, $-\dot{Q}(x+dx)$ und $-\delta\dot{Q}^M$ verbunden sind. $T^M(x)$ ist die – zwischen x und $x + dx$ als konstant angenommene – Temperatur des Mediums am Mantel des Volumenelements. $d\dot{S}_{irr}$ ist der Entropieproduktionsstrom im Volumenelement dV. Da dissipative Vorgänge (Reibung) ausgeschlossen wurden, kann die Entropieproduktion nur durch das radiale Temperaturgefälle hervorgerufen werden, das sich im Querschnitt des Volumenelements einstellt. Um $-d\dot{S}_Q^M$ und $d\dot{S}_{irr}$ zu berechnen müßten also die Manteltemperatur $T^M(x)$ und der radiale Temperaturgradient bekannt sein. In der technischen Thermodynamik behilft man sich damit, die beiden Größen zu einem effektiven Entropietransportstrom $-d\dot{S}_{ges}^M$ zusammenzufassen (vgl. Ref. 37, S.126):

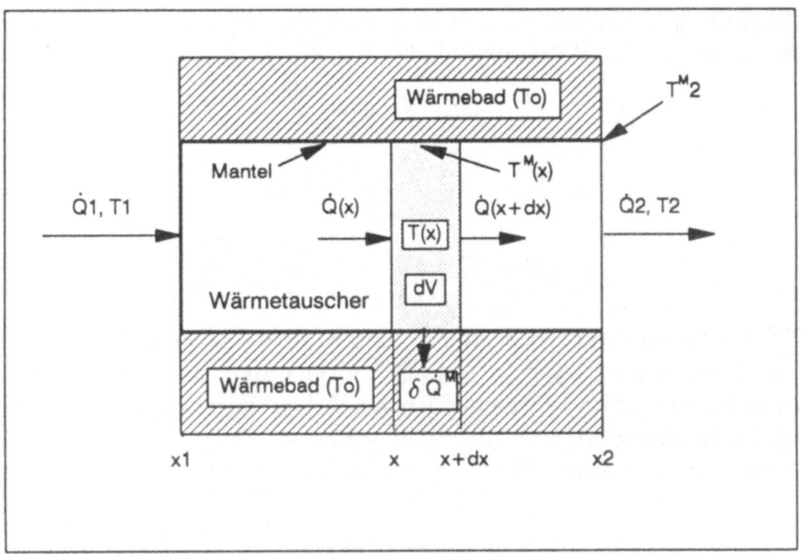

Abb. A.1: Röhrenförmiger Wärmetauscher mit räumlicher Temperaturverteilung; Beschreibung im Text.

$$d\dot{S}^M_{ges} = d\dot{S}^M_Q + d\dot{S}_{irr} \tag{A.3}$$

$$= \frac{\delta\dot{Q}^M}{T(x)} . \tag{A.4}$$

$T(x)$ ist dabei eine mittlere Temperatur im Strömungsquerschnitt an der Stelle x, die geeignet zu bestimmen ist. Da $T(x)$ hier größer ist als $T^M(x)$ und $-\delta\dot{Q}^M$ aus dem Volumenelement heraus fließt gilt $|d\dot{S}^M_{ges}| < |d\dot{S}^M_Q|$. Anschaulich können die Gln. (A.3) und (A.4) so interpretiert werden, daß der Entropieproduktionsstrom $d\dot{S}_{irr}$ im Inneren des Volumenelements durch einen Entropietransportstrom ersetzt wird, der von außen nach innen durch dessen Mantel fließt.

Nunmehr kann mit Hilfe der Gln. (1.9) und (1.10) der Betrag $|\Delta\dot{E}^{12}_Q|$ des Exergiestroms bestimmt werden, der dem Medium im Wärmetauscher zwischen x_1 und x_2 entzogen wird:

$$|\Delta\dot{E}^{12}_Q| = \left|\int_1^2 \delta\dot{Q}^M - T_0\, d\dot{S}^M_{ges}\right| \tag{A.5}$$

$$= \left|\int_{T_1}^{T_2} \left(1 - \frac{T_0}{T(x)}\right) \delta\dot{Q}^M\right| \tag{A.6}$$

$$= |\dot{Q}_1 + \dot{Q}_2| \left\{1 - T_0\, \frac{ln(T_1/T_2)}{T_1 - T_2}\right\} . \tag{A.7}$$

Dabei ist T_2 die geeignet zu bestimmende mittlere Temperatur im Austrittsquerschnitt bei x_2 und $-\dot{Q}_2$ der Wärmestrom, der den Wärmetauscher dort verläßt. Am Eingang gilt nach den o.a. Voraussetzungen $T(x_1) = T^M(x_1) = T_1$.

$|\Delta\dot{E}_Q^{12}|$ ist nicht gleichbedeutend mit dem Exergiestrom $-\dot{E}_Q^M$, der durch den Mantel des Wärmetauschers in das Wärmebad fließt. Für diesen gilt:

$$\dot{E}_Q^M = \int_1^2 \delta\dot{Q}^M - T_0 d\dot{S}_Q^M \tag{A.8}$$

$$= \int_{T_1}^{T_2^M} \left(1 - \frac{T_0}{T^M(x)}\right) \delta\dot{Q}^M \tag{A.9}$$

$$= (\dot{Q}_1 + \dot{Q}_2)\left\{1 - T_0 \frac{ln(T_1/T_2^M)}{T_1 - T_2^M}\right\} . \tag{A.10}$$

Dabei ist T_2^M die Temperatur des Mediums an der Mantelfläche am Austrittsort x_2.

Wenn der Wärmestrom $-\dot{Q}^M = -\int \delta\dot{Q}^M$ nicht durch eine Wärme-Kraft-Maschine geleitet wird, dann wird er im Wärmebad irreversibel auf dessen Temperatur T_0 abgekühlt und der zugehörige Exergiestrom $-\dot{E}_Q^M$ geht verloren. $|\Delta\dot{E}_Q^{12}| - |\dot{E}_Q^M|$ ist die Exergie, die pro Zeiteinheit durch irreversible Vorgänge im Inneren des Wärmetauschers vernichtet wird.

A.2 Exergieanalyse der Raumheizung

Die Erkenntnisse aus Kap. A.1 sollen nun auf die Raumheizung angewendet werden: Betrachtet wird ein Raum mit diathermischen Wänden, der auf einer Temperatur von T_R=293 K gehalten werden soll. Er befindet sich in einer Umgebung mit der Temperatur T_U=283 K. Ein konstanter Wärmestrom $-\dot{Q}^{RU}$ fließt vom Raum in die Umgebung. Andere Verluste werden vernachlässigt. Wenn sich weder Raum- noch Umgebungstemperatur ändern, dann ergibt sich der mit $-\dot{Q}^{RU}$ einhergehende Exergiestrom $-\dot{E}_Q^{RU}$ nach Gl. (1.6) unter der Annahme $T_U = T_0$ als

$$\dot{E}_Q^{RU} = \left(1 - \frac{T_U}{T_R}\right)\dot{Q}^{RU} \tag{A.11}$$

$$= 0.034 \cdot \dot{Q}^{RU} ,$$

d.h. der Exergieanteil in der abtransportierten Wärme ist außerordentlich gering.

In dem Raum ist ein Heizungssystem installiert, das den Wärmeverlust ausgleicht. Es besteht aus dem Wärmetauscher aus Kap. A.1. Da die Wärmetauscherfläche und die zum Tausch verfügbare Zeit begrenzt sind, muß sowohl die Vorlauftemperatur (T_1=363 K) als auch die mittlere Rücklauftemperatur (T_2=343 K) wesentlich höher sein als die Raumtemperatur. Der vom Wasser an den Raum übertragene Wärmestrom $\dot{Q}^{WR}$ muß gerade gleich dem Verlustwärmestrom $-\dot{Q}^{RU}$ sein.[1] Da sich das Wasser im Wärmetauscher abkühlt, ist der mit dem Wärmestrom $\dot{Q}^{WR}$ verbundene Exergiestrom $\dot{E}_Q^{WR}$ nach Gl. (A.10) zu berechnen:

$$\dot{E}_Q^{WR} = \dot{Q}^{WR}\left(1 - T_U \frac{\ln(T_1/T_2^M)}{T_1 - T_2^M}\right) \tag{A.12}$$

$$= 0.20 \cdot \dot{Q}^{WR}$$

$$= -\,5.88 \cdot \dot{E}_Q^{RU} .$$

[1] Für das Vorzeichen der Ströme ist ihre Flußrichtung in Bezug auf den Raum, nicht den Wärmetauscher maßgebend.

Für praktische Berechnungen kann man in guter Näherung $T_2^M = T_2$ setzen. Wenn T_2^M um 5 K über T_2 liegt, dann ändert sich der Wert von $\dot{E}_Q^{WR}$ um weniger als 1%.

Die Differenz zwischen $\dot{E}_Q^{WR}$ und $-\dot{E}_Q^{RU}$ geht bei der Abkühlung von der mittleren Temperatur des Wassers auf die Raumtemperatur verloren. Damit ist gezeigt, daß aufgrund der technischen Gegebenheiten der Exergieverluststrom im Raum selbst beinahe fünfmal größer ist als der Exergieabfluß aus dem Raum. Eine Verbesserung der Exergieausnutzung ist demnach nur durch ein anderes Heizungssystem möglich. Eine solche Alternative stellt z.B. die Fußbodenheizung dar. Durch die wesentlich größere Wärmetauscherfläche sind dabei kleinere Vor- und Rücklauftemperaturen ausreichend.

Wenn man die Exergieanalyse auf die Aufheizung des Wassers mit Hilfe fossiler Brennstoffe ausdehnt, dann stellt man fest, daß der dabei verursachte Exergieverlust weit größer ist als die bisher festgestellten Verluste. Ohne Berücksichtgung der Kesselverluste müßte der dem Wasser zugeführte Wärmestrom nur zu 20% aus Exergie und zu 80% aus Anergie bestehen. Der Exergiegehalt fossiler Brennstoffe, aus denen der gesamte Wärmestrom gewonnen wird, beträgt jedoch in guter Näherung 100% ihres Heizwertes [37, Kap. 7.4]. Durch die Nutzung niederexergetischer Abwärme oder die Nutzbarmachung von Umgebungswärme durch Wärmepumpen können große Mengen Brennstoff und somit gleichgroße Mengen Exergie eingespart werden. Der Einsatz von Brennstoffen sollte Zwecken vorbehalten bleiben, bei denen ein hoher Exergiegehalt unerläßlich ist, z.B. der Stromerzeugung. Die bei derartigen Prozessen anfallende Abwärme kann für Prozesse mit niedrigem Exergiebedarf wie beispielsweise die Raumheizung erneut genutzt werden.

B Simulation der Fluktuationen des Energiebedarfs im Rahmen der stochastischen Optimierung

Bei der Realisierung einer Stichprobe aus verschiedenen Bedarfssituationen auf dem Computer kann man aus praktischen Gründen nicht so vorgehen, daß man zunächst Zeitreihen $n(q_a, t^\xi)$ $(\xi = 1, \ldots, Z)$ für alle Prozesse a schätzt und dann Φ Intervalle auswählt. Stattdessen werden die Bedarfssituationen mit Hilfe eigens konstruierter, zufallsbasierter Simulationsverfahren ausgewählt. Die Simulation ist abhängig von den verfügbaren Daten und muß alle bekannten Eigenschaften der für die Zukunft erwarteten Bedarfsfluktuationen reproduzieren. Diese sind:

- der Mittelwert des Bedarfs eines Prozesses [vgl. Gl. (2.19)],
- die Häufigkeit des Auftretens bestimmter Bedarfswerte,
- der minimale und der maximale Bedarf,
- die Abhängigkeit von äußeren Parametern wie z.B. der Außentemperatur sowie von Tageszeit und Wochentag.

Eigenschaften der Zeitintervalle in der Stichprobe

Bevor der Bedarf $n(q_a, t^\varphi)$ der einzelnen Prozesse in den jeweiligen Intervallen t^φ festgelegt werden kann, müssen zunächst die Eigenschaften jedes Intervalls selbst festgelegt werden. Mit Hilfe eines Zufallsgenerators werden der Wochentag und die zu untersuchende Stunde dieses Tages bestimmt. Dabei ist selbstverständlich darauf zu achten, daß alle Wochentage (Montag, ..., Sonntag) und alle Stunden (1,...,24) gleich oft vorkommen. Anschließend wird die Außentemperatur bestimmt. Es wird angenommen, daß die Temperaturverteilung eine Gaußsche Normalverteilung mit einer Standardabweichung von 10°C darstellt. Der Mittelwert dieser Verteilung wird als Parameter der Optimierung vorgegeben.[1] Temperaturextrema im Sommer und Winter werden durch die Ausläufer der Normalverteilung repräsentiert. Da der Zufallszahlengenerator im Computer nur gleichverteilte Zahlenwerte erzeugen kann, wird wie folgt vorgegangen: Die Fläche unter der Glockenkurve der Normalverteilung hat den Wert 1. Es wird eine Zufallszahl zwischen 0 und 1 gezogen, z.B. 0.5. Dieser Zahl wird diejenige Temperatur zugeordnet, für die die links von dieser Temperatur gelegene Fläche gerade der gezogenen Zufallszahl entspricht. Für den Wert 0.5 ist dies der Mittelwert der Verteilung.

Wenn die entsprechenden Daten vorliegen, kann statt der Normalverteilung die ortsübliche Temperaturverteilung der untersuchten Region verwendet werden.

Als Beispiel für die nachfolgende Bestimmung des Energiebedarfs möge die 11. Stunde (10:00–11:00 Uhr) eines Mittwochs dienen. Die Außentemperatur betrage 5°C.

[1] Die Auswirkungen der Vorgabe verschiedener Temperaturmittel werden in Kap. 2.3.1 untersucht.

Raumwärme- und Strombedarf der Haushalte und Kleinverbraucher

Die Festlegung des Energiebedarfs der Haushalte und Kleinverbraucher[2] orientiert sich an den Abb. D.1, D.2 und D.3, die den mittleren Tagesgang des Strom- und Wärmebedarfs ausweisen. Sie wurden von den jeweiligen Autoren durch die Mittelung umfangreicher, gemessener Zeitreihen erstellt und enthalten die wesentlichen Informationen über den Verlauf des Bedarfs. Gemittelt wurde nicht nur über gleichartige Zeitintervalle (z.B. 0 bis 1 Uhr an Sommer-Sonntagen in Abb. D.1b), sondern auch über eine große Zahl von Verbrauchern (6000 Haushalte). Deshalb müssen alle Haushalte eines Stadtteils der Modellstadt zu einem Prozeß zusammengefaßt werden. Analog wird mit den Kleinverbrauchern verfahren.

Für alle Prozesse muß der maximale Wärme- und Strombedarf vorgegeben werden. Durch Ablesen aus Abb. D.3 – unter Benutzung der bereits bestimmten Uhrzeit und Temperatur – legt das Programm dann einen Auslastungsfaktor fest. Für Temperaturen unterhalb von 10°C hat der Auslastungsfaktor stets den Wert 1 und oberhalb von 20°C den Wert 0. Im o.a. Beispielintervall beträgt er 0.45. Das Produkt aus diesem Faktor und dem maximalen Bedarf bildet den aktuellen Energiebedarf im Intervall t^{φ}.

Da der Strombedarf der privaten Haushalte in Abb. D.1 nicht in Abhängigkeit von der Außentemperatur, sondern als Sommer- und Wintermittel angegeben ist, wird angenommen, daß für Außentemperaturen über 15°C der Sommerbedarf und unter 5°C der Winterbedarf aus Abb. D.1 auftritt und daß dazwischen linear interpoliert werden kann. Im angeführten Beispiel liegt der Strombedarf bei 45% des Maximalwertes. Der Fehler dieser Abschätzung ergibt sich daraus, daß es auch kalte Sommertage und warme Wintertage gibt. Der Strombedarf an Winter- und Sommertagen mit gleicher Außentemperatur unterscheidet sich hauptsächlich durch den Beleuchtungsbedarf. Da die Beleuchtung nur einen geringen Teil des Gesamtenergiebedarfs ausmacht (ca. 1–2% [5]) und der Strombedarf der Haushalte wiederum nur einen kleinen Teil des Energiebedarfs in dem später betrachteten Energiesystem darstellt, kann der durch die Abschätzung gemachte Fehler vernachlässigt werden.

Für die Kleinverbraucher wird in Ermangelung ähnlich genauer Angaben angenommen, daß ihr Strombedarf je Flächeneinheit doppelt so hoch ist wie in den Haushalten. Es werden nur zwei Lastzustände unterschieden (vgl. Abb. D.1d). Während der Ladenöffnungszeiten wird die angenommene installierte Leistung voll betrieben, außerhalb dieser Zeit nur zu 50%. Der Nachtwert trägt der Tatsache Rechnung, daß für Beleuchtung, Werbung, Kühlung usw. auch nachts Strom benötigt wird. Daten der kalifornischen Pacific Gas and Electric Company [123], die ich erst kürzlich erhalten habe, zeigen für Kalifornien ein ähnliches Bild (vgl. Abb. D.2). Insbesondere das Verhältnis zwischen der Lastspitze am Tag und dem niedrigsten Bedarf nachts ist das gleiche.

Prozeßwärme- und Strombedarf der Industrie

Die Schwankungen des Energiebedarfs der im Modell *ECCO* betrachteten industriellen Prozesse gehen auf die zeitliche Einteilung der Woche und des Arbeitstages sowie auf spontane Entscheidungen und Ereignisse im Betrieb selbst zurück und sind (in der Realität weitgehend, im Modell völlig) unabhängig von der Außentemperatur. Der aktuelle Energiebedarf eines industriellen Prozesses wird durch folgende Simulation ermittelt:

[2] Zur Unterscheidung von Haushalten, Kleinverbrauchern und Industrie vgl. Kap. 2.2.

Zunächst wird durch Vergleich mit Tab. D.3 festgestellt, ob der Betrieb, in dem der Prozeß abläuft, im betrachteten Zeitintervall überhaupt arbeitet oder nicht. Ist z.B. der Samstag gezogen worden, dann ruht die Gipsproduktion während die Milchverarbeitung läuft. Für jeden Prozeß können bis zu fünf verschiedene Betriebsstufen angegeben werden, die sich in der Auslastung des maximalen Energiebedarfs unterscheiden. Für jede Betriebsstufe muß eine relative Häufigkeit angegeben werden, mit der sie auftritt. Bei den Werten in Tab. D.3 handelt es sich um Abschätzungen, die so vorgenommen wurden, daß die erhobenen Mittelwerte des Bedarfs durch die Simulation reproduziert werden. Zur Auswahl einer Betriebsstufe im Computer wird das Intervall [0,1] in fünf Subintervalle eingeteilt, die den fünf Betriebsstufen entsprechen. Die Länge dieser Intervalle wird proportional zur Wahrscheinlichkeit für ihr Auftreten gewählt. Verwendet wird diejenige Betriebsstufe, in deren Subintervall die – unter Voraussetzung der Gleichverteilung auf dem Intervall [0,1] – vom Zufallszahlengenerator ermittelte Zufallszahl liegt.

C Lineare Programmierung und Vektoroptimierung

C.1 Lineare Programmierung mit Hilfe des Simplex-Algorithmus

Die Beschreibung der Linearen Programmierung und des Simplex-Algorithmus folgt der Darstellung durch L.R. Foulds [88] und Th. Hanicke [63] sowie Ref. 54.

Ein Optimierungsproblem, bei dem für eine lineare Zielfunktion $z = f(x_1, \ldots, x_n)$ ein minimaler[1] Wert unter Berücksichtigung von ebenfalls linearen Nebenbedingungen gesucht wird, heißt **Lineares Programm**:

$$\min z = \min (c_1 x_1 + c_2 x_2 + \ldots + c_n x_n) \tag{C.1}$$

mit

$$\begin{array}{ccccccccc} a_{11}x_1 & + & a_{12}x_2 & + & \ldots & + & a_{1n}x_n & \leq & b_1 \\ \vdots & & \vdots & & & & \vdots & & \vdots \\ a_{m1}x_1 & + & a_{m2}x_2 & + & \ldots & + & a_{mn}x_n & \leq & b_m \ . \end{array} \tag{C.2}$$

Die c_i heißen Zielfunktionskoeffizienten, die a_{ji} und b_j sind die Konstanten der Optimierung. Alle Optimierungsvariablen x_i müssen stetig und positiv sein.[2] Die Nebenbedingungen sind so zu formulieren, daß die b_j positiv sind. Sie müssen die Relation '$\leq$' und nicht '$<$' enthalten, da sonst unter Umständen keine optimale Lösung existiert. Die Behandlung von '$=$'- und '$\geq$'-Restriktionen ist ebenfalls möglich (s.u.).

Das Restriktionensystem (C.2) heißt *zulässiger Bereich.* Dieser kann als Schnittmenge endlich vieler Halbräume des Vektorraums R^n aufgefaßt werden und bildet eine sogenannte *polyedrische Menge.* Ist der zulässige Bereich beschränkt und nicht leer, so handelt es sich um ein konvexes[3] Polyeder. Die lineare Optimierungsaufgabe ist dann stets lösbar [72].

Ein Punkt $\mathbf{x} = (x_1, \ldots, x_n)$ einer konvexen Menge S heißt *Ecke*, wenn er sich nicht als echte Linearkombination zweier Punkte $\mathbf{x}_a$ und $\mathbf{x}_b$ aus S darstellen läßt, d.h. wenn

$$\mathbf{x} \neq \lambda \mathbf{x}_a + (1-\lambda)\mathbf{x}_b \qquad \forall\, \mathbf{x}_a,\ \mathbf{x}_b \in S \text{ und } \forall\, \lambda\ (0 < \lambda < 1)\ . \tag{C.3}$$

Eine Ecke des zulässigen Bereichs im R^n entsteht als Schnittpunkt von n linear unabhängigen Hyperebenen. Jede lineare Gleichung innerhalb der Nebenbedingungen stellt

[1]Jedes Maximierungsproblem kann durch Multiplikation der Zielfunktion mit '-1' in ein Minimierungsproblem überführt werden.

[2]Variablen, die positive und negative Werte annehmen können, werden aufgespalten in $x_i = x_j - x_k$ $(x_j, x_k \geq 0)$.

[3]Eine Teilmenge S des R^n heißt *konvex*, wenn jedes Linienelement, das zwei Punkte von S verbindet, ebenfalls vollständig in S liegt.

eine Hyperebene dar, jeder Ungleichung wird diejenige Randhyperebene des zugehörigen Halbraums zugeordnet, die entsteht, wenn das Ungleichheitszeichen durch ein Gleichheitszeichen ersetzt wird [72].

Sei der zulässige Bereich des Linearen Programms (C.1) und (C.2) beschränkt und nicht leer. Dann nimmt die Zielfunktion z ihr Minimum in mindestens einer Ecke des zulässigen Bereichs an.[4] Das Optimierungsproblem besteht also in der Identifizierung der entsprechenden Ecke des zulässigen Bereichs. Um einen Lösungsalgorithmus angeben zu können, muß es zunächst auf eine Standardform gebracht werden. Dazu werden Ungleichungen in den Nebenbedingungen (C.2) durch die Addition (bei '$\leq$') oder Subtraktion (bei '$\geq$') sogenannter Schlupfvariablen auf der linken Seite in Gleichungen überführt. Wenn eine Schlupfvariable bei der Lösung des entstehenden linearen Gleichungssystems einen Wert größer Null erhält, dann ist die zugehörige Nebenbedingung nicht aktiv, d.h. die Lösung liegt nicht auf der durch sie definierten Hyperebene. Während Ungleichungen (nicht-holonome Nebenbedingungen) jeweils einen Halbraum des R^n aus dem zulässigen Bereich ausschließen, legen Gleichungen (holonome Nebenbedingungen) eine bestimmte Hyperebene fest, stellen also eine wesentlich schärfere Beschränkung dar, deren Behandlung deshalb auch - anders als beim Lagrange-Formalismus für nicht-lineare Funktionen - einen größeren Aufwand erfordert. Gleichungen müssen in je eine '$\leq$'- und eine '$\geq$'-Ungleichung mit identischen Konstanten und Variablen überführt werden. Diese werden dann wie andere Ungleichungen behandelt.

Insgesamt entsteht ein System von m linearen Gleichungen mit n Unbekannten. Für $m > n$ sind einige Nebenbedingungen redundant. Wenn $m = n$ ist, dann existiert eine eindeutige Lösung, die alle Optimierungsvariablen enthält. Falls dagegen $m < n$ ist, kann der Wert von $(n - m)$ Variablen frei gewählt werden, sinnvollerweise setzt man sie gleich Null. Die übrigen, nicht zu Null gesetzten Variablen werden als *Basisvariablen* bezeichnet und identifizieren gerade eine Ecke des zulässigen Bereichs. Die Auswahl dieser Basis stellt das eigentliche Optimierungsproblem dar. Es ist durchaus möglich, daß derselbe optimale Wert der Zielfunktion durch zwei verschiedene Basen erreicht werden kann. Dann sind auch alle Linearkombinationen aus diesen Basen optimale Lösungen. Die weitere Auswahl muß in diesem Fall anhand anderer Kriterien getroffen werden. Beispielsweise kann unter zwei identischen energie-optimalen Lösungen die kostengünstigere ausgewählt werden (vgl. Kap. 3.2.2). Der letztgenannte Fall $(m < n)$ ist der weitaus häufigste.

Der **Simplex-Algorithmus** ist ein iteratives Verfahren zur Identifizierung der optimalen Ecke. Die Optimierung geht dabei von einem Startpunkt aus, d.h. jeder Optimierungsvariablen wird vom Anwender ein Wert zugewiesen. Beim *primären* Simplex-Algorithmus muß es sich beim Startpunkt um eine Ecke des zulässigen Bereichs handeln, d.h. er muß selbst zulässig sein. Während der Iteration werden nacheinander verschiedene Ecken untersucht, indem jeweils eine der Variablen in der Basis durch eine bisher zu Null gesetzte Variable ersetzt wird. Die Auswahl der neuen Variablen erfolgt so, daß die Zielfunktion jedesmal kleiner wird. Anschließend werden die Werte der Basisvariablen anhand des $m * n$-Gleichungssystems neu bestimmt. Die Iteration endet, wenn keine Basis mehr gefunden werden kann, durch die die Zielfunktion weiter verkleinert wird.

Die Identifizierung des Startpunktes kann u.U. schwierig sein, besonders wenn das Problem sowohl '$\leq$'- als auch '$\geq$'-Ungleichungen enthält. Abhilfe schafft das *duale* Simplex-Verfahren, bei dem man von einem unzulässigen Startwert ausgeht, der aber einen sehr

[4]Beweis z.B. in Ref. 122.

günstigen Wert der Zielfunktion aufweist. Der Startwert ist dann keine Ecke des zulässigen Bereichs, sondern ein beliebiger anderer Schnittpunkt von Hyperebenen, die durch die Nebenbedingungen festgelegt werden. Für die Zielfunktion 'Primärenergie' (2.23) in *ECCO*, beispielsweise, erhält man den Wert Null, wenn man alle Optimierungsvariablen zu Null wählt. Diese Lösung ist aber unzulässig, weil dann keine Energieversorgung stattfindet und die Nebenbedingung (2.25) nicht eingehalten wird. Während der Iteration wird die Zielfunktion von Schritt zu Schritt größer, nähert sich aber gleichzeitig immer mehr dem zulässigen Bereich. Die Ergebnisse von primärem und dualem Verfahren sind (selbstverständlich) identisch. Die Entscheidung für das primäre oder duale Verfahren muß anhand des betrachteten Problems getroffen werden. Während bei *ECCO* das duale Verfahren angewandt wird, ist für *LEO* und *LEO-II* das primäre Verfahren günstiger. Dort werden nicht die Anteile aller Techniken an der Energieversorgung optimiert, sondern die Anteile der verfügbaren Abwärmemengen, die erneut genutzt werden.[5] Werden für *LEO* bzw. *LEO-II* alle Optimierungsvariablen zu Null gewählt, so wird keine Abwärme genutzt. Dies stellt aber eine zulässige Lösung dar.

Unbeschränkte Lösungen können bei *ECCO* und *LEO* (*LEO-II*) wegen der als Nebenbedingungen fungierenden Energieerhaltungssätze nicht auftreten. Bei *ECCO* kann der Fall eintreten, daß keine Lösung gefunden wird, und zwar z.B. dann, wenn alle zur Versorgung eines Prozesses vorgesehenen Techniken auf die Nutzung von Abwärme angewiesen sind. Steht keine Abwärme zur Verfügung, dann kann der Prozeß nicht mit Energie beliefert werden. Da dies gegen die Nebenbedingung (2.25) verstößt, existiert keine Lösung. Bei der Zusammenstellung der Versorgungspfade für einen Prozeß ist deshalb darauf zu achten, daß mindestens ein Pfad jederzeit verfügbar ist. Für *LEO* und *LEO-II* tritt dies Problem nicht auf, weil der Startpunkt bereits eine zulässige Lösung darstellt.

C.2 Vektoroptimierung

Die folgende Darstellung einiger Aspekte der Vektoroptimierung lehnt sich an die ausführliche Beschreibung bei Th. Hanicke [63] und W. Dinkelbach [71] an.

Unter einem linearen *Vektoroptimierungsmodell* versteht man ein lineares Programm, bei dem K reellwertige Zielfunktionen $z_1(\mathbf{x}), \ldots, z_K(\mathbf{x})$ ($\mathbf{x} \in R^n$) gleichzeitig über einen zulässigen Bereich $S \in R^n$ minimiert werden:[6]

$$\min \{z(\mathbf{x}) \mid \mathbf{x} \in S\} \tag{C.4}$$

mit

$$z(\mathbf{x}) := [\ z_1(\mathbf{x}), \ldots, z_K(\mathbf{x})\ ]^T \tag{C.5}$$

Bei der Analyse von Vektoroptimierungsmodellen sind die Lösungen

$$\bar{\mathbf{x}}_k := \left\{\bar{\mathbf{x}}_k \in S \mid z_k(\bar{\mathbf{x}}_k) = \min\{z_k(\mathbf{x}) | \mathbf{x} \in S\}\ \right\} \tag{C.6}$$

der beteiligten Zielfunktionen $k = 1, \ldots, K$ von Interesse, die sich ergeben, wenn diese individuell optimiert werden. Der Punkt

$$\bar{z} := [\ z_1(\bar{\mathbf{x}}_1), \ldots, z_K(\bar{\mathbf{x}}_K)\ ] \tag{C.7}$$

[5] Vgl. Def. der Optimierungsvariablen für *ECCO* und *LEO* (*LEO-II*).

[6] Jedes Maximierungsproblem kann in ein äquivalentes Minimierungsproblem überführt werden (s.o.).

heißt *Idealzielpunkt* des Vektoroptimierungsproblems. Existieren Lösungen $\bar{\mathbf{x}} \in S$, für die $z(\bar{\mathbf{x}}) = \bar{z}$ gilt, so werden sie als ***perfekte Lösungen*** bezeichnet.

Zwischen zwei Zielen eines Vektoroptimierungsproblems können folgende Beziehungen unterschieden werden:

- Wenn die Ziele unabhängig voneinander sind oder wenn die Minimierung einer Zielfunktion gleichzeitig zur Abnahme der anderen Zielfunktion führt, dann läßt sich die Optimierung auf ein mono-kriterielles Problem zurückführen.
- Schließen sich die Ziele gegenseitig aus, so ist keine Optimierung möglich.
- Wenn die Minimierung einer Zielfunktion zum Anwachsen der anderen Zielfunktion führt, dann liegt eine sog. *Zielkonkurrenz* vor. In diesem Fall existiert keine perfekte Lösung und es können lediglich Kompromißlösungen gefunden werden, unter denen der Entscheidungsträger dann auswählen muß. Die Abweichung vom Idealzielpunkt kann zur Beurteilung des gefundenen Kompromisses dienen. Die Zielkonkurrenz ist die praktisch und theoretisch wichtigste Zielbeziehung.

Eine Kompromißlösung $\mathbf{x}^0$ eines Vektoroptimierungsmodells heißt *funktional-effizient* oder *pareto-optimal*, wenn keine Alternative $\mathbf{x}'$ existiert, für die die Werte aller Zielfunktionen nicht größer und mindestens eine Zielfunktion kleiner als der entsprechende Wert der Zielfunktion an der Stelle $\mathbf{x}^0$ ist. Um funktional-effiziente Lösungen zu identifizieren, muß das Vektoroptimierungsproblem in ein skalares Kompromißmodell überführt werden. Dies kann auf verschiedenen Arten geschehen:

Zielgewichtung

Eine qualitative Methode der Zielgewichtung besteht darin, daß der Entscheidungsträger die Ziele in eine Reihenfolge bringt. Anschließend wird zunächst die wichtigste Zielfunktion optimiert. Wenn mehrere gleichwertige Lösungen gefunden werden, so kann die nächste Zielfunktion zur Auswahl herangezogen werden und so weiter. Dieses Vorgehen führt auf jeden Fall zu einer funktional-effizienten Lösung, schränkt aber den untersuchten Teil des gesamten zulässigen Bereichs stark ein, weshalb akzeptable Kompromißlösungen übersehen werden können.

Bei der quantitativen Zielgewichtung muß der Entscheidungsträger Gewichtsfaktoren festlegen. Eine lineare Zielgewichtung liegt vor, wenn die einzelnen Zielfunktionen mit den Gewichtsfaktoren multipliziert und anschließend addiert werden. Denkbar ist auch, die Gewichtsfaktoren als Exponenten zu verwenden und die Zielfunktionen zu multiplizieren. In beiden Fällen ist die neugebildete Zielfunktion meist eine inhaltlich sinnlose Größe. Die Minimierung ist dennoch erstrebenswert, weil die gefundenen Lösungen effizient sind und mit ihrer Hilfe nachträglich die Werte der ursprünglichen Zielfunktionen bestimmt werden können. Eine Normierung der Gewichtsfaktoren auf 1 ist hilfreich, aber nicht zwingend erforderlich.

Der Nachteil der Zielgewichtung besteht darin, daß der Entscheidungsträger zu einem sehr frühen Zeitpunkt, nämlich vor Beginn der numerischen Behandlung, gezwungen wird, seine Präferenzen festzulegen. Dies läßt sich dadurch umgehen, daß die Gewichtsfaktoren als Parameter aufgefaßt und über einen weiten Bereich variiert werden, um so den Raum möglicher effizienter Lösungen auszuleuchten. Zur Darstellung des Ergebnisses kann dann die sog. **Trade-off-Funktion** benutzt werden. Sie gibt an, welche Verschlechterung einer

Zielfunktion in Kauf genommen werden muß, wenn die konkurrierende Funktion im Zuge der Optimierung um eine Einheit verbessert wird.

Goal-Programming

Beim Goal-Programming wird davon abgegangen, für alle Zielfunktionen minimale Werte anzustreben, sondern es wird versucht, fest vorgegebene Werte der Zielfunktionen möglichst gut zu verwirklichen. Zu minimieren ist dann die Summe der Abstände der einzelnen Zielfunktionen von ihren vorbestimmten Werten.

Parametrisierung von Zielen

Ein Beispiel für die Parametrisierung von einzelnen Ziele stellt die sog. *Surrogate-Worth-Trade-Off-Methode* dar [63]. Dabei wird nacheinander jeweils eine Zielfunktion $z_l(\mathbf{x})$ ($l = 1, \ldots, K$) minimiert während die anderen durch Schranken s_{lk} ($k = 1, \ldots, K; k \neq l$) nach oben begrenzt werden. Für jeweils eine dieser Zielfunktionen, z.B. $z_m(\mathbf{x})$, kann die Schranke s_{lm} als Parameter variiert werden und dabei p_{lm} Werte annehmen. Im weiteren Verlauf des Verfahrens muß der Entscheidungsträger dann festlegen, welche Zunahme von $z_m(\mathbf{x})$ er für die zusätzliche Abnahme von $z_l(\mathbf{x})$ um eine Einheit toleriert. Für jedes l und m sind p_{lm} Optimierungsläufe durchzuführen. Auf diese sehr aufwendige Weise kann die gegenseitige Abhängigkeit der einzelnen Kriterien im Lösungsgebiet intensiv analysiert werden. Für das Programm *LEO-II* ist allerdings eine so aufwendige Methode nicht erforderlich, da lediglich zwei Zielfunktionen (Energie und Kosten) untersucht werden und somit die Parametrisierung einer Zielfunktion bereits zu den gewünschten Ergebnissen führt.

Interaktives Vorgehen

Interaktive Verfahren legen dem Entscheidungsträger funktional-effiziente Lösungen vor und bieten ihm dann die Möglichkeit, zuvor festgelegte Präferenzen und Parameter zu verändern. Anschließend wird erneut eine mathematische Optimierung durchgeführt. Dieser Vorgang wird wiederholt, bis der Entscheidungsträger eine ihm zusagende Lösung gefunden hat.

D Daten für die regionale Optimierung

D.1 Energiebedarf der Modellstadt

		Stuttgart-West I	Stuttgart-West II	Stuttgart-Hofen
DATEN von TWS [1]				
Einwohner		4 900	10 600	4 000
beheizte Fläche	[m^2]	584 000	719 000	162 000
installierte Wärmeleistung	[MW]	57.6	71.6	18.1
errechneter Verbrauch	[GWh/a]	90.0	97.1	23.9
Vollast-Stunden [2]	[h/a]	1563	1356	1320
ABSCHÄTZUNGEN				
Flächenanteil der Haushalte [3]	[%]	25.2	44.2	74.1
installierte Wärmeleistung	[MW]			
a) Haushalte		14.5	31.7	13.4
b) Kleinverbraucher		43.1	39.9	4.7
maximale Länge des benötigten Fernwärmeverteilungsnetzes	[m]	5500	7400	6400
max. nachgefragte elektr. Leistung	[MW]			
a) Haushalte [4]		1.8	3.9	1.5
b) Kleinverbraucher [5]		2.7	4.3	0.8

Tab. D.1: Energiebedarf der Haushalte und Kleinverbraucher in ausgewählten Stadtteilen Stuttgarts [90].

(1) Quelle: Wärmeatlas der Technischen Werke Stuttgart (TWS).

(2) Vollast-Stunden = errechneter Verbrauch / installierte Leistung.

(3) Abschätzung: Ein Flächenbedarf von 30 m^2 pro Einwohner wird den Haushalten zugerechnet, der Rest den Kleinverbrauchern. Die installierte Wärmeleistung wird entsprechend verteilt.

(4) Quelle: VDEW-Studie [57,58]; der maximale Strombedarf entspricht einer gleichzeitig in Anspruch genommenen Leistung von 800 W pro Haushalt, wobei jeder Haushalt im Mittel 2.2 Einwohner hat.

(5) Annahme: Kleinverbraucher haben eine doppelt so hohe Leistungsdichte je Flächeneinheit wie die Haushalte.

a	Typ	q_a	$\hat{n}(q_a)$	$\hat{n}_a(E)$	ε_a	κ_a'	Bemerkung
Haushalte (Raumwärme und Strom) [59,90,91]							
HH1	HH	2.5	14.5	1.8	0.80	10.57	Stuttgart-West I
HH2	HH	2.5	31.7	3.9	0.80	10.57	Stuttgart-West II
HH3	HH	2.5	13.4	1.5	0.80	6.72	Stuttgart-Hofen
Kleinverbraucher (Raumwärme und Strom) [59,90,91]							
KV1	KV	2.5	43.1	2.7	0.80	10.57	Stuttgart-West I
KV2	KV	2.5	39.9	4.3	0.80	10.57	Stuttgart-West II
KV3	KV	2.5	4.7	0.8	0.80	6.72	Stuttgart-Hofen
Industrielle Prozesse							
Gipswerk [96,97,98,99]							
GDO	I	7.5	3.0	0.4	0.51	0	Drehofen 20 t/h
GRB	I	7.5	10.0	0.9	0.74	0	Rostbandofen 50 t/h
GTR	I	5.0	13.0	0.1	0.75	0	Plattentrockner, ε_a geschätzt
Holzverarbeitung [100]							
HTR	I	1.8	0.1	0.1	0.80	0	Trocknung von Eichenholz
Milchverarbeitung [101,97]							
MDE	I	4.5	9.3	0.0	1.00	0	Dampferzeugung für versch. Zwecke
MKE	I	–	0.0	1.5	1.00	0	Grundlast elektrische Energie
Metallverarbeitung (Giesserei) [102]							
XEL	I	–	0.0	2.0	1.00	0	Grundlast elektrische Energie
XIN	I	7.3	1.5	0.0	1.00	0	5 elektrische Induktionsöfen
XWH	I	7.3	2.4	0.0	1.00	0	46 elektrische Warmhalteöfen
XWN	I	7.5	2.2	0.0	1.00	0	3 Wannenöfen
XWW	I	2.9	7.0	0.0	1.00	0	4 Warmwasserkessel

Tab. D.2: Prozesse mit Energiebedarf in der Modellstadt (vgl. Kap. 2.2).
$a =$ Kurzbezeichung des Prozesses a;
Typ : Einteilung nach Haushalten (HH), Kleinverbrauchern (KV) und Industrie (I);
$q_a =$ für den Prozeß a benötigte Qualität der Wärme;
$\hat{n}(q_a) =$ maximal auftretender Wärmebedarf des Prozesses a in MWh/h; der tatsächliche Bedarf $n(q_a, t^\varphi)$ im Intervall t^φ wird erst im Rahmen der stochastischen Optimierung festgelegt (vgl. Anh. B);
$\hat{n}_a(E) =$ maximal auftretender Strombedarf des Prozesses a in MWh/h; für den Strombedarf $n(E, t^\varphi)$ des gesamten Energiesystems im Intervall t^φ gilt: $n(E, t^\varphi) = \sum_{\{a\}} n_a(E, t^\varphi)$, wobei $n_a(E, t^\varphi) \leq \hat{n}_a(E)$ der im Intervall t^φ tatsächlich auftretende Strombedarf des Prozesses a ist, der erst im Rahmen der stochastischen Optimierung festgelegt wird (vgl. Anh. B);
$\varepsilon_a =$ Nutzungsgrad der Wärme im Prozeß a (vgl. Def. in Kap. 2.1.3);
$\kappa_a =$ Teil der spez. festen Kosten der Wärmeversorgung des Prozesses a in DM/MW·h (vgl. Def. in Kap. 2.1.7).

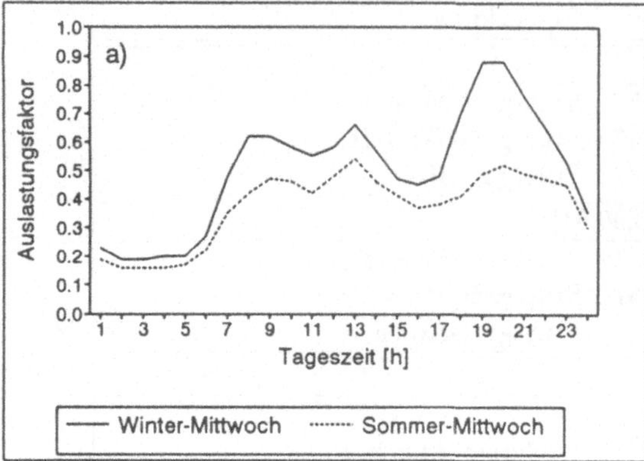

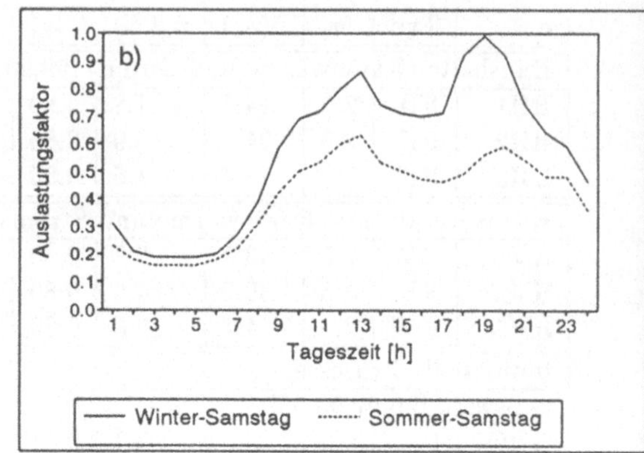

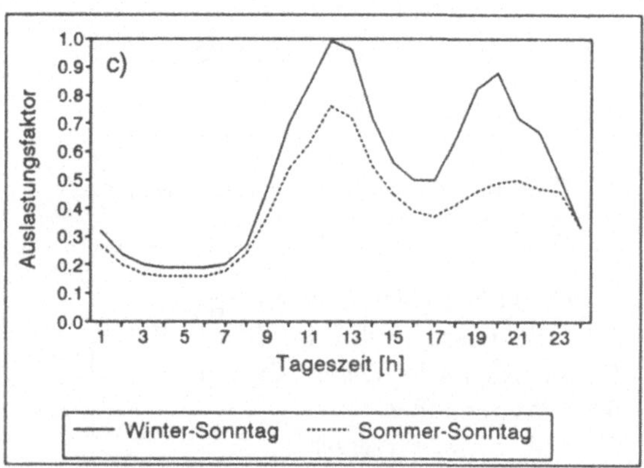

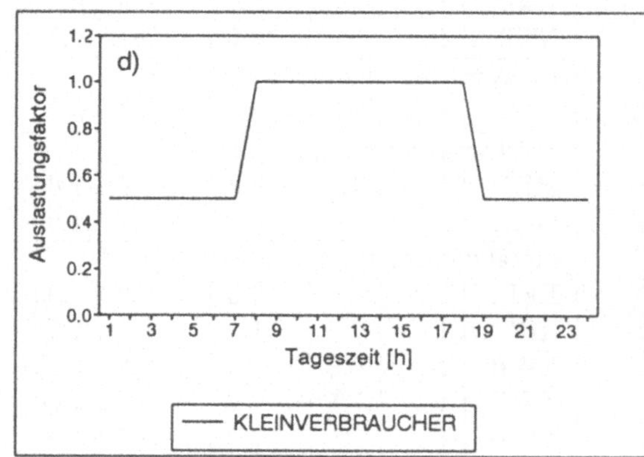

Abb. D.1: **a)-c)** Mittlerer Tagesgang des Bedarfs an elektrischer Energie für 6000 bundesdeutsche Haushalte an verschiedenen Wochentagen und in verschiedenen Jahreszeiten [57,58]. Der Auslastungsfaktor 1 entspricht einem in allen 6000 Haushalten gleichzeitig auftretenden Bedarf von 800 W pro Haushalt, in dem im Mittel 2.2 Personen leben.

d) In Ermangelung besserer Daten angenommener Tagesgang des Bedarfs an elektrischer Energie der Kleinverbraucher (vgl. dazu auch Abb. D.2). Die Annahme orientiert sich an den Ladenöffnungszeiten, der Nachtbedarf ist auf Kühlgeräte, durchlaufende Klimaanlagen usw. zurückzuführen.

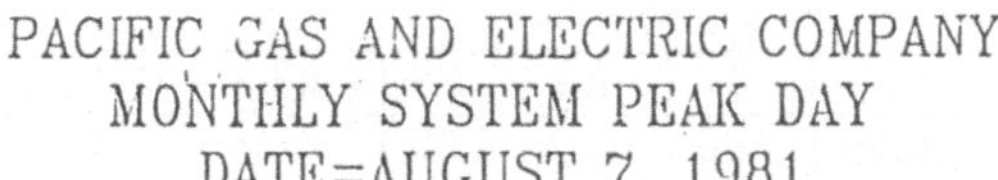

RATE DEPT
DATA SERVICES
8/10/82

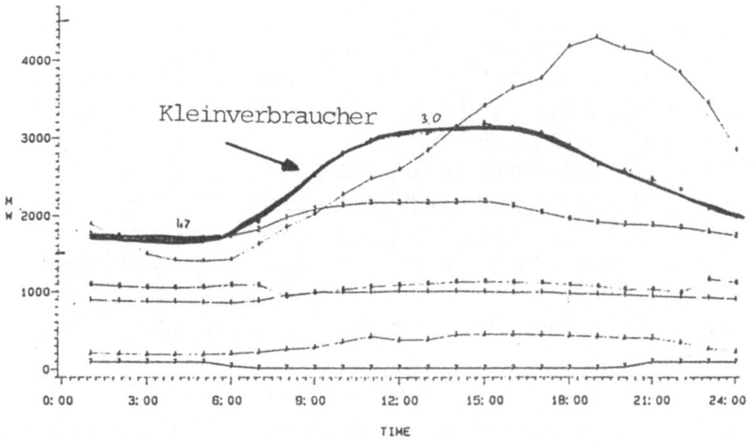

Abb. D.2: Mittlerer Tagesgang des Bedarfs an elektrischer Energie für eine unbekannte Zahl von Kunden der Pacific Gas and Electric Company (Kalifornien) in verschiedenen Verbrauchergruppen am 7. August 1981 [123].

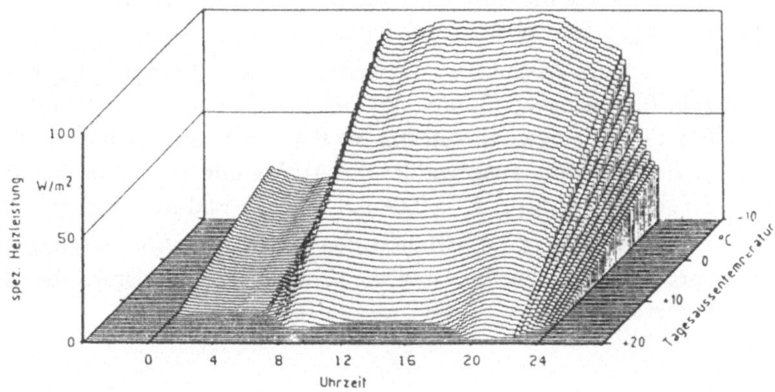

Abb. D.3: Mittlerer Tagesgang des Raumwärmebedarfs in Abhängigkeit von der Tagesaußentemperatur [59]. Der spezifischen Heizleistung von 100 W/m² wird der Auslastungsfaktor 1 zugeordnet. Mit seiner Hilfe kann dann die Umrechnung auf andere installierte Heizleistungen vorgenommen werden.

a	W	T1	T2	A1	B1	A2	B2	A3	B3	A4	B4	A5	B5
GDO	5	1	24	0.90	1.00	1.00	0.00						
GRB	5	1	24	0.90	1.00	1.00	0.00						
GTR	5	1	24	0.33	0.00	0.67	0.50	1.00	1.00				
HTR	7	1	24	0.33	0.33	0.67	0.67	1.00	1.00				
MDE	7	1	24	0.20	0.00	0.40	0.08	0.60	0.17	0.80	0.42	1.00	1.00
MKE	7	1	24	0.20	0.20	0.40	0.40	0.60	0.60	0.80	0.80	1.00	1.00
XEL	5	7	23	1.00	1.00								
XIN	5	7	23	0.40	0.00	0.60	0.20	0.80	0.30	1.00	1.00		
XWH	5	7	23	0.20	0.00	0.40	0.20	0.60	0.40	0.90	0.60	1.00	1.00
XWN	5	7	23	0.20	0.00	0.40	0.20	0.60	0.50	0.80	0.75	1.00	1.00
XWW	5	7	23	0.20	0.00	0.40	0.08	0.60	0.17	0.80	0.42	1.00	1.00

Tab. D.3: Zeitliche Verteilung des Energiebedarfs industrieller Prozesse in der Modellstadt.

$a =$ Kurzbezeichnung des Prozesses (vgl. Tab. D.2);

W : Zahl der Arbeitstage des Betriebs pro Woche; der Eintrag '5' entspricht den Werktagen Montag bis Freitag; der Eintrag '7' bedeutet, daß die ganze Woche (Montag bis Sonntag) gearbeitet wird.

T1 : erste Stunde der werktäglichen Arbeitszeit (1 = 0–1 Uhr);

T2 : letzte Stunde der werktäglichen Arbeitszeit (24 = 23–24 Uhr);

A1,...,A5; B1,...,B5 : Entsprechend dem in Anhang B beschriebenen Simulationsverfahren zur Ermittlung der Auslastung industrieller Prozesse im Intervall t^φ werden 5 Betriebsstufen definiert; die A1,...,A5 bilden die oberen Grenzen der fünf Subintervalle, in die das Intervall $[0,1]$ eingeteilt wird; die B1,...,B5 geben an, welcher Bruchteil des maximalen Bedarfs $\hat{n}(q_a)$ und $\hat{n}(E)$ aus Tab. D.2 in der jeweiligen Betriebsstufe auftritt.

Beispiel: Im Zeitintervall t^φ werde aus dem Intervall $[0,1]$ die Zufallszahl 0.3 gezogen; für den Prozeß MDE geht das erste Intervall von 0 bis 0.2, das zweite von 0.2 bis 0.4 usw.; in diesem Fall ist also die 2. Betriebsstufe ausgewählt; die Auslastung auf dieser Stufe beträgt 8%, so daß $n(q_{\mathrm{MDE}}, t^\varphi)$=0.08·9.3 MWh/h und $n_{\mathrm{MDE}}(E, t^\varphi)$=0.08·0.

Die Einteilung der Betriebsstufen beruht auf Abschätzungen, die so vorgenommen wurden, daß die erhobenen Bedarfsmittelwerte reproduziert werden.

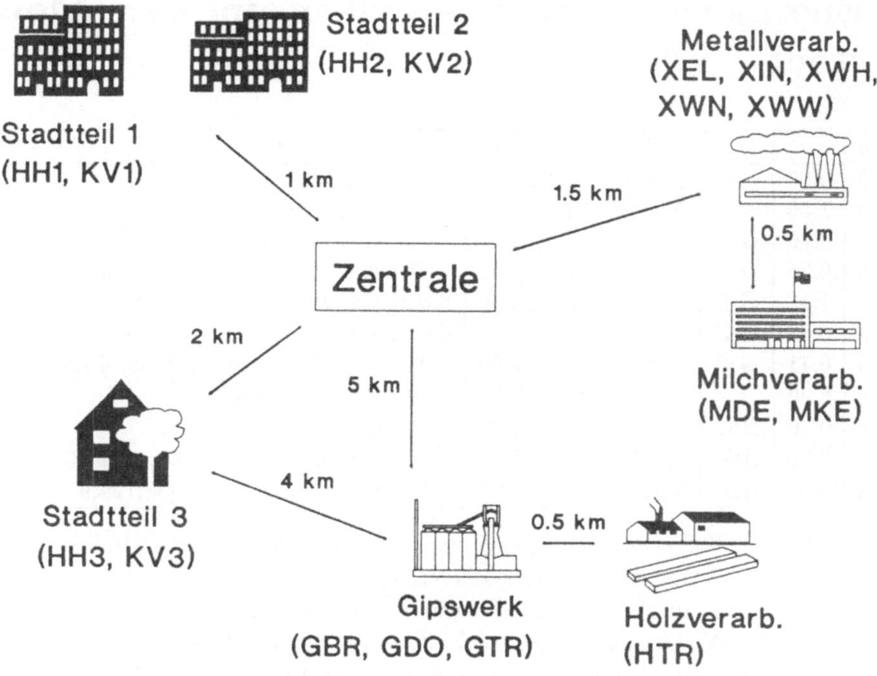

Abb. D.4: Skizze der Modellstadt.
In Klammern sind die Kurzbezeichnungen der Prozesse aus Tab. D.2 angegeben. Die Verbindungslinien zeigen das maximal notwendige Fernwärmenetz (ohne die Verteilungsnetze in den Stadtteilen), wenn alle Möglichkeiten der Abwärmenutzung eingesetzt werden. Die Entfernungsangaben beziehen sich auf die Länge der Fernwärmeleitungen. Sinnvollerweise wird nicht jeder Prozeß mit jedem anderen separat verbunden, sondern es werden gemeinsam genutzte Wärmetransportleitungen installiert. Dies wird bei der Kostenberechnung berücksichtigt. Fernheizwerke und Blockheizkraftwerke werden falls erforderlich in der 'Zentrale' installiert.

D.2 Energieversorgungstechniken in der Modellstadt

g	$\hat{q}$	ε_g	F	$\tilde{\lambda}_g^E$	w_{red}	κ_g	P_κ	Bemerkung
EO	8	0.63	-	1.59	1	22.49	0.8	Induktionsofen [103]
EWP	3	1.50	-	0.54	1	20.80	0.02	elektr. Wärmepumpe [59,124,125,126]
GF	9	0.76	G-I	0	1	5.01	1	Gas-Feuerung [64,124]
GK	5	0.76	G-I	0	1	5.01	1	Kessel z. Dampferzeugung [64,124]
GWP	3	1.13	G-P	0.07	1	20.80	0.02	Gas-Wärmepumpe [124,94]
GZB	3	0.83	G-P	0.02	1	7.80	0.01	Z.hzg. m. Brennwertkessel [38,124,91]
GZH	3	0.71	G-P	0.02	1	7.80	0.01	Gas-Zentralheizung [38,124,91]
NULL	0	0.00	-	0	1	0.00	0	Dummy-Technik (1)
OF	9	0.70	HS	0	1	6.51	1	Öl-Feuerung [64,124]
OK	5	0.70	HS	0	1	6.51	1	Kessel z. Dampferzeugung [64,124]
OZH	3	0.68	HL	0.02	1	8.67	0.01	Öl-Zentralheizung [38,124,91]

Tab. D.4: Lokale Techniken der Energieversorgung in der Modellstadt.
g = Kurzbezeichung der lokalen Technik g;
$\hat{q}$ = maximale Qualität der durch die Technik g erzeugten Wärme;
ε_g = Wirkungsgrad der Technik g (vgl. Kap. 2.1.3);
F : für die Technik g eingesetzter Brennstoff (Fuel) (vgl. Tab. D.9);
$\tilde{\lambda}_g^E$ = spez. Strombedarf der Technik g, $\lambda_{ga}^E = \tilde{\lambda}_g^E + \tilde{\lambda}_{ga}^E$ (vgl. Tab. D.12 und Kap. 2.1.3);
w_{red} = Reduktionsfaktor für die CO_2-Emissionen; für Techniken, die mit einer CO_2-Rückhalteanlage ausgestattet sind, ist $w_{red} < 1$; $w_g = w_{red} \cdot w_F$ (vgl. Tab. D.9 und Kap. 2.1.6);
κ_g = spez. feste Kosten der Technik g in DM/MW·h (vgl. Kap. 2.1.7);
P_κ = Leistung der Technik g in MW, die der Berechnung von κ_g zugrunde liegt (vgl. Anhang D.6).
(1) Die Dummy-Technik wird aus programm-technischen Gründen bei Prozessen eingesetzt, die zwar Strom-, aber keinen Wärmebedarf haben (vgl. Tab D.12).

h	$\hat{q}$	ε_h	F	$\tilde{\lambda}_h^E$	w_{red}	κ_h	P_κ	Bemerkung
FHO	4	0.72	HL	0	1	4.13	3	Fernheizwerk, Heizöl HL [64]
FHS	4	0.77	SK	0	1	4.13	3	Fernheizwerk, Steinkohle [64]

Tab. D.5: Zentrale Techniken der Energieversorgung in der Modellstadt. Die Bedeutung der Spalten ist dieselbe wie in Tab. D.4, wenn an Stelle von des Index g der Index h verwendet wird.

k	$\hat{q}$	ε_{rk}	F	λ_{rk}	$\tilde{\lambda}_{rk}^E$	w_{red}	κ_{rk}	P_κ	Bemerkung
EX	3	0.95	-	0	0	1	4.47	1	Wärmetauscher [36,126,127]
EXM	5	0.95	-	0	0	1	8.94	1	Wärmetauscher (mittl. Qualitäten) [1]
GP2	3	1.13	G-I	0.89	0.07	1	20.8	1	Gaswärmepumpe [124,94]

Tab. D.6: Vernetzende Techniken der Energieversorgung in der Modellstadt.
λ_{rk} = spez. Primärenergieeinsatz der Technik k zur Nutzung der Abwärme r (vgl. Kap. 2.1.3 sowie Tab. D.10 und D.11);
Die übrigen Spalten haben dieselbe Bedeutung wie in Tab. D.4, wenn der Index g durch rk ersetzt wird.
(1) Bei gleichen Wirkungsgraden wie bei EX werden für den Austausch von Wärme mittlerer Qualität mit EXM doppelt so hohe Kosten angenommen wie für EX.

i	$\hat{q}$	η_{iE} (1)	F	w_{red}	c_{iE}	P_κ	Bemerkung
SKC	-	0.28	SK	0.1	34.67	400	Kraftwerk, CO2-reduziert (2)
SKW	-	0.37	SK	1	17.33	400	Kraftwerk [64,124]

Tab. D.7: Externe Kraftwerke zur Stromversorgung der Modellstadt.
η_{iE} = elektrischer Wirkungsgrad des Kraftwerks i (vgl. Kap. 2.1.3);
c_{iE} = Spezifische feste Kosten des Kraftwerks i in DM/MW·h (vgl. Kap. 2.1.7).
Die übrigen Spalten haben dieselbe Bedeutung wie in Tab. D.4, wenn der Index g durch i ersetzt wird.
(1) η_{iE} enthält einen 5%-igen Abschlag für den Transport der elektrischen Energie vom Kraftwerk in die Modellstadt.
(2) Bei dem CO_2-reduzierten Kraftwerk handelt es sich um eine technisch noch nicht realisierte Modelltechnik, die dennoch aufgenommen wird, um abzuschätzen, welchen Beitrag sie zu einer Reduzierung der CO_2-Emissionen leisten kann. Die Reduktion des Wirkungsgrades entspricht den Berechnungen von Schüßler und Kümmel [14,80]. Die von R. Müller [79] und C.A. Hendriks [83] angegebene Kostensteigerung von 25% gegenüber herkömmlichen Kraftwerken schließt nur das Kraftwerk selbst ein, nicht aber die Entsorgung des CO_2. Hier wird deshalb eine Verdoppelung der Kraftwerkskosten angenommen. Dabei dürfte es sich um eine untere Grenze der Rückhalte- und Entsorgungskosten handeln.

j	$\hat{q}$	η_{jE}	F	ε_j	λ_j^E	w_{red}	κ_j	P_κ	Bemerkung
GT	7.5	0.31	G-I	0.44	0	1	28.57	10	Gas-Turbine [59]
HKWC	4.5	0.18	SK	0.58	0	1	38.13	350	HKWZ, mit CO_2-Rückh. (1)
HKWF	4.5	0.20	HL	0.56	0	1	19.04	0.015	dezentr. Kleinheizkraftw. [94]
HKWR	4.5	0.31	G-I	0.44	0	1	16.77	3	zentr. Blockheizkraftw. [93]
HKWZ	4.5	0.28	SK	0.58	0	1	20.80	350	Großheizkraftw. (2) [64,124]

Tab. D.8: Heizkraftwerke zur Strom- und Wärmeversorgung in der Modellstadt.
η_{jE} = elektr. Wirkungsgrad des Heizkraftwerks j (vgl. Kap. 2.1.3);
ε_j = thermischer Wirkungsgrad des Heizkraftwerks j (vgl. Kap. 2.1.3);
Die übrigen Spalten haben dieselbe Bedeutung wie in Tab. D.4, wenn der Index g durch j ersetzt wird.
(1) Vgl. Anmerkung zu CO_2-reduzierten Kraftwerken in Tab. D.7; für CO_2-reduzierte Heizkraftwerke werden die gleichen Mehrkosten je Energieeinheit verwendet wie bei Kraftwerken.
(2) Hier ist an ein großes zentrales Heizkraftwerk gedacht, das genau wie die Kraftwerke außerhalb der Modellstadt zu installieren wäre und für das deshalb auch der 5%-ige Abschlag für elektrische Transportverluste angewandt wird.

D.3 Brennstoffe zum Betrieb der Energieversorgungstechniken

F	ε_F	Heizwert [MJ/kg]	w_F [t/MWh]	Preis 87 [DM/t]	b [DM/MWh]	Bemerkung
G-I	0.87	47.6	0.25	178	13.46	Erdgas H, Industrie
G-P	0.87	47.6	0.25	378	28.59	Erdgas H, priv. Abnehmer
HS	0.82	40	0.29	238	21.42	Heizöl S, Industrie
HL	0.85	42.7	0.29	442	37.26	Heizöl L, priv. Abnehmer
SK	0.96	32.1	0.33	139	15.59	Fettkohle, Import
Quelle	[59]	[37]	[1]	[3,128]		

Tab. D.9: Verfügbare Brennstoffe.
F : Kurzbezeichnung der Brennstoffart;
$(1 - \varepsilon_F) =$ Energiemenge, die für die Gewinnung, Aufbereitung und Transport einer Einheit Primärenergie aufgewendet werden muß, bevor sie als Brennstoff genutzt werden kann. Dieser Faktor ist in ε_g, ε_h, η_{iE}, η_{jE} und λ_j in den Tab. D.4–D.8 bereits enthalten.
$w_F =$ spez. CO_2-Emissionen des Brennstoffs F; $w_l = w_F \cdot w_{red}$ ($l = g, h, rk, i, j$; vgl. Tab. D.4–D.8); die spez. CO_2-Emissionen für Gas wurden nach oben korrigiert, um den Methanverlusten beim Gastransport Rechnung zu tragen (vgl. Kap. 2.2.3);
$b =$ spez. Preis je Einheit Enthalpie im Brennstoff (Niveau v. 1987).
Der Brennstoff 'Gas' tritt zweimal auf, als G-I und G-P, weil der Abgabepreis für Industrie und private Abnehmer sehr unterschiedlich ist. Ursache dafür sind die hohen Verteilungskosten bei kleinen Abnahmemengen. Die übrigen Parameter von G-I und G-P sind identisch.

D.4 Nutzbare Abwärme in der Modellstadt

r	a	q'_r	$\mu(q'_{r_2}, q_a)$	Bemerkung
HTR1	HTR	1.5	0.8	Wärme in der Abluft bei der Holztrocknung
MDE1	MDE	4.5	0.5	Wärmerückgewinnung aus Dampf [101]
XIN1	XIN	4.0	0.4	Wärme im Kühlwasser der Induktionsöfen [103]
XWH1	XWH	6.0	0.5	Abwärme mittlerer Qualität nach Schmelzen von Metall

Tab. D.10: Nutzbare Abwärme der Klasse $\alpha = 2$ in der Modellstadt.
$r =$ Kurzbezeichnung der Abwärme r;
$a =$ Prozeß a, aus dem die Abwärme stammt;
$q'_r =$ Qualität der Abwärme r;
$\mu(q'_{r_2}, q_a) =$ Abwärmemenge der Qualität q'_{r_2}, die aus einer Einheit der Nutzenergie q_a entsteht; $\mu(q'_{r_2}, q_a)n(q_a, t^\varphi)$ ist die im Intervall t^φ pro Zeiteinheit verfügbare Menge der Abwärme r_2 (vgl. Kap. 2.1.5).

r	a	g	q'_r	$\nu_g(q'_{r_3}, q_a)$	Bemerkung
GRB1	GRB	GT	5.0	0.2	Wärme aus Abluft [(1)]
XWN1	XWN	OF	4.5	0.1	Wärme aus Abgasen [102]
XWW1	XWW	GK	4.5	0.1	Wärme aus Abgasen [102]

Tab. D.11: Nutzbare Abwärme der Klasse $\alpha = 3$ in der Modellstadt.
$g =$ lokale Technik g, bei deren Nutzung die Abwärme entsteht;
$\nu_g(q'_{r_3}, q_a) =$ Abwärmemenge der Qualität q'_{r_3}, die entsteht, wenn für die Versorgung des Prozesses a mit Prozeßwärme der Qualität q_a durch den Pfad ga eine Einheit Primärenergie aufgewendet wird; $\nu_g(q'_{r_3}, q_a)n(q_a, t^\varphi)$ ist die im Intervall t^φ pro Zeiteinheit verfügbare Menge der Abwärme r_3 (vgl. Kap. 2.1.5).
Die übrigen Spalten haben dieselbe Bedeutung wie in Tab. D.10.
[(1)]: Der Einsatz der Gasturbine im Rostbandofen stellt einen technisch bisher nicht realisierten Modellprozeß dar, der jedoch eine sehr hohe Exergieausnutzung ermöglicht und deshalb hier berücksichtigt wird.

D.5 Versorgungspfade in der Modellstadt

Nr.	a	l	r	ε_{la}	$\bar{\lambda}^E_{la}$	κ_{la}	Bemerkung
1	HH1	EX	GRB1	0.86	0.01	9.3	Industrieabwärme
2	HH1	EX	XIN1	0.86	0.01	7.9	Industrieabwärme
3	HH1	EX	XWH1	0.86	0.01	7.9	Industrieabwärme
4	HH1	EX	XWN1	0.86	0.01	7.9	Industrieabwärme
5	HH1	FHS		0.86	0.01	6.8	Fernwärme aus Heizwerk
6 RC	HH1	GZB		1.00	0.00	2.8	Zentralheizung, Gas
7	HH1	HKWF		1.00	0.00	6.1	Wärme aus KWK[1]
8	HH1	HKWR		0.90	0.01	6.8	Wärme aus KWK
9	HH1	HKWZ		0.85	0.02	7.1	Wärme aus KWK
10	HH2	EX	GRB1	0.86	0.01	11.1	Industrieabwärme
11	HH2	EX	XIN1	0.86	0.01	9.7	Industrieabwärme
12	HH2	EX	XWH1	0.86	0.01	9.7	Industrieabwärme
13	HH2	EX	XWN1	0.86	0.01	9.7	Industrieabwärme
14	HH2	FHS		0.86	0.01	8.6	Fernwärme aus Heizwerk
15 C	HH2	HKWF		1.00	0.00	6.1	Wärme aus KWK
16	HH2	HKWR		0.90	0.01	8.6	Wärme aus KWK
17	HH2	HKWZ		0.85	0.02	8.9	Wärme aus KWK
18 RC	HH2	OZH		1.00	0.00	6.1	Zentralheizung, Öl
19 C	HH3	EWP		1.00	0.00	5.4	elektr. Wärmepumpe
20	HH3	EX	GRB1	0.86	0.01	11.5	Industrieabwärme
21	HH3	EX	XIN1	0.86	0.01	10.0	Industrieabwärme
22	HH3	EX	XWH1	0.86	0.01	10.0	Industrieabwärme
23	HH3	EX	XWN1	0.86	0.01	10.0	Industrieabwärme
24	HH3	FHS		0.86	0.01	8.9	Fernwärme aus Heizwerk
25	HH3	GWP		1.00	0.00	5.4	Wärmepumpe, Gas
26	HH3	HKWF		1.00	0.00	6.1	Wärme aus KWK
27	HH3	HKWR		0.90	0.01	5.3	Wärme aus KWK
28	HH3	HKWZ		0.85	0.02	5.6	Wärme aus KWK
29 R	HH3	OZH		1.00	0.00	9.4	Zentralheizung, Öl

(Tab. D.12: Fortsetzung nächste Seite; Erkärung übernächste Seite)

Nr.	a	l	r	ε_{la}	λ_{la}^{E}	κ_{la}	Bemerkung
30	KV1	EX	GRB1	0.86	0.01	9.3	Industrieabwärme
31	KV1	EX	XIN1	0.86	0.01	7.9	Industrieabwärme
32	KV1	EX	XWH1	0.86	0.01	7.9	Industrieabwärme
33	KV1	EX	XWN1	0.86	0.01	7.9	Industrieabwärme
34	KV1	FHS		0.86	0.01	6.8	Fernwärme aus Heizwerk
35 RC	KV1	GZB		1.00	0.00	2.8	Zentralheizung, Gas
36	KV1	HKWF		1.00	0.00	6.1	Wärme aus KWK
37	KV1	HKWR		0.90	0.01	6.8	Wärme aus KWK
38	KV1	HKWZ		0.85	0.02	7.1	Wärme aus KWK
39	KV2	EX	GRB1	0.86	0.01	11.1	Industrieabwärme
40	KV2	EX	XIN1	0.86	0.01	9.7	Industrieabwärme
41	KV2	EX	XWH1	0.86	0.01	9.7	Industrieabwärme
42	KV2	EX	XWN1	0.86	0.01	9.7	Industrieabwärme
43	KV2	FHS		0.86	0.01	8.6	Fernwärme aus Heizwerk
44 C	KV2	HKWF		1.00	0.00	6.1	Wärme aus KWK
45	KV2	HKWR		0.90	0.01	8.6	Wärme aus KWK
46	KV2	HKWZ		0.85	0.02	8.9	Wärme aus KWK
47 RC	KV2	OZH		1.00	0.00	6.1	Zentralheizung, Öl
48 C	KV3	EWP		1.00	0.00	5.4	elektr. Wärmepumpe
49	KV3	EX	GRB1	0.86	0.01	11.5	Industrieabwärme
50	KV3	EX	XIN1	0.86	0.01	10.0	Industrieabwärme
51	KV3	EX	XWH1	0.86	0.01	10.0	Industrieabwärme
52	KV3	EX	XWN1	0.86	0.01	10.0	Industrieabwärme
53	KV3	FHS		0.86	0.01	8.9	Fernwärme aus Heizwerk
54	KV3	GWP		1.00	0.00	5.4	Wärmepumpe, Gas
55	KV3	HKWF		1.00	0.00	6.1	Wärme aus KWK
56	KV3	HKWR		0.90	0.01	5.3	Wärme aus KWK
57	KV3	HKWZ		0.85	0.02	5.6	Wärme aus KWK
58 R	KV3	OZH		1.00	0.00	9.4	Zentralheizung, Öl
59 C	GDO	GT		1.00	0.00	0.0	Gasturbine
60 RC	GDO	OF		1.00	0.00	0.0	Ölfeuerung
61 RC	GRB	GF		1.00	0.00	0.0	Gasfeuerung
62 C	GRB	GT		0.68	0.00	0.0	Gasturbine
63 RC	GTR	GF		1.00	0.00	0.0	Gasfeuerung
64 C	GTR	GT		1.00	0.00	0.0	Gasturbine
65	HTR	EX	GRB1	0.15	0.01	0.3	Industrieabwärme
66	HTR	FHS		0.15	0.01	2.8	Wärme aus Fernheizwerk
67 C	HTR	GP2	HTR1	1.00	0.00	0.0	Wärmepumpe, Gas
68	HTR	HKWF		0.18	0.00	0.0	Wärme aus KWK
69	HTR	HKWR		0.16	0.01	2.8	Wärme aus KWK
70	HTR	HKWZ		0.15	0.02	3.1	Wärme aus KWK
71 R	HTR	OK		0.18	0.00	0.0	Ölkessel

(Tab. D.12: Fortsetzung und Erklärung nächste Seite)

Nr.	a	l	r	ε_{la}	$\tilde{\lambda}^E_{la}$	κ_{la}	Bemerkung
72 RC	MDE	EX	MDE1	0.95	0.00	0.0	direkte Wärmerückgewinnung
73	MDE	EXM	GRB1	0.70	0.05	12.2	Abwärme mittlerer Qualität
74	MDE	EXM	XWH1	0.80	0.05	1.0	Abwärme mittlerer Qualität
75 RC	MDE	GK		1.00	0.00	0.0	Gaskessel
76 C	MDE	HKWR		1.00	0.00	0.0	Dampferz. über lokales HKW
77 R	MKE	NULL		1.00	0.00	0.0	reiner Stromverbrauch
78 RC	XEL	NULL		1.00	0.00	0.0	reiner Stromverbrauch
79 RC	XIN	EO		1.00	0.00	0.0	elektrische Induktionsheizung
80 RC	XWH	EO		1.00	0.00	0.0	elektrische Induktionsheizung
81 RC	XWN	OF		1.00	0.00	0.0	Ölfeuerung
82 C	XWW	EX	GRB1	0.86	0.01	3.6	Industrieabwärme
83 C	XWW	EX	XWH1	0.95	0.01	0.0	Industrieabwärme
84 C	XWW	EX	XWN1	0.95	0.01	0.0	Industrieabwärme
85 C	XWW	EX	XWW1	0.95	0.00	0.0	direkte Wärmerückgewinnung
86 C	XWW	FHS		0.86	0.01	1.1	Fernwärme aus Heizwerk
87 R	XWW	GK		1.00	0.00	0.0	Gaskessel
88	XWW	HKWF		1.00	0.00	0.0	Wärme aus KWK
89 C	XWW	HKWR		0.90	0.01	1.1	Wärme aus KWK
90	XWW	HKWZ		0.85	0.02	1.4	Wärme aus KWK

Tab. D.12: Versorgungspfade für die Referenz-, Ideal- und Kosten-Szenarien-Gruppen.

Nr. : laufende Nummer des Versorgungspfades; in der Ideal-Szenarien-Gruppe sind alle aufgeführten Pfade zugelassen; die mit 'R' bzw. 'C' gekennzeichnete Pfade bilden die Referenz- und die Kosten-Szenarien-Gruppe (vgl. Kap. 2.3.1 und 2.3.2);

$a =$ belieferter Prozeß a aus Tab. D.2;

$l =$ Energie liefernde Technik $l = g, h, rk, j$ aus Tab. D.4–D.8;

$r =$ genutzte Abwärme r aus Tab. D.10 und D.11;

$\varepsilon_{la} =$ Wirkungsgrad der Verbindung von Technik $l = g, h, rk, j$ und Prozeß a (vgl. Def. in Kap. 2.1.3);

$\tilde{\lambda}^E_{la} =$ spez. Aufwand an elektrischer Energie zum Betrieb des Pfades la $(l = g, h, rk, j)$; $\lambda^E_{la} = \tilde{\lambda}^E_l + \tilde{\lambda}^E_{la}$ (vgl. Kap. 2.1.3 und Tab. D.4–D.8);

$\kappa_{la} =$ Teil der spez. festen Kosten des Pfades la $(l = g, h, rk, j)$ in DM/MW·h (vgl. Kap. 2.1.7).

Pfade müssen nur für die Wärmeversorgung angegeben werden. Zur Stromversorgung sind – außer den in dieser Tabelle angeführten Heizkraftwerken – alle in Tab. D.7 aufgeführten Kraftwerke zugelassen.

D.6 Beispiele zur Kostenberechnung

Die Kostenberechnung wird an drei typischen Beispielen demonstiert. Die hier verwendeten Kurzbezeichnungen für Prozesse, Techniken und Verbrauchergruppen sind in den Tabellen in Anhang D erläutert.

Die Investitionskosten für ein **Steinkohlekraftwerk** mit einer thermischen Leistung P_κ=400 MW betragen 400 Mio. DM, das sind 1.0 DM/W [64,124]. Die Lebendauer betrage 20 Jahre, der Zinsfuß 8%. Der Annuitätenfaktor, der die Investitionskosten auf die Lebensdauer verteilt und der gleichzeitig die Zinskosten durch die Kapitalbindung berücksichtigt, beträgt dann 0.102 1/a [115]. Durch Multiplikation mit den spezifischen Kosten von 1.0 DM/W ergibt sich eine jährliche Belastung von 0.102 DM/W·a.

Weiter wird angenommen, daß die jährlichen Wartungskosten 5% der Investionssumme ausmachen, das sind hier 0.05 DM/W·a. Die jährlichen Gesamtkosten betragen also 0.152 DM/W·a. Da die mit *ECCO* untersuchten Intervalle aber nur eine Länge von einer Stunde haben, muß dieser Wert noch durch 8760 h/a dividiert werden. Dann erhält man den Wert c_{iE} = 17.33 DM/MW·h, der in Tab. D.7 angegeben ist.

Der spezifische Wärmebedarf eines **Mehrfamilienhauses** beträgt 61 W/m^2 [91]. Die Kosten, um die in der Heizungsanlage erzeugte Wärme auf die einzelnen Wohnungen und Räume zu verteilen betragen 5.65 DM/m^2·a [91]. Darin sind sowohl die Investitionen als auch die Wartungskosten inbegriffen. Die spezifischen Kosten betragen damit 0.093 DM/W·a oder 10.57 DM/MW·h (vgl. Tab. D.2).

Die spezifischen Kosten $\kappa_{la} = \kappa_{ha}$, um die Haushalte im Stadtteil 1 (HH1) mit **Fernwärme** aus dem Heizwerk FHS zu versorgen, setzen sich aus drei Anteilen zusammen: den Kosten für die Fernwärmeübergabestation im Keller des Hauses, die anteiligen Kosten der Wärmeverteilung im Stadtteil und die anteiligen Kosten der Verbindungsleitung zum Fernheizwerk.

Die Kosten der Fernwärmeübergabestation betragen 1.25 DM pro m^2 Wohnfläche und Jahr [91]. Mit dem bereits erwähnten spezifischen Wärmebedarf von 61 W/m^2 ergeben sich spezifische Kosten von 2.34 DM/MW·h.

Zur Wärmeverteilung im Stadtteil 1 sind insgesamt 5500 m Hauptleitung á 3600 DM/m und 2750 m Hausanschlußleitung á 1550 DM/m erforderlich [90,92]. In den genannten Preisen sind sowohl die Leitungs- als auch die Verlegekosten inbegriffen. Die gesamten Investitionskosten betragen somit 24.1 Mio. DM. Die maximale Wärmeleistung, die zur Versorgung der Haushalte HH1 und der Kleinverbraucher KV1 benötigt wird, beträgt 57.6 MWh/h (vgl. Tab. D.2). Unter Annahme einer Lebensdauer von 30 Jahren und eines Zinsfusses von 8% betragen die spezifischen Kosten 4.24 DM/MW·h.

Die Verbindungsleitung zum Fernheizwerk FHS hat eine Länge von 1 km und versorgt den 1. und 2. Stadtteil gemeinsam. Sie ist deshalb für eine Wärmeleistung von 129 MW auszulegen. Bei einem Preis von 3000 DM/m [92] betragen die notwendigen Investitionen 23220 DM/MW. Die Lebensdauer der Leitung beträgt 30 Jahre, als Zinsfuß werden wieder 8% angenommen. Damit ergeben sich spezifische Kosten von 0.24 DM/MW·h.

Die gesamten Verbindungskosten zwischen einem Haus im Stadtteil 1 und dem Fernheizwerk FHS betragen somit κ_{la}=6.8 DM/MW·h (vgl. Tab. D.12 Nr.5 und 34).

E Ergänzende Ergebnis-Tabellen für die regionale Optimierung

a)

Szenario		RT0N	RT5N	RT10N	RT15N	RT20N
$< \sum_{\{a\}} n(q_a, t) >$	[MWh/h]	71.31	59.32	43.42	32.50	26.88
$< n(E, t) >$	[MWh/h]	11.22	11.20	10.78	10.63	10.32
$< N(t) >$	[MWh/h]	157.56	136.04	106.81	87.17	76.44
$< W(t) >$	[t CO_2/h]	45.17	39.17	30.93	25.42	22.40
$< C_{bew}(t) >$	[DM/h]	3633	3014	2172	1603	1304
$< C_{fix}(t) >$	[DM/h]	4763	4794	4798	4515	3857

b)

Szenario		RT0W	RT5W	RT10W	RT15W	RT20W
$< \sum_{\{a\}} n(q_a, t) >$	[MWh/h]	74.65	56.42	42.59	33.05	26.41
$< n(E, t) >$	[MWh/h]	11.52	11.32	10.92	10.51	10.42
$< N(t) >$	[MWh/h]	176.72	143.66	117.47	98.84	86.89
ΔI_N		7.4%	9.9%	11.4%	12.3%	14.8%
$< W(t) >$	[t CO_2/h]	36.20	27.49	20.86	16.31	13.04
ΔI_W		-23.2%	-26.9%	-31.7%	-36.5%	-41.2%
$< C_{bew}(t) >$	[DM/h]	3992	3056	2320	1814	1450
$< C_{fix}(t) >$	[DM/h]	5254	5249	5214	5203	5005

c)

Szenario		ST0N	ST5N	ST10N	ST15N	ST20N
$< \sum_{\{a\}} n(q_a, t) >$	[MWh/h]	76.10	55.19	41.23	34.51	26.34
$< n(E, t) >$	[MWh/h]	11.60	11.01	10.68	10.58	10.34
$< N(t) >$	[MWh/h]	128.25	97.35	77.24	67.98	56.34
ΔI_N		-23.4%	-23.8%	-24.5%	-25.4%	-25.3%
$< W(t) >$	[t CO_2/h]	34.80	26.21	20.63	18.04	14.81
ΔI_W		-27.5%	-28.7%	-30.4%	-32.1%	-32.9%
$< C_{bew}(t) >$	[DM/h]	3148	2194	1567	1245	877
$< C_{fix}(t) >$	[DM/h]	9691	9786	10096	9853	8973

(Tab. E.1: Fortsetzung und Erklärung nächste Seite)

d)

Szenario		ST0W	ST5W	ST10W	ST15W	ST20W
$< \sum_{\{a\}} n(q_a, t) >$	[MWh/h]	75.50	60.08	43.50	33.70	24.33
$< n(E, t) >$	[MWh/h]	11.58	11.21	10.78	10.67	10.13
$< N(t) >$	[MWh/h]	177.51	148.89	117.49	99.52	80.67
ΔI_N		6.8%	8.3%	9.8%	11.0%	13.9%
$< W(t) >$	[t CO_2/h]	32.79	26.40	19.43	15.32	11.39
ΔI_W		-31.2%	-33.3%	-37.3%	-41.4%	-45.1%
$< C_{bew}(t) >$	[DM/h]	3820	3052	2252	1775	1298
$< C_{fix}(t) >$	[DM/h]	5850	5819	5802	5814	4912

e)

Szenario		ST0W−	ST5W−	ST10W−	ST15W−	ST20W−
$< \sum_{\{a\}} n(q_a, t) >$	[MWh/h]	74.25	58.40	42.03	32.83	26.42
$< n(E, t) >$	[MWh/h]	11.63	11.35	10.80	10.55	10.31
$< N(t) >$	[MWh/h]	125.97	102.67	78.49	65.45	56.57
ΔI_N		-23.2%	-23.7%	-24.6%	-25.3%	-25.0%
$< W(t) >$	[t CO_2/h]	34.02	27.52	20.83	17.24	14.78
ΔI_W		-27.6%	-29.0%	-30.9%	-32.6%	-33.2%

f)

Szenario		ST0W+	ST5W+	ST10W+	ST15W+	ST20W+
$< \sum_{\{a\}} n(q_a, t) >$	[MWh/h]	73.53	55.00	44.15	33.57	26.30
$< n(E, t) >$	[MWh/h]	11.43	11.03	10.80	10.55	10.16
$< N(t) >$	[MWh/h]	173.40	138.76	118.60	98.66	84.12
ΔI_N		6.9%	8.9%	9.5%	10.6%	12.3%
$< W(t) >$	[t CO_2/h]	31.96	24.18	19.68	15.23	12.18
ΔI_W		-31.3%	-34.1%	-37.2%	-41.4%	-44.5%

Tab. E.1: Ergebnisse der Optimierung in Φ=1000 Zeitintervallen für die Szenarien aus Tab. 2.1. Aufgeführt sind:

- der Mittelwert des Wärmebedarfs, $< \sum_{\{a\}} n(q_a, t) >$,
- der Mittelwert des Strombedarfs, $< n(E, t) >$,
- der Mittelwert $< N(t) >$ der Zielfunktion 'Primärenergieeinsatz',
- der Mittelwert $< W(t) >$ der Zielfunktion 'CO_2-Emissionen',
- der Unterschied ΔI_N zwischen dem Primärenergie-Index aus Gl. (2.54) im aktuellen Szenario und im entsprechenden Referenz-Szenario RTxN,
- der Unterschied ΔI_W zwischen dem CO_2-Index aus Gl. (2.55) im aktuellen Szenario und im entsprechenden Referenz-Szenario RTxN,
- der Mittelwert der beweglichen Kosten $< C_{bew}(t) >$,
- der Mittelwert der festen Kosten $< C_{fix}(t) >$.

Der Fehler der Mittelwerte beträgt ±3.2% (vgl. dazu Kap. 2.3.1).

a)

Nr.	a	l	r	#	$< x >$	$\max\{x\}$	$< x \cdot n >$	$\max\{x \cdot n\}$
6	HH1	GZB		1000	1	1	5.69	14.35
18	HH2	OZH		1000	1	1	12.44	31.35
29	HH3	OZH		1000	1	1	5.27	13.27
35	KV1	GZB		1000	1	1	14.55	42.67
47	KV2	OZH		1000	1	1	13.48	39.53
58	KV3	OZH		1000	1	1	1.58	4.65
60	GDO	OF		658	1	1	3	3
61	GRB	GF		650	1	1	10	10
63	GTR	GF		454	1	1	9.92	13
71	HTR	OK		1000	1	1	0.06	0.1
72	MDE	EXI	MDE1	793	0.45	0.45	1.67	4.2
75	MDE	GK		793	0.55	0.55	2.03	5.1
79	XIN	EO		271	1	1	0.79	1.5
80	XWH	EO		386	1	1	1.19	2.4
81	XWN	OF		375	1	1	1.35	2.2
87	XWW	GK		378	1	1	3.03	7
Nr.	i			#	$< N >$	$\max\{N\}$		
92	SKW			1000	36.61	67.29		

(Tab. E.2: Fortsetzung und Erklärung nächste Seite)

b)

Nr.	a	l	r	#	$< x >$	$\max\{x\}$	$< x \cdot n >$	$\max\{x \cdot n\}$
6	HH1	GZB		317	1	1	2.76	11.19
18	HH2	OZH		317	1	1	6.03	24.45
29	HH3	OZH		317	1	1	2.55	10.35
35	KV1	GZB		317	1	1	6.93	32.93
47	KV2	OZH		317	1	1	6.42	30.51
58	KV3	OZH		317	1	1	0.75	3.59
60	GDO	OF		645	1	1	3	3
61	GRB	GF		655	1	1	10	10
63	GTR	GF		466	1	1	9.92	13
71	HTR	OK		1000	1	1	0.07	0.1
72	MDE	EXI	MDE1	805	0.45	0.45	1.77	4.2
75	MDE	GK		805	0.55	0.55	2.15	5.1
79	XIN	EO		324	1	1	0.76	1.5
80	XWH	EO		421	1	1	1.22	2.4
81	XWN	OF		396	1	1	1.32	2.2
87	XWW	GK		411	1	1	2.92	7
Nr.	i			#	$< N >$	$\max\{N\}$		
92	SKW			1000	32.04	64.18		

Tab. E.2: Ergebnisse der stochastischen Optimierung in Φ=1000 Zeitintervallen für zwei der in Tab. 2.1 beschriebenen Referenz-Szenarien.

a) Szenario RT0N

b) Szenario RT20N

Aufgeführt sind alle Optimierungsvariablen, die in mindestens einem Intervall einen Wert $\neq 0$ annehmen. Bedeutung der Spalten:

Nr.: laufenden Nummer des Pfades gem. Tab. D.12;

a: Kurzbezeichnung des Prozesses (vgl. Tab. D.2);

l: Kurzbezeichung der Technik ($l = g, h, rk, j$; vgl. Tab. D.4–D.8);

r: Kurzbezeichung der Abwärmemenge (vgl. Tab. D.10 und D.11);

#: Anzahl der Intervalle, in denen $x_{la}(t^\varphi) > 0$ bzw. $N_i(E, t^\varphi) > 0$ ist;

$< x > = < x_{la}(t) >$ = Mittelwert des Anteils, den der Pfad la an der Versorgung des Prozesses a hat;

$\max\{x\} = \max_{\{t^\varphi\}}\{x_{la}(t^\varphi)\}$ Maximaler Anteil, den der Pfad la in einem der Intervalle t^φ an der Versorgung des Prozesses a hat;

$< x \cdot n > = < x_{la}(t) \cdot n(q_a, t) >$ = Mittelwert des Nutzenergiebedarfs des Prozesses a (in MWh/h), der durch den Pfad la gedeckt wird;

$\max\{x \cdot n\} = \max_{\{t^\varphi\}}\{x_{la}(t^\varphi) \cdot n(q_a, t^\varphi)\}$ = Maximaler Nutzenergiebedarf des Prozesses a (in MWh/h), der in einem Intervall t^φ durch den Pfad la gedeckt wird;

i: Kurzbezeichnung des Kraftwerks (vgl. Tab. D.7);

$< N > = < N_i(E, t) >$ = Mittelwert des Primärenergieeinsatzes im Kraftwerk i in MWh/h;

$\max\{N\} = \max_{\{t^\varphi\}}\{N_i(E, t^\varphi)\}$ = Maximaler Primärenergieeinsatz im Kraftwerk i in MWh/h.

a)

Nr.	a	l	r	#	$< x >$	$\max\{x\}$	$< x \cdot n >$	$\max\{x \cdot n\}$
1	HH1	EX	GRB1	1	0	1	0	0.72
6	HH1	GZB		922	0.9	1	5.94	14.35
7	HH1	HKWF		93	0.07	1	0.19	4.38
8	HH1	HKWR		24	0.02	1	0.02	2.56
10	HH2	EX	GRB1	158	0.06	1	0.41	5.55
11	HH2	EX	XIN1	143	0	0.25	0.09	0.39
12	HH2	EX	XWH1	143	0	0.27	0.13	0.78
13	HH2	EX	XWN1	148	0	0.13	0.05	0.21
15	HH2	HKWF		960	0.87	1	12.02	31.35
16	HH2	HKWR		41	0.03	1	0.06	4.03
18	HH2	OZH		153	0.04	0.73	0.99	20.88
19	HH3	EWP		985	0.98	1	5.67	13.27
27	HH3	HKWR		19	0.02	1	0.01	0.96
30	KV1	EX	GRB1	4	0	1	0.01	2.14
35	KV1	GZB		903	0.88	1	15.16	42.67
36	KV1	HKWF		119	0.08	1	0.41	8.14
37	KV1	HKWR		54	0.04	1	0.09	4.16
39	KV2	EX	GRB1	170	0.06	1	0.5	5.94
40	KV2	EX	XIN1	160	0	0.2	0.11	0.39
41	KV2	EX	XWH1	122	0	0.11	0.11	0.78
42	KV2	EX	XWN1	129	0	0.03	0.04	0.21
44	KV2	HKWF		956	0.85	1	12.69	39.53
45	KV2	HKWR		44	0.04	1	0.08	5.1
47	KV2	OZH		157	0.05	1	1.33	20.1
48	KV3	EWP		986	0.99	1	1.7	4.65
56	KV3	HKWR		15	0.01	1	0	0.17
59	GDO	GT		458	0.6	1	1.79	3
60	GDO	OF		352	0.4	1	1.21	3
61	GRB	GF		639	0.85	1	8.47	10
62	GRB	GT		309	0.15	1	1.53	10
63	GTR	GF		487	0.98	1	9.77	13
64	GTR	GT		21	0.02	1	0.14	7.01
67	HTR	GWP		987	0.99	1	0.06	0.1
69	HTR	HKWR		14	0.01	1	0	0.1
72	MDE	EXI	MDE1	810	0.45	0.45	1.78	4.2
74	MDE	EXM	XWH1	1	0	0.55	0	0.42
75	MDE	GK		664	0.44	0.55	1.8	5.1
76	MDE	HKWR		181	0.11	0.55	0.36	5.1
79	XIN	EO		302	1	1	0.77	1.5
80	XWH	EO		408	1	1	1.22	2.4
81	XWN	OF		419	1	1	1.36	2.2
83	XWW	EX	XWH1	170	0.16	1	0.27	1.08
84	XWW	EX	XWN1	148	0.05	0.49	0.08	0.28
85	XWW	EXI	XWW1	382	0.08	0.11	0.28	0.75

(Tab. E.3a: Fortsetzung nächste Seite; Erklärung übernächste Seite)

ad a)

Nr.	a	l	r	#	$< x >$	$\max\{x\}$	$< x \cdot n >$	$\max\{x \cdot n\}$
87	XWW	GK		382	0.71	0.89	2.35	6.25
88	XWW	HKWF		2	0	1	0.02	5.8
89	XWW	HKWR		1	0	0.44	0	0.52
Nr.	i			#	$< N >$	$\max\{N\}$		
92	SKW			13	0.06	9.97		

b)

Nr.	a	l	r	#	$< x >$	$\max\{x\}$	$< x \cdot n >$	$\max\{x \cdot n\}$
1	HH1	EX	GRB1	19	0.06	1	0.02	0.5
6	HH1	GZB		224	0.77	1	2.58	13.05
7	HH1	HKWF		28	0.08	1	0.19	4.68
8	HH1	HKWR		26	0.09	1	0.06	2.01
10	HH2	EX	GRB1	100	0.24	1	0.8	5.06
11	HH2	EX	XIN1	34	0.01	0.45	0.06	0.39
12	HH2	EX	XWH1	16	0	0.25	0.04	0.78
13	HH2	EX	XWN1	14	0	0.07	0.01	0.21
15	HH2	HKWF		204	0.65	1	5.4	28.5
16	HH2	HKWR		32	0.1	1	0.15	3.67
18	HH2	OZH		8	0	0.37	0.09	8.44
19	HH3	EWP		263	0.93	1	2.61	12.07
20	HH3	EX	GRB1	3	0.01	1	0	0.27
27	HH3	HKWR		20	0.06	1	0.03	0.95
30	KV1	EX	GRB1	25	0.06	1	0.09	1.64
31	KV1	EX	XIN1	9	0.01	0.46	0.02	0.39
32	KV1	EX	XWH1	2	0	0.55	0	0.47
33	KV1	EX	XWN1	2	0	0.18	0	0.15
35	KV1	GZB		216	0.72	1	6.38	38.79
36	KV1	HKWF		44	0.1	1	0.58	10.74
37	KV1	HKWR		33	0.11	1	0.14	3.99
39	KV2	EX	GRB1	127	0.26	1	1.2	5.94
40	KV2	EX	XIN1	46	0.01	0.41	0.09	0.39
41	KV2	EX	XWH1	26	0	0.07	0.07	0.78
42	KV2	EX	XWN1	29	0	0.7	0.03	0.21
44	KV2	HKWF		214	0.63	1	5.61	34.95
45	KV2	HKWR		31	0.09	1	0.1	2.77
47	KV2	OZH		4	0	0.19	0.04	6.74
48	KV3	EWP		260	0.93	1	0.77	4.22
49	KV3	EX	GRB1	1	0.01	1	0	0.09
50	KV3	EX	XIN1	2	0.02	1	0	0.03
56	KV3	HKWR		18	0.06	1	0.01	0.19

(E.3a,b: Fortsetzung und Erklärung nächste Seite)

ad b)

Nr.	a	l	r	#	$<x>$	$\max\{x\}$	$<x \cdot n>$	$\max\{x \cdot n\}$
59	GDO	GT		656	0.98	1	2.95	3
60	GDO	OF		27	0.02	1	0.05	3
61	GRB	GF		652	0.7	1	7.02	10
62	GRB	GT		489	0.3	1	2.98	10
63	GTR	GF		420	0.63	1	6.23	13
64	GTR	GT		308	0.37	1	3.37	13
65	HTR	EX	GRB1	137	0.13	1	0.01	0.1
67	HTR	GWP		648	0.64	1	0.04	0.1
69	HTR	HKWR		239	0.24	1	0.02	0.1
72	MDE	EXI	MDE1	790	0.45	0.45	1.75	4.2
73	MDE	EXM	GRB1	119	0.06	0.55	0.28	4.98
74	MDE	EXM	XWH1	90	0.02	0.55	0.1	0.91
75	MDE	GK		170	0.1	0.55	0.46	5.1
76	MDE	HKWR		572	0.36	0.55	1.44	5.1
79	XIN	EO		309	1	1	0.71	1.5
80	XWH	EO		425	1	1	1.19	2.4
81	XWN	OF		404	1	1	1.37	2.2
82	XWW	EX	GRB1	256	0.47	1	1.4	6.96
83	XWW	EX	XWH1	249	0.17	1	0.36	1.08
84	XWW	EX	XWN1	242	0.07	0.49	0.14	0.28
85	XWW	EXI	XWW1	185	0.03	0.11	0.13	0.75
87	XWW	GK		185	0.24	0.89	1.11	6.25
88	XWW	HKWF		5	0	0.92	0.01	2.68
89	XWW	HKWR		8	0.01	0.9	0.05	6.28
Nr.	i			#	$<N>$	$\max\{N\}$		
92	SKW			237	3.23	29.81		

Tab. E.3: Ergebnisse der stochastischen Optimierung in Φ=1000 Zeitintervallen für zwei der in Tab. 2.1 beschriebenen Ideal-Szenarien:

a) Szenario ST0N

b) Szenario ST20N

Aufgeführt sind alle Optimierungsvariablen, die in mindestens einem Intervall einen Wert $\neq 0$ annehmen. Die Bedeutung der Spalten ist die gleiche wie in Tab. E.2.

Szenario		feste Kosten [DM/h]		bewegliche Kosten [DM/h]		SUMME [DM/h]	
RT10N	Haushalte + Kleinverbr.	3940	a) 76.0% b) 82.1%	1245	a) 24.0% b) 57.3%	5186	b) 74.4%
	Industrie	380	a) 48.8% b) 7.9%	398	a) 51.2% b) 18.3%	778	b) 11.2%
	Strom-erzeugung	478	a) 47.5% b) 10.0%	529	a) 52.5% b) 24.3%	1007	b) 14.4%
	SUMME	4798	a) 68.8%	2172	a) 31.2%	6970	
RT10W	Haushalte + Kleinverbr.	3940	a) 76.6% b) 75.6%	1206	a) 23.4% b) 52.0%	5146	b) 68.3%
	Industrie	380	a) 48.9% b) 7.3%	397	a) 51.1% b) 17.1%	777	b) 10.3%
	Strom-erzeugung	894	a) 55.5% b) 17.1%	717	a) 44.5% b) 30.9%	1611	b) 21.4%
	SUMME	5214	a) 69.2%	2320	a) 30.8%	7534	
RT10W /5	Haushalte + Kleinverbr.	3940	a) 76.6% b) 60.1%	1206	a) 23.4% b) 52.0%	5146	b) 58.0%
	Industrie	380	a) 48.9% b) 5.8%	397	a) 51.1% b) 17.1%	777	b) 8.8%
	Strom-erzeugung	2235	a) 75.7% b) 34.1%	717	a) 24.3% b) 30.9%	2952	b) 33.3%
	SUMME	6555	a) 73.9%	2320	a) 26.1%	8875	
ST10N	Haushalte + Kleinverbr.	7797	a) 87.8% b) 77.2%	1087	a) 12.2% b) 69.4%	8885	b) 76.2%
	Industrie	2045	a) 82.0% b) 20.3%	450	a) 18.0% b) 28.7%	2496	b) 21.4%
	Strom-erzeugung	254	a) 89.8% b) 2.5%	29	a) 10.2% b) 1.8%	282	b) 2.4%
	SUMME	10096	a) 86.6%	1567	a) 13.4%	11663	
CT10N	Haushalte + Kleinverbr.	5998	a) 83.4% b) 74.1%	1191	a) 16.6% b) 70.3%	7189	b) 73.5%
	Industrie	1906	a) 26.5% b) 23.6%	454	a) 6.3% b) 26.8%	2359	b) 24.1%
	Strom-erzeugung	188	a) 2.6% b) 2.3%	49	a) 0.7% b) 2.9%	238	b) 2.4%
	SUMME	8092	a) 82.7%	1694	a) 17.3%	9786	

Tab. E.4: Kosten der Energieversorgung für verschiedene Szenarien. Die Prozentangaben unter a) beziehen sich auf die jeweilige Zeile, diejenigen unter b) auf die entsprechende Spalte. Das Szenario RT10W ist zweimal aufgeführt: Einmal wird eine Verdoppelung der Investitionskosten für Kraftwerke durch die CO_2-Rückhaltung angenommen, beim zweiten Mal eine Verfünffachung. Letzteres ist durch den Zusatz '/5' gekennzeichnet.

a)

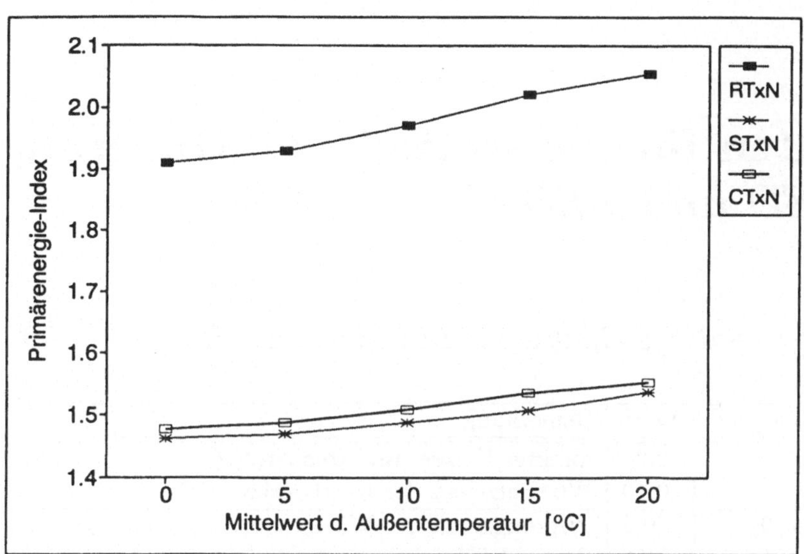

b)

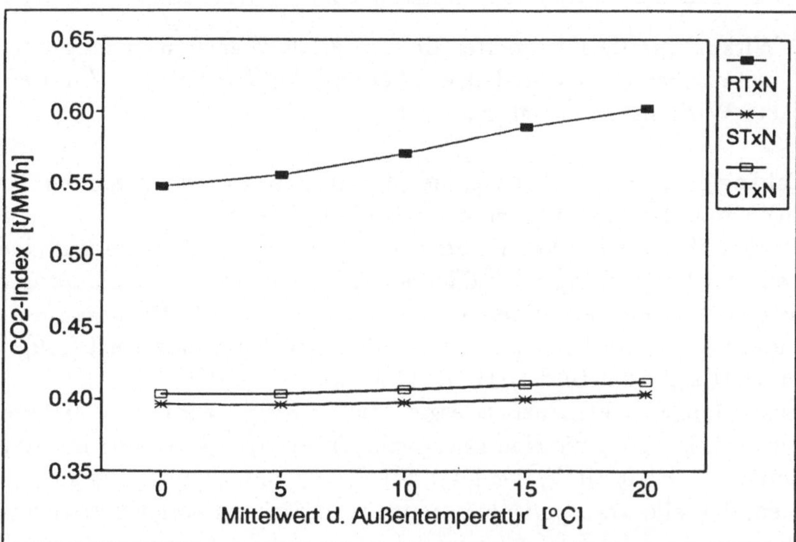

Abb. E.1: Primärenergie-Index und CO_2-Index der Kosten-Szenarien-Reihe CTxN im Vergleich mit den Indizes der Referenz-Szenarien-Reihe RTxN und der Ideal-Szenarien-Reihe STxN.
a) Primärenergie-Index I_N [vgl. Gl. (2.54)]
b) CO_2-Index I_W [vgl. Gl. (2.55)].
Zur Bezeichnung der Szenarien vgl. Tab. 2.1 und 2.2.

F Daten für die statische Optimierung mit *LEO* und *LEO-II*

Wirkungsgrade der Techniken für LEO und LEO-II

Wirkungsgrad	Wert	Bemerkung
$\eta(q,F)$	0.85	direktes Heizen mit Brennstoff F
$\eta(10,F)$	0.40	Wirkungsgrad der Kraftwerke
$\eta_{ex}(q,q',0)$	0.9	Wirkungsgrad der Wärmetauscher für $d_{qq'}=0$
$\eta_c(q,F,0)$	0.55	therm. Wirkungsgrad der Heizkraftwerke für $d_{cq}=0$
$\eta_c(10,F)$	0.25	elektr. Wirkungsgrad der Heizkraftwerke

Tab. F.1: Wirkungsgrade für direktes Heizen, Kraft-Wärme-Kopplung und Wärmetauscher in den Modellen *LEO* und *LEO-II* [36,52]. Zur Definition der Wirkungsgrade vgl. Kap. 3.1.2.

Um die Abhängigkeit des Wirkungsgrades der **Wärmetauscher** von der Transportentfernung abgeben zu können, werden folgende Größen definiert [54]:

α_{th} = spezifischer thermischer Verlust beim Wärmetransport; bezogen auf eine Entfernungseinheit, ein Grad Temperaturdifferenz zwischen Transportmedium und Umgebung sowie eine transportierte Energieeinheit. Anhand von Untersuchungen, die man beim Bau und Betrieb der Fernwärmeschiene Niederrhein gemacht hat [129], wurde in Ref. 54 der Wert α_{th}=2.5 $\cdot 10^{-6}$ 1/(km·K) bestimmt.

α_h = diejenige Menge elektrischer Energie, die benötigt wird, um die Menge des Wärmetransportmediums, die eine Energieeinheit enthält, über eine Entfernungseinheit zu pumpen (α_h=5.0 $\cdot 10^{-4}$ 1/km [54,129]). Zur Vereinfachung wird an dieser Stelle angenommen, daß alle Transportpumpen mit elektrischer Energie betrieben werden.

Es gilt [53,54]:

$$\eta_{ex}(q,q',d_{qq'}) \;=\; \left(1 \;-\; \alpha_{th}\; T_0\; \frac{q+1}{9-q}\; d_{qq'}\right) \eta_{ex}(q,q',0) \tag{F.1}$$

und

$$\lambda_{ex}(q,q',d_{qq'}) \;=\; \alpha_h\; d_{qq'}\; \eta_{ex}(q,q',0)\;. \tag{F.2}$$

Der Einfachheit halber wird die Umgebungstemperatur beim Transport mit der Referenztemperatur T_0 gleichgesetzt. Die Verluste werden auf diese Weise eher zu hoch als zu niedrig geschätzt.

Die Wirkungsgrade der **Kraft-Wärme-Kopplung** hängen in gleicher Weise von der Transportentfernung ab wie diejenigen der Wärmetauscher. In den Gln. (F.1) und (F.2) müssen lediglich η_c und λ_c anstelle von η_{ex} und λ_{ex} sowie d_{cq} statt $d_{qq'}$ eingesetzt werden.

Wärmepumpen werden nur lokal eingesetzt, so daß kein Wärmetransport erforderlich ist, weil sonst der Aufwand zu groß würde. Um den irreversiblen Prozessen in realen Wärmepumpen Rechnung zu tragen, wird der ideale Wirkungsgrad, der durch den Carnot-Faktor gegeben ist, reduziert [53,54]:

$\alpha_p =$ Bruchteil des Carnot-Wirkungsgrad für Wärmepumpen, der in der Realität erreicht werden kann (α_p=0.6 [130]).

Damit gilt:

$$\eta_p(q,q') = \frac{\alpha_p}{\alpha_p - (q-q')/(10-q')} \tag{F.3}$$

und

$$\lambda_p(q,q') = \frac{1}{\alpha_p(10-q')/(q-q') - 1} = \eta_p(q,q') - 1 \,. \tag{F.4}$$

Für die Berechnung von η_p und λ_p ist also stets die zu überbrückende Qualitätsdifferenz ausschlaggebend. Die Referenztemperatur T_0 spielt keine Rolle. Dies gilt allerdings nicht für Wärmepumpen, die die Umgebung als Reservoir benutzen. Wie bei den Wärmetauschern werden auch hier Umgebungstemperatur und Referenztemperatur T_0 gleichgesetzt. Der Wirkungsgrad der Wärmepumpen mit $q' = 0$ wird dadurch etwas zu niedrig eingeschätzt.

Kosten der Techniken in LEO-II

$\hat{c}(q,F)$	=	2.2 ACU/GJ	$\hat{c}(10,F)$	=	19.0 ACU/GJ
$\hat{c}_{ex}(q,q')$	=	8.0 ACU/GJ	$\hat{c}_p(q,q')$	=	20.0 ACU/GJ
$\hat{c}_c(10)$	=	22.0 ACU/GJ	$\hat{c}_T$	=	1.0 ACU/GJ·km

Tab. F.2: Parameter der spezifischen Kostenfunktionen für *LEO-II*.
Die aus der Literatur gewonnenen Gesamtinvestitionskosten der einzelnen Techniken werden mit Hilfe der Annuitätenmethode über die Lebenszeit der Anlagen verteilt. Um die Parameter c in den Gln. (3.21) bis (3.24) zu erhalten, müssen die in der Tabelle angegebenen Kostenfaktoren $\hat{c}$ mit dem sog. *Annuitätenfaktor* multipliziert werden, der gleichzeitig auch den Kapitalkosten und dem Wartungsaufwand Rechnung trägt [36]. Wie in Ref. 36 wird für den Annuitätenfaktor der Wert 0.175 verwendet. Die spezifischen Transportkosten $\hat{c}_T$ wurden durch Extrapolation von Daten bestimmt, die beim Bau der Fernwärmeschiene Niederrhein gewonnen wurden [129]. Zur Umrechnung wurde der Dollarkurs von DM 2.70 aus Ref. 36 verwendet, um die Konsistenz der Daten zu wahren.

CO_2-Rückhaltung in LEO-II

	$\eta(q,F)$	$\eta(10,F)$	$\eta_c(10,F)$	$w(q,F)$	$w(10,F)$	$w_c(10,F)$
					kg CO_2 / kWh_{th}	
1 (standard)	0.85	0.40	0.25	0.31	0.31	0.31
2	0.85	0.30	0.25	0.31	0.031	0.31
3	0.85	0.30	0.15	0.31	0.031	0.031

Tab. F.3: Wirkungsgrade der Energieumwandlung und CO_2-Emissionsfaktoren in *LEO-II* für verschiedene Szenarien ohne und mit CO_2-Rückhaltung (vgl. Kap. 3.3; 1 kg CO_2/kWh_{th} = 277.4 kt CO_2/PJ).

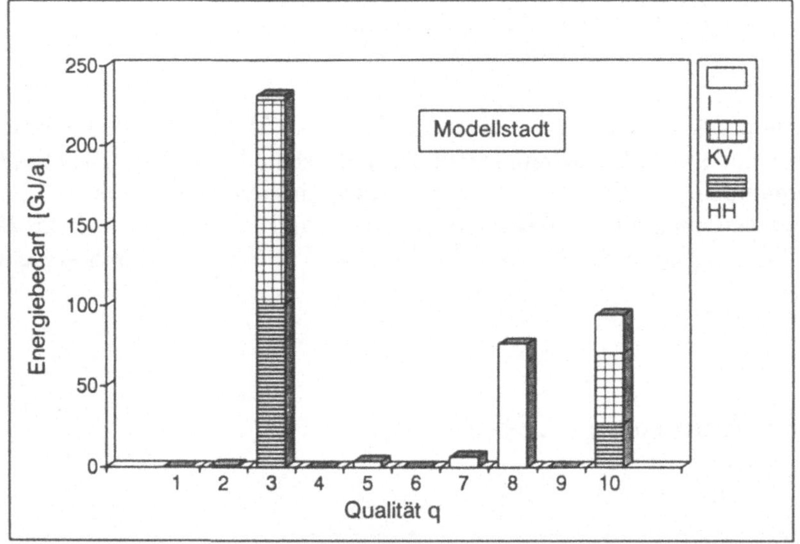

Abb. F.1: Aggregiertes Bedarfsprofil der Modellstadt für die Verbrauchergruppen Haushalte (HH), Kleinverbraucher (KV) und Industrie (I). Dem Bedarfsprofil liegt ein Mittelwert der Außentemperatur von 10°C zugrunde. (Vgl. dazu auch Abb. 1.5.)

Literaturverzeichnis

1. Deutscher Bundestag (Hrsg.), Schutz der Erdatmosphäre: Eine internationale Herausforderung, Zwischenbericht der Enquete-Kommission des 11. Deutschen Bundestages, Bonn (1988).
2. J. Goldemberg, Th.B. Johansson, A.K.N. Reddy and R.H. Williams, Energy for a Sustainable World, Wiley Eastern, New Dehli (1988).
3. K.P. Masuhr (Prognos AG), Die energiewirtschaftliche Entwicklung in der Bundesrepublik Deutschland bis zum Jahr 2010, Untersuchung im Auftrag des BMWi, Kurzfassung, Basel (1989).
4. R. Kümmel, "Removal and Disposal of Carbondioxide", in: E.W.A. Lingeman (ed.), Balances in the Atmosphere and the Energy Problem, Proceedings of the 59th Heraeus Seminar (in cooperation with the European Physical Society EPS), EPS, Genf (1990).
5. Informationszentrale der Elektriziätswirtschaft (Hrsg.), Energiewirtschaft kurz und bündig, Verlags- und Wirtschaftsgesellschaft der Elektrizitätswerke, Frankfurt a.M. (1989).
6. O. Rentz (Hrsg.), Minderung von Stickoxidemissionen aus Kohlekraftwerken in Baden-Württemberg (Kommissionsbericht), Staatsministerium Baden-Württemberg, Stuttgart (1984).
7. Kommission der Europäischen Gemeinschaften, Mitteilung der Kommission an den Rat über Energie und Umwelt, KOM(89) 369, Brüssel (1990).
8. P.A. Okken, "Beeinflussung des Treibhauseffektes durch Methanverluste bei der Erdgasversorgung", *Erdöl, Erdgas, Kohle* **105**, 288 (1989).
9. C.-D. Schönwiese und B. Diekmann, Der Treibhauseffekt: Der Mensch ändert das Klima, DVA, Stuttgart (1987).
10. *Clim. Change* **15**, Nr. 1 und 2 (1989).
11. Conference Statement, The Changing Atmosphere: Implications for Global Security, 27.-30. Juni 1988 in Toronto, Environment Canada, Ottawa (1988).
12. Gemeinsamer Aufruf der Deutschen Physikalischen Gesellschaft und der Deutschen Meteorologischen Gesellschaft, "Warnung vor drohenden weltweiten Klimaänderungen durch den Menschen", *Physikalische Blätter* **43**, 347 (1987).
13. C.-D. Schönwiese, "Weltweite Klimaänderungen durch den Menschen? – Eine wissenschaftliche Bestandsaufnahme", *Forum für interdisziplinäre Forschung* **3**, Nr. 1, S. 3–8 (1990).
14. J. Fricke, U. Schüßler und R. Kümmel, "CO_2-Entsorgung", *Physik in unserer Zeit* **20**, 168 (1989).
15. Münchner Rückversicherungs-Gesellschaft (Hrsg.), Energie-Systeme heute und morgen, München (1990).

16. M. Kleemann und M. Meliss, Regenerative Energiequellen, Berlin (1988); zitiert nach: [1].
17. H. Magerl, "Welt-Elektrizitätsversorgung", in: Atomwirtschaft, Nr. 1 (1986); zitiert nach: [1].
18. W. Häfele (Program Leader), Energy in a Finite World, Ballinger, Cambridge, MA (1981).
19. G. Wall, "Exergy Conversion in the Swedish Society", *Resources and Energy* **9**, 55 (1987).
20. S. Kohler, J. Leuchtner und K. Müschen, Sonnenenergie-Wirtschaft. Für eine konsequente Nutzung von Sonnenenergie, Frankfurt a.M. (1987); zitiert nach [1].
21. Umweltbundesamt (Hrsg.), Daten zur Umwelt 1986/87, Berlin (1987); zitiert nach [1].
22. J. Nitsch und J. Luther, Energieversorgung der Zukunft, Springer, Berlin, Heidelberg, New York (1990).
23. "Baseler Manifest", *Physikalische Blätter* **45**, 340 (1989).
24. *Stromthemen* **7**, Nr. 4, S. 1 (1990).
25. Amtsblatt der Europäischen Gemeinschaften, Mitteilung der Kommission betreffend die Gewährung einer finanziellen Unterstützung für Vorhaben zur Förderung der Energietechnologien (Programm THERMIE), 90/C 77/03, Brüssel (1990).
26. Vereinigung Industrielle Kraftwirtschaft VIK (Hrsg.), Statistik der Energiewirtschaft 1986/87, Verlag Energieberatung, Essen (1987).
27. K. Heinloth und B. Diekmann, Energie: Physikalische Grundlagen ihrer Gewinnung, Umwandlung und Nutzung, Teubner, Stuttgart (1983).
28. J. Nitsch und H. Klaiss, "Technische und wirtschaftliche Potentiale rationeller Energieverwendung", in: P. Stichel (Hrsg.), Hauptvorträge des Arbeitskreises Energie auf der 52. Physikertagung in Karlsruhe, Univ. Bielefeld (1988), S. 1–40.
29. A.B. Lovins, L.H. Lovins, F. Krause and W. Bach, Least-Cost Energy: Solving the CO_2-Problem, Rocky Mountain Institute, Snowmass, Co. (1989); Nachdruck der früheren Ausgabe bei Brick House (1981).
30. J. Fricke, "Moderne Kohlekraftwerke", *Physik in unserer Zeit* **19**, 33 (1988).
31. VEBA AG (Hrsg.), "Zukunftsenergien - Fakten und Argumente", Düsseldorf (1989).
32. R. Müller and U. Schiffers (Siemens AG), "Pressurized Coal Gasification for the Combined-cycle Process", *VGB Verfahrenstechnik* **68**, 912 (1988).
33. Th. Mathenia, Geschäftsführer der Fernwärmeversorgung Niederrhein GmbH, "Ausbau der Abwärmegewinnung in Dinslaken", unveröffentlicht.
34. H. Schaefer, "Ansätze zur strukturellen Analyse des industriellen Energieverbrauchs", in: Struktur und Tendenzen der industriellen Energiebedarfsdeckung, Schriftenreihe der Forschungsstelle für Energiewirtschaft, Bd. 17, München (1985).
35. Private Korrespondenz mit Prof. H. Schaefer, Forschungsstelle für Energiewirtschaft, München.
36. W. van Gool and R. Kümmel, "Limits for Cost and Energy Optimization in Macrosystems", in: Miyata, Matsui (ed.), Energy Decisions for the Future, Vol. I, pp. 90–106, Tokyo (1986).
37. H.D. Baehr, Thermodynamik, Springer, Berlin, Heidelberg, New York, 7. Aufl. (1989).
38. J. Fricke und W.L. Borst, Energie, Oldenbourg, München, Wien, 2. Aufl. (1984).

39. W.F. Kenney, Energy Conservation in the Process Industries, Academic Press, Orlando, FL (1984).
40. W.L.R. Gallo and L.F. Milanez, "Choice of a Reference State for Exergetic Analysis", *Energy* **15**, 113 (1990).
41. R.A. Gaggioli (ed.), Thermodynamics: Second Law Analysis, Am. Chem. Society, ACS Symposium Series 122, Washington D.C. (1980).
42. R.A. Gaggioli (ed.), Efficiency and Costing: Second Law Analysis of Processes, Am. Chem. Society, ACS Symposium Series 235, Washington D.C. (1983).
43. W. van Gool and A.J. Hoogendoorn, "Basic Aspects of Exergy Analysis and Exergy Optimization", paper presented at the Florence World Energy Research Symposium, Florence (May 1990).
44. W.D. Jackson (ed.), Proceedings of the 24th Intersociety Energy Conversion Engineering Conference (IECEC '89), Institute of Electrical and Electronics Engineers, New York (1989).
45. W. van Gool, A.J. Hoogendoorn, R. Kümmel and H.-M. Groscurth, "Exergy Analysis and Optimization of Energy Systems", in: [44], pp. 1923–1928.
46. W. van Gool, A.J. Hoogendoorn, R. Kümmel and H.-M. Groscurth, "Potential Exergy Conservation in Industrial Processes by Heat Handling", paper presented at the 2nd International Congress on Energy, Tiberias, Israel (1988).
47. B. Linnhoff et al., A User Guide on Process Integration for the Efficient Use of Energy, Inst. of Chemical Engineers, Rugby (1982).
48. W. van Gool, "The Value of Energy Carriers", *Energy* **12**, 509 (1987).
49. A.H. Boot und F.G.H. van Wees, Industriële Proceswarmte in Relatie tot het Temperatuurniveau, Energie Studie Centrum, ESC-21, Petten, NL (1982).
50. Study Committee for Long-Term Energy Strategies, "Electric Power Demands and Electrification", Tokyo (1980).
51. InterTechnology Corp., "Analysis of the Economic Potential of Solar Thermal Energy to Provide Industrial Process Heat", National Technical Information Service, Springfield, VA (1977).
52. H.-M. Groscurth, R. Kümmel and W. van Gool, "Thermodynamic Limits to Energy Optimization", *Energy* **14**, 241 (1989).
53. H.-M. Groscurth and R. Kümmel, "The Cost of Energy Optimization: A Thermoeconomic Analysis of National Energy Systems", *Energy* **14**, 685 (1989).
54. H.-M. Groscurth, Thermodynamische Grenzen der Energieoptimierung, Diplomarbeit, Univ. Würzburg (1987), unveröffentlicht.
55. H.-M. Groscurth und R. Kümmel, "Optimierungsstrategien auf dem Energiesektor", *Physik in unserer Zeit* **21**, 109 (1990).
56. W. van Gool, "Exergy Optimization and Pinch Technology", Internal Report, Energy Science Project, State University of Utrecht, NL (1990).
57. Vereinigung Deutscher Elektrizitätswerke VDEW e.V. (Hrsg.), "Ermittlung der Lastganglinien bei der Benutzung elektrischer Energie durch die bundesdeutschen Haushalte während eines Jahres", Verlags- und Wirtschaftsgesellschaft der Elektrizitätswerke, Frankfurt a.M. (1985).
58. P. Düwall, M. Lange-Hüsken und G. Zybell, "Lastganglinien der Haushalte", *Elektrizitätswirtschaft* **84**, 1051 (1985).
59. W. Jensch, Vergleich von Energieversorgungssystemen unterschiedlicher Zentralisie-

rung, Lehrstuhl für Energiewirtschaft und Kraftwerkstechnik der TU München, IfE Schriftenreihe, Heft 22 (1988).

60. J.P. Charpentier, A Review of Energy Models, Vol. 1–4, IIASA, Laxenburg, (1974–1978).
61. Ch. König (Hrsg.), Energiemodelle für die Bundesrepublik Deutschland, Birkhäuser, Basel, Stuttgart (1977).
62. O. Rentz, Th. Hanicke und R. Hempelmann, Einbeziehung der Umweltbelastung in Energiemodelle vom MESSAGE-Typ, Projektgruppe Techno-Ökonomie und Umweltschutz der Univ. Karlsruhe, Karlsruhe (1981).
63. Th. Hanicke, Wirtschaftlich-technische Optimierung des Energieversorgungssystems der Bundesrepublik Deutschland anhand eines linearen multikriteriellen Optimierungsmodells, Dissertation, Univ. Karlsruhe (1985).
64. O. Rentz et al., Entwicklung von technisch-wirtschaftlichen Strategien für Emissionsminderungsmaßnahmen für Schwefeldioxid und Stickoxide aus stationären Produktionsanlagen in Baden-Württemberg, Projekt Europäisches Forschungszentrum für Maßnahmen zur Luftreinhaltung (PEF) im Kernforschungszentrum Karlsruhe, KfK-PEF 13, Karlsruhe (1987).
65. M. Walbeck, H.-J. Wagner, D. Martinsen und V. Bundschuh, Energie und Umwelt als Optimierungsaufgabe: Das MARNES-Modell, Springer, Berlin, Heidelberg, New York (1988).
66. H. Fendt, Regionale Energieplanung, V. Florentz, München (1979).
67. J.P. Weyant and Th.A. Kuczmowski (guest eds.), Engineering-Economic Modelling: Energy Systems, Part II, special issue of *Energy*, No. 7/8 (1990).
68. W.L. Labys, "Normative Models: Survey and Prescripitons" in [67], pp. 539-543.
69. M. Kleemann and D. Wilde, "Intertemporal Capacity Expansion Models", in [67], pp. 549–560.
70. F. Reif, Fundamentals of Statistical and Thermal Physics, McGraw-Hill, Tokyo (1965).
71. W. Dinkelbach, Entscheidungsmodelle, de Gruyter, Berlin, New York (1982).
72. I.N. Bronstein und K.A. Semendjajew, Taschenbuch der Mathematik, Verlag Harri Deutsch, Thun und Frankfurt a.M. (1979).
73. R. Fleischmann und W. Schaper, "Energie-Einsparung durch Abwärmetransformation", *Physik in unserer Zeit* **19**, 182 (1988).
74. G. Bergmann und B. Steinmüller (Philips AG), H. Riemer und F. Scholz (KfA Jülich), "Systemstudie zur Nutzung der Sonnenenergie für die zentrale Wärmeversorgung von Gebäudekomplexen", BMFT-Forschungsbericht T 85-072, Fachinformationszentrum Karlsruhe (1985).
75. M. Steinberg, H.C. Cheng and F. Horn, "A Systems Study for the Removal, Recovery and Disposal of Carbon Dioxide from Fossile Fuel Power Plants in the US", BNL-35666 Informal Report, Brookhaven Natl. Lab., Upton, N.Y. (1984).
76. M. Steinberg, "An Analysis of Concepts for Controlling Atmospheric Carbon Dioxide", BNL-33960, Brookhaven Natl. Lab., Upton, N.Y. (1983).
77. M. Steinberg and S. Albanese, "Environmental Control Technology for Atmospheric Carbon Dioxide", Final Report, DOE/EV-0079, U.S. Department of Energy, Washington D.C. (1980).
78. Projekträger Biologie, Energie, Ökologie (Hrsg.), "Vermerk über Expertenkreisge-

spräch 'CO_2-Entsorgung' im BMFT am 14.3.1990", Jülich (1990).
79. R. Müller (Siemens AG), "GUD-Kraftwerk mit PRENFLO-Vergasung", in: [78].
80. U. Schüßler and R. Kümmel, "Carbon Dioxide Removal from Fossil Fuel Power Plants by Refrigeration Under Pressure", in: [44], pp. 1789–1794.
81. A.M. Wolsky and C. Brooks, "Recovering CO_2 from Large Stationary Combustors", in: Proceedings of the IEA/OECD Expert Seminar on Energy Technologies for Reducing Emissions of Greenhouse Gases, Paris (1989).
82. P.A. Okken, R.J. Swart and S. Zwerver (eds.), Climate and Energy: The Feasiblity of Controlling CO_2-Emissions, Kluwer Academic Publishers, Dordrecht (1989).
83. C.A. Hendriks, K. Blok and W.C. Turkenburg, "The Recovery of Carbon Dioxide from Power Plants", in: [82], pp. 125–142.
84. U. Schüßler, "Deponierung und Aufbereitung von CO_2", *Physik in unserer Zeit* **21**, 155 (1990).
85. O. Hohmeyer, Soziale Kosten des Energieverbrauchs, Springer, Berlin, Heidelberg, New York (1988).
86. R. Friedrich et al., Externe Kosten der Stromerzeugung, VDEW-Verlag, Frankfurt a.M. (1989).
87. R. Janicki and W.W. Koczkodaj (eds.), Computing and Information, North-Holland, Amsterdam, New York (1989).
88. L.R. Foulds, Optimization Techniques, Springer, Berlin, Heidelberg, New York (1981).
89. Borland GmbH (Hrsg.), Turbo-Pascal: Objektorientiertes Programmieren, Handbuch zur Programmiersprache Turbo-Pascal 5.5, München (1989).
90. Datenerhebung bei den Technischen Werken Stuttgart (TWS).
91. Stadtwerke München (Hrsg.), Heizkostenvergleich 1988, Forschungsstelle für Energiewirtschaft, München (1988).
92. H.E. Brachetti, W. Oest, J. Schaffner und M. v. Hof, "Untersuchung zur rationellen Wärmeversorgung im Niedertemperaturbereich unter besonderer Berücksichtigung des Einsatzes der Fernwärme in Niedersachsen", Fernwärmeforschungsinstitut in Hannover e.V. und Institut für angewandte Systemsforschung und Prognose e.V., Hannover (1983).
93. Datenerhebung bei den Stadtwerken Rottweil.
94. Datenerhebung bei der Fa. Fichtel & Sachs, Schweinfurt.
95. Private Korrespondenz mit der Arbeitsgemeinschaft Fernwärme e.V. in Frankfurt a.M. (1987).
96. J. Schmitz, "Abschätzung des energiesparenden Innovationspotentials der Industrie Steine und Erden", KFA Jülich, Jül-1729, Jülich (1981).
97. Bartholomé, Biekert et al. (Hrsg.), Ullmanns Encyklopädie der technischen Chemie, 4. Auflage, Verlag Chemie, Weinheim (1982).
98. Datenerhebung bei der Firma Gebr. Knauf Westdeutsche Gipswerke in Rottweil.
99. D'Ans, Lax, Taschenbuch für Chemiker und Physiker, Springer, Berlin, Heidelberg, New York (1967).
100. Rheinisch-Westfälisches Elektrizitätswerk RWE (Hrsg.), "RWE-Verfahrensinformationen: Die technische Holztrocknung", Essen (1980).
101. Datenerhebung bei der Firma Albmilch e.G. in Rottweil.
102. Datenerhebung bei der Firma Mahle GmbH in Rottweil.

103. Rheinisch-Westfälisches Elektrizitätswerk RWE (Hrsg.), "Induktive Erwärmung", Essen (1984).
104. M. Gluckmann, "CO_2-Emission Reduction Cost Analysis", Electric Power Research Institute, Palo Alto, CA (1989); unveröffentlichter Entwurf.
105. H. Brüderlin, "Stromerzeugungskosten im Vergleich: Kohle und Kernenergie – Arbeitsteilung bestätigt", VDEW-Pressekonferenz, Kettwig, (31.8.87).
106. E. Hümmer, J. Fricke und U. Heinemann, "Nutzung von Umweltenergie in Wärmepumpensystemen: Untersuchungen an sieben bivalenten Wärmeerzeugungsanlagen mit gasmotorischer Wärmepumpe und Heizkessel in der Mainfrankenkaserne Volkach", Vortrag auf der 53. Physikertagung, Abstract in: Verhandlungen der DPG 3/89, Bonn (1989); zusätzlich: Diskussion mit Mitarbeitern von Prof. Fricke, Univ. Würzburg.
107. O. Morgenstern, Über die Genauigkeit wirtschaftlicher Beobachtungen, Wien (1965); zitiert nach [64].
108. S.I. Gass, "Evalutation of Complex Models", *Computation & Operations Research* **4**, 27 (1977); zitiert nach [64].
109. H.-M. Groscurth and R. Kümmel, "Thermoeconomics and CO_2-Emissions", *Energy* **15**, 73 (1990).
110. H.-M. Groscurth and R. Kümmel, "Cost Aspects of Energy Optimization", in: [87], pp. 481–487.
111. H.-M. Groscurth and R. Kümmel, "Energy and Cost Optimization in Industrial Models", in: Proceedings of the 14th IFIP-Conference on System Modelling and Optimization, Leipzig (1989); im Druck.
112. G.N. Hatsopoulos, E.P. Gyftopoulos, R.W. Sant and T.F. Widmer, "Capital Investment to Save Energy", *Harvard Business Review* **56**, No. 2 (1978).
113. A.B. Lovins and R. Sardinsky, The State of the Art: Lighting, Technical Report from COMPETITEK^{SM}, an information service of the Rocky Mountain Institute, Snowmass, CO (1988).
114. A.B. Lovins and M. Shepard, Financing Electric End-Use Efficiency, Technical Report from COMPETITEK^{SM}, an information service of the Rocky Mountain Institute, Snowmass, CO (1988).
115. R.-D. Grass und W. Stützel, Volkswirtschaftslehre, Vahlen, München, 2. Aufl. (1988).
116. H.C. Binswanger und E. Ledergerber, "Bremsung des Energiezuwachses als Mittel der Wachstumskontrolle", in: J. Wolff (Hrsg.), Wirtschaftspolitik in der Umweltkrise, DVA, Stuttgart (1974), S. 107ff.
117. D.W. Jorgenson, "The Role of Energy in the U.S. Economy", *Nat. Tax J.* **31**, 209 (1978).
118. R. Kümmel, W. Strassl, A. Gossner and W. Eichhorn, "Technical Progress and Energy Dependent Production Functions", *Z. Nationalökonomie* **3**, 285 (1985).
119. D. Pearce, "Energy Policy and Environmental Policy in the UK", in: P. Pearson, Energy Policies in an Uncertain World, Macmillan Press, London (1989), pp. 89-101.
120. B. Hannon, R.A. Herendeen and P.Penner "An Energy Conservation Tax: Impacts and Policy Implications", *Energy Systems and Policy* **5**, 141 (1981).
121. R.A. Herendeen and F. Fazel "Distributional Aspects of an Energy Conserving Tax and Rebate" *Resources and Energy* **6**, 277 (1984).

122. K. Neumann, Operations Research Verfahren, Bd.1, Hanser, München, Wien (1975).
123. Datenblatt der Pacific Gas and Electric Company zum Bedarf an elektrischer Energie am 7.8.1981; unveröffentlicht; überlassen von A. Rosenfeld, LBL, Univ. of California at Berkeley.
124. H. Schaefer (Hrsg.), Nutzung regenerativer Energiequellen, VDI-Verlag, Düsseldorf (1987).
125. E. Molenbroek, "Heat Pumps in Industry", Energy Science Project, Report 8802 E, State University of Utrecht, NL (1988).
126. Rheinisch-Westfälisches Elektrizitätswerk RWE (Hrsg.), "Nutzwärme aus Verlustwärme — Die Praxis der Wärmerückgewinnung", RWE-Messeinformation, Essen (1981).
127. Rheinisch-Westfälisches Elektrizitätswerk RWE (Hrsg.), "Hallenbeheizung, Teil 2: Maßnahmen zur Wärmerückgewinnung und zur Nutzung von Umweltwärme", RWE-Verfahrensinformation, Essen (1984).
128. H.-W. Schiffer, "Stabile Preise in Sicht — Energiepreispolitik in der Bundesrepublik Deutschland", *Energiewirtschaftliche Tagesfragen* **36**, 484 (1986).
129. A. Tautz et al., Fernwärmeschiene Niederrhein, BMFT Forschungsbericht T 84-167, Univ. Dortmund (1984).
130. Rheinisch-Westfälisches Elektrizitätswerk (RWE), Wärmepumpeneinsatz in Industrie und Gewerbe, Essen (1983).

Nachwort

Bei der Arbeit an meiner Dissertation, deren Ergebnisse ich in diesem Buch beschreibe, hat es mich immer wieder besonders motiviert, neben der Erlangung neuer wissenschaftlicher Erkenntnisse auch einen Beitrag zur Lösung der gravierenden Umweltprobleme in modernen Industriegesellschaften zu leisten. Ich danke Herrn Prof. Dr. Reiner Kümmel, daß er mir diese Arbeit ermöglicht und sie mit ständiger Diskussionsbereitschaft, konstruktiver Kritik und Geduld begleitet hat. Weiter danke ich meiner Frau Andrea für die Durchsicht des Manuskripts.

Für Diskussionen und Anregungen im Zusammenhang mit dieser Arbeit danke ich:

Prof. Dr. W. van Gool, Utrecht (NL),
Prof. Dr. W. Eichhorn, Karlsruhe,
Prof. Dr. O. Rentz sowie seinen Mitarbeitern Dipl.-Ing. G. Schons, Dipl.-Wirtschafts-ing. Th. Morgenstern und Dipl.-Ing. W. Reiling, Karlsruhe,
Dr. A.B. Lovins, Snowmass, Colorado.

Für ihre Unterstützung bei der Erhebung der Daten sowie für die Bereitstellung von Daten danke ich:

Dr. J. Nitsch, Stuttgart,
den Stadtwerken Rottweil (Direktor: S. Rettich),
der Firma Mahle Gmbh, Stuttgart und Rottweil,
der Firma Albmilch e.G., Rottweil,
der Firma Gebr. Knauf Westdeutsche Gipswerke, Rottweil,
dem Bereich Energietechnik der Firma Fichtel & Sachs AG, Schweinfurt,
den Technischen Werken Stuttgart,
dem Baden-Württembergischen Umweltminister, Dr. E. Vetter,
Prof. Dr. U. Abshagen, Mannheim.

Last not least möchte ich der Deutschen Forschungsgemeinschaft für die finanzielle Unterstützung dieser Arbeit danken.